产教融合信息技术类“十三五”规划教材　　西普教育研究院 IT 前沿技术方向校企合作系列教材

数据分析基础与案例实战

基于Excel软件

孙玉娣 顾锦江 ◎ 主编
裴勇 林雪纲 ◎ 副主编

Data Analysis Basis and Case Practice

人 民 邮 电 出 版 社
北 京

图书在版编目（CIP）数据

数据分析基础与案例实战 ：基于Excel软件 / 孙玉娣，顾锦江主编. -- 北京 ：人民邮电出版社，2020.1（2024.6重印）
产教融合信息技术类“十三五”规划教材
ISBN 978-7-115-51819-4

Ⅰ. ①数… Ⅱ. ①孙… ②顾… Ⅲ. ①表处理软件－高等学校－教材 Ⅳ. ①TP391.13

中国版本图书馆CIP数据核字(2019)第170237号

内 容 提 要

本书主要介绍了数据分析的基础知识和实操过程。全书分为 8 章，首先从数据分析技术概述入手，介绍了数据分析的基本概念、数据分析的工作流程、数据分析方法论与方法，并介绍了常用的数据分析工具；接着以 Excel 工具为例，从数据收集、数据加工与处理、统计分析、数据展示等数据分析工作流程切入，结合具体的案例进行数据剖析；最后将理论与实践相结合，讲解了电商数据、股票数据两个真实的企业案例。

本书结构清晰，案例丰富，通俗易懂，可作为大数据技术、商务数据分析等专业的基础教材，也可以作为数据分析初学者的自学用书，以及各企事业单位中需要进行数据分析的职场人士的参考书。

◆ 主　　编　孙玉娣　顾锦江
副 主 编　裴　勇　林雪纲
责任编辑　左仲海
责任印制　马振武

◆ 人民邮电出版社出版发行　　北京市丰台区成寿寺路 11 号
邮编　100164　　电子邮件　315@ptpress.com.cn
网址　http://www.ptpress.com.cn
北京市艺辉印刷有限公司印刷

◆ 开本：787×1092　1/16
印张：12.75　　　　2020 年 1 月第 1 版
字数：320 千字　　　2024 年 6 月北京第12次印刷

定价：39.80 元

读者服务热线：(010)81055256　印装质量热线：(010)81055316
反盗版热线：(010)81055315
广告经营许可证：京东市监广登字 20170147 号

前言 FOREWORD

在数据大爆炸的时代，数据分析越来越被大家所重视，越来越多的人青睐数据分析这个行业。为顺应时代的发展，大数据技术与应用、商务数据分析与应用等新兴专业应运而生。在这些新兴的专业中，数据分析是专业的核心技能。为满足高职院校对该类专业教学的需求，由北京西普阳光教育科技股份有限公司牵头，组织拥有多年大数据及数据分析课程教学经验的人员共同编写了本书。

党的二十大报告提出：我们要坚持教育优先发展、科技自立自强、人才引领驱动，加快建设教育强国、科技强国、人才强国。本书根据高等职业院校的教学改革要求，体现了科学性、先进性和应用性等高等职业教育的特点，目录体系贯穿了工作过程系统化的思路。

本书深入浅出地讲解了数据分析的基础知识和数据分析过程实操。全书按照数据分析的完整工作流程进行展开，包括数据收集、数据加工、数据分析、数据展示等，并以电商数据、股票数据两个完整的校企合作项目案例展现了数据分析的整个过程。书中加入了数据分析的基础知识，包括数据分析的基本概念、分析的工作流程、分析方法、分析工具等，同时详细地介绍了利用 Excel 工具实现数据分析的过程。

读者可以零基础学习本书。本书参考学时为 56 学时，建议采用“教、学、做”一体化教学模式，各章的参考学时见下面的学时分配表。

章	课程内容（基本实验+拓展实验）	参考学时
第 1 章	数据分析技术概述	8
第 2 章	Excel 数据收集	2
第 3 章	Excel 数据分析常用函数	12
第 4 章	Excel 数据加工与处理	6
第 5 章	Excel 统计分析	10
第 6 章	Excel 数据展示	4
第 7 章	电商数据分析综合案例	6
第 8 章	股票数据分析综合案例	6
	课程考评	2
学时总计		56

本书由孙玉娣、顾锦江任主编；裴勇、林雪纲任副主编。第 1、2、4、5 章由孙玉娣编写，第 3、6、7 章由顾锦江编写，第 8 章由裴勇编写，北京西普阳光教育科技股份有限公司的林雪纲参与了全书章节案例与拓展案例的编写，在此表示衷心的感谢。

本书配套的 PPT 课件、基本实验和拓展实验详细步骤视频等资源，读者可以联系北京西普阳光教育科技股份有限公司获得，也可以登录人邮教育社区（www.ryjiaoyu.com）下载。

由于编者水平有限，书中疏漏和不足之处在所难免，殷切希望广大读者批评指正。同时，恳请读者发现错误后于百忙之中及时与编者联系，以便尽快更正，编者将不胜感激。E-mail：2777579@qq.com。

编者

2023 年 5 月

目录 CONTENTS

第1章

第2章

第 4 章

第 5 章

第1章 数据分析技术概述

01

▶ 学习目标

① 掌握数据分析的基本概念，并了解数据分析的发展历程、应用前景
② 熟悉数据分析的工作流程
③ 掌握常用的数据分析方法论与方法
④ 了解各种常用的数据分析工具

如今数据被广泛应用于各个领域，数据分析与挖掘越来越被重视，也有越来越多的人热衷于数据分析师这个职业。一名合格的数据分析师必须深入了解数据分析的方方面面，具备数据分析常识，熟练掌握数据分析的方法，能运用合适的数据分析工具进行数据分析与挖掘。本章就来学习数据分析的基础知识。

1.1 数据分析认知

人们常说“数据会说话”，数据中蕴含了大量的有用信息。通过有效的数据分析，人们能发现数据间隐藏的关联，从而为工作与生活服务。因此，认识数据分析是深入学习数据分析的第一步。

1.1.1 数据分析的定义、目的与意义

1. 数据分析的定义

数据分析是指用适当的统计分析方法对收集来的大量数据进行分析，将它们加以汇总、理解并消化，以求最大化地开发数据的功能，发挥数据的作用。数据分析是为了提取有用信息及形成结论而对数据进行详细研究和概括总结的过程。这里的数据也称观测值，是通过实验、测量、观察、调查等方式获取的结果，常常以数量的形式展现出来。

2. 数据分析的目的与意义

数据分析的目的是把隐藏在一大批看似杂乱无章的数据背后的信息集中和提炼出来，总结出研究对象的内在规律。在实际工作中，数据分析能够帮助管理者进行判断和决策，以便采取适当的策略与行动。

随着我国经济的快速增长和企业规模的不断扩大，经济决策由过去的“经验决策”逐渐向“数据决策”转变，“用数据说话，做理性决策”已逐渐成为众多企业经营者和管理者的共识。不仅是企业，越来越多的政府机构也开始意识到数据分析的重要性，在做一些关乎国计民生的重要决策时，总是先对数据进行收集和分析。

数据分析在管理上有十分重要的意义，它的分析价值是建立在详尽和真实的数据层面之上的。数据收集模式的完善是企业完善管理的过程，是企业规范化管理过程中至关重要的环节。

对于一个企业来说，数据分析的作用可以概括为以下几点。

（1）数据分析可以及时纠正不当的生产和营销措施。

（2）数据分析可以对计划进度实时跟踪。

（3）数据分析可以使管理者及时了解成本的管制情况，掌握员工的思想动态。

（4）完善的数据管理和分析可以实现生产流程的科学管理，最大限度地降低生产管理风险。

公司需要通过市场调查，分析所得数据以判定市场动向，从而制订合适的销售计划。因此，越来越多的企业都会聘用数据分析师为企业的项目做出科学、合理的分析，以便正确决策项目。

1.1.2 数据分析的发展历程

在经济发达国家，数据分析已广泛应用于各个领域，并有很多国家成立了相应的行业组织机构，拥有专业的数据分析人员，它们的数据分析属于比较成熟的行业，而我国的数据分析行业才刚刚起步。只短短二十年左右的时间，我国数据分析行业从无到有，直至今天不断发展壮大，经历了萌芽、兴起、发展成型、壮大等时期，具体阶段如下。

萌芽期（20 世纪 90 年代末期至 2002 年）：西方投资决策技术被引入我国，并在金融机构及一些大型企业中应用。

兴起期（2003 年至 2004 年）：我国正式设立“项目数据分析师”人才培养项目，并在深圳、北京、成都、沈阳等地试点后迅速在全国各大城市推广。这时出现了受过专业训练的数据分析师，更多的企业开始关注数据分析。

发展成型期（2005 年至 2007 年）：2005 年 4 月，全国首家项目数据分析师事务所诞生，这标志着数据分析正式进入专业化时代。随后，全国各地方政府和行业协会纷纷发文发通知，支持数据分析行业发展项目数据分析师培训，各种媒体对项目数据分析师进行了全面报道，在人才招聘会上，“数据分析师”“项目分析师”等岗位出现在了大家的视野中。《华商报》将项目数据分析师纳入了新七十二行。“项目数据分析师”作为一个新兴职业，被全社会认可。

2007 年，数据分析行业已经全面成型，课程体系进一步完善，项目数据分析师推广机构在全国已培养数千名学员，并在全国近 10 个省市组建了近 40 家专业的项目数据分析师事务所，项目数据分析师职业和专业数据分析师事务所的出现，标志着数据分析行业已经全面成型。

发展壮大期（2008 年至今）：2008 年 1 月起，国家发展和改革委员会培训中心与项目数据分析师考培认证中心达成战略合作意向，共同推广项目数据分析师培训项目。2008 年 12 月 21 日，中国商业联合会数据分析专业委员会成立大会暨数据分析行业研讨会在京召开，这标志着中国数据分析行业从此有了自己的全国性行业组织，翻开了我国数据分析行业发展的新篇章，行业发展迈进了新的里程碑。2009 年，数据行业培训全面开展，同年 8 月，数据分析行业的第一个行业标准在行业专家及全体事务所的支持下正式发布。

2010 年，我国项目数据分析师事务所迅速增多。同年 4 月，首届中国数据分析业峰会在京举办，由行业协会牵头启动了行业首个社会公益服务平台——项目数据分析服务平台，开始面向社会开放公益性服务职能。

自此，开创性的大数据公司开始投资数据分析，从而支持面向客户的产品、服务和功能。它们通过更好的搜索算法、购买建议以及针对性广告吸引用户访问其网站，所有这些都是由数据分析所驱动的。大数据现象迅速蔓延，如今，不仅是科技公司在通过数据分析开发产品和服务，几乎每个行业的公司都是如此，数据分析进入到了蓬勃发展的时代。

现如今，随着数据分析服务平台的日趋完善，数据分析进入到自动化、智能化的时代。随着人工智能、机器学习、深度学习的介入，未来，自动化分析、智能化分析将成为数据分析的新方向。

1.1.3 数据分析的前景

数据分析作为一个新的行业正在全球迅速发展，并在各行各业发挥巨大作用。企业要改变管理方式，就要学会使用数据，而不仅仅是凭借经验。在竞争中，谁能快速学会数字化管理方式，谁就会赢得更强的竞争力。与此同时，越来越多提供专业决策服务的数据分析师事务所、以数据分析为手段的各类咨询公司开始在经济较发达的地区井喷式涌现，这也标志着数据分析行业的全面崛起。

据就业市场分析统计，数据分析将成为今后 5 年最热门、最具有发展潜力的职业之一。政府职能部门、金融机构、投资公司及其他各类企业对数据分析师的需求也与日俱增。

现在，很多公司都有专门的数据分析职位，特别是银行证券公司、超市、连锁企业、物流公司及网站等需要与大量终端顾客打交道的企业，它们对数据分析师的需求量很大，并且要求从业人员的专业技能很强。由于有这么多的行业都需要进行数据分析，因此数据分析师的就业选择面很广。

同时，有媒体报道，在美国，数据分析师的平均年薪高达 17.5 万美元，而国内的顶尖互联网公司，数据分析师的薪酬也可能要比同一级别的其他职位高 20%～30%。

因此，数据分析行业具有广阔的应用前景。在互联网时代，人们即使不从事数据分析行业，在日常工作中也应该具备一些数据分析的技能。

1.2 数据分析的工作流程

数据分析在企业中有很重要的作用，那么如何进行数据分析呢？

数据分析的工作流程包括 6 个相对独立又互相联系的阶段，分别是明确分析目的与内容、数据收集、数据处理、数据分析、数据展示、报告撰写，如图 1-1 所示。

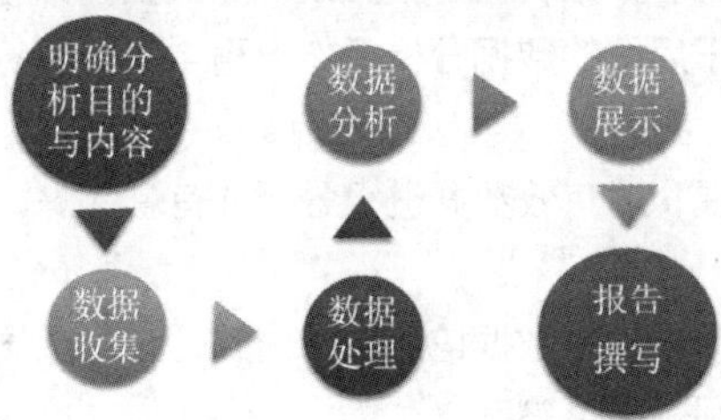

图 1-1　数据分析工作流程

1. 明确分析目的与内容

数据分析的第一步就是确定选题，明确分析目的。只有明确了目的，在开展数据分析工作时才不会偏离方向，否则得出的数据分析结果不仅没有指导意义，而且有可能将决策者引入歧途，造成严重后果。

当分析目的明确后，就需要把它分解成若干个不同的分析要点，也就是说要达到目的，需要从哪几方面、哪几个点进行分析，而这几个方面、几个点就是我们需要分析的内容。所以只有明确了分析目的，分析内容才能确定下来。

明确数据分析的目的和内容是确保数据分析过程有效进行的先决条件，它可以为数据收集、处理、分析提供清晰的方向指引。

2. 数据收集

数据收集是按照确定的数据分析内容，从多渠道收集相关数据的过程，它为数据分析提供了素材和依据。数据的获取渠道大致可分为两类：直接获取与间接获取。直接获取的数据也称为第一手数据，是指通过统计调查或科学实验得到的直接的统计数据；间接获取的数据也称为第二手数据，主要指通过查阅资料、使用数据统计工具加工整理后得到的数据。

数据获取的渠道可以细分为以下 5 类，如表 1-1 所示。

表 1-1　数据获取的渠道

数据获取渠道	各渠道数据来源
公开出版物	可用于收集数据的公开出版物包括《中国统计年鉴》《中国社会统计年鉴》《中国人口统计年鉴》《世界经济年鉴》《世界发展报告》等统计年鉴或报告
企业内部数据库	每个公司都有自己的业务数据库，包含公司成立以来产生的相关业务数据。这个业务数据库就是一个庞大的数据源，需要有效利用起来
互联网数据	国家及地方统计局网站、行业组织网站、政府机构网站、传播媒体网站、大型综合门户网站等
数据分析工具	淘宝指数、百度指数、微指数、魔镜等
市场调查	运用科学的方法，有目的地、系统地收集、记录、整理有关市场营销的信息和资料，分析市场情况，了解市场现状及其发展趋势，为市场预测和营销决策提供客观、正确的数据资料。市场调查可以弥补其他数据收集方式的不足，但进行市场调查所需的费用较高，而且会存在一定的误差，故仅做参考之用

3. 数据处理

数据处理是指对收集到的数据进行加工整理，形成适合数据分析的样式。它是数据分析前必不可少的阶段。数据处理的基本目的是从大量的、杂乱无章的、难以理解的数据中抽取并推导出对解决问题有价值、有意义的数据。

数据处理主要包括数据清洗、数据转化、数据提取、数据计算等处理方法。一般拿到手的数据都需要进行一定的处理才能用于后续的数据分析工作，再“干净”的原始数据也需要先进行一定的处理才能使用。

数据处理是数据分析的前提，对有效数据进行分析才有意义。

4. 数据分析

数据分析主要是指通过统计分析或数据挖掘技术对处理过的数据进行分析和研究，从中发现数据的内部关系和规律，为解决问题提供参考。

在确定数据分析目的和内容阶段，数据分析师就应当为所分析的内容确定适合的数据分析方法。这样到了数据分析阶段就能够驾驭数据，从而从容地进行分析和研究了。

数据分析大多是通过软件来完成的，这就要求数据分析师不仅要掌握各种数据分析方法，还要熟悉主流数据分析软件的操作方法。一般的数据分析可以通过 Excel 完成，后面也将对其进行重点介绍，而高级的数据分析需要采用专业的分析软件进行，如数据分析工具 SPSS Statistics（以下简称 SPSS）等。

5. 数据展示

通过数据分析，隐藏在数据内部的关系和规律就会逐渐浮现出来，那么如何将这些关系和规律展示出来呢？

一般情况下，数据是通过表格或图形的方式来呈现的，人们常说的“用图表说话”就是这个意思。常用的数据图表包括饼图、柱形图、条形图、折线图、散点图、雷达图等。当然还可以对这些图表进一步整理加工，使之成为需要的图形，如金字塔图、矩阵图、漏斗图、帕雷托图等。

大多数情况下，人们更愿意接受图形这种数据展现方式，因为它能更加有效、直观地传递出分析师所要表达的观点。一般情况下，能用图说明问题就不用表格，能用表格说明问题就不用文字。

6. 报告撰写

数据分析报告其实是对整个数据分析过程的总结与呈现。报告可把数据分析的起因、过程、结果及建议完整地呈现出来，以供决策者参考。所以数据分析报告是通过对数据全方位的科学分析来评估企业运营质量的，它可为决策者提供科学、严谨的决策依据，以降低企业运营风险，提高企业核心竞争力。

一份好的数据分析报告首先需要有一个好的分析框架，并且层次明晰、图文并茂，能够让阅读者一目了然。层次明晰可以使阅读者正确理解报告内容；图文并茂可以令数据更加生动活泼，提高视觉冲击力，有助于阅读者更形象、直观地看清楚问题和结论，从而进行思考。

其次，数据分析报告需要有明确的结论。没有明确结论的分析称不上分析，同时也失去了报告的意义，因为我们最初就是为寻找或者求证一个结论才进行分析的，所以千万不要舍本逐末。

最后，好的分析报告一定要有建议或解决方案。作为决策者，需要的不仅仅是找出问题，更重要的是提出建议或解决方案，以便在决策时做参考。所以，数据分析师不仅需要掌握数据分析方法，而且还要熟悉业务，这样才能根据发现的业务问题提出具有可行性的建议或解决方案。

1.3 数据分析方法论

什么样的分析方法是科学、有效的是进行数据分析首先要思考的问题。我们经常提到数据分析方法论、数据分析方法这两个概念，本节先来了解数据分析方法论。

数据分析方法论从宏观角度指导如何进行一个完整的数据分析，它是数据分析的思路，就像一个数据分析的前期规划，指导着后期数据分析工作的开展。例如，主要从哪几个方面开展数据分析，各方面包含什么内容或指标。常用的数据分析方法论有 5W2H 分析法、PEST 分析法、SWOT 分析法、4P 营销理论分析法、逻辑树分析法等。

1.3.1 5W2H 分析法

5W2H 分析法是指以 5 个 W 开头的英语单词和 2 个 H 开头的英语单词进行提问，从回答中发现解决问题的线索，即 Why（何因）、What（何事）、Who（何人）、When（何时）、Where（何地）、How（如何做）、How much（何价），如图 1-2 所示。

Why（何因）：为什么要这么做？为什么会造成这样的结果？

What（何事）：目的是什么？做什么工作？

Who（何人）：由谁来承担？谁来完成？谁负责？

When（何时）：什么时间完成？什么时机最适宜？

Where（何地）：在哪里做？从哪里入手？

How（如何做）：该怎么做？如何提高效率？如何实施？方法怎样？

How much（何价）：做到什么程度？数量如何？质量水平如何？费用产出如何？

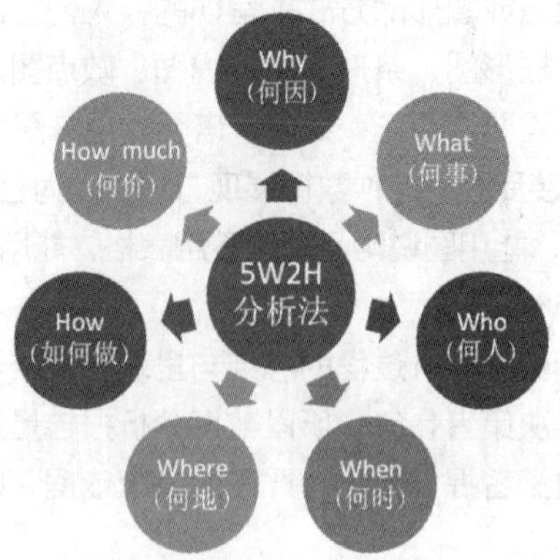

图 1-2 5W2H 分析法

5W2H 分析法简单、方便，易于理解和使用，富有启发意义，完全抓住了事件的主骨架，有助于思路的条理化，广泛应用于企业营销、管理活动，对于决策非常有帮助，也有助于弥补考虑问题时的疏漏。

1.3.2 PEST 分析法

PEST 分析法是战略咨询顾问用来帮助企业检阅其外部宏观环境的一种方法，是对宏观环境的分析方法。宏观环境又称一般环境，是指影响一切行业和企业的各种宏观力量。对宏观环境因素做分析时，不同的行业和企业根据自身的特点和经营需要，分析的具体内容会有差异，但一般都应对政治（Political）、经济（Economic）、社会（Social）和技术（Technological）这四大类影响企业的主要外部环境因素进行分析，PEST 代表这几个单词的首字母，此分析方法称 PEST 分析法。具体从哪些方面分析可以参考图 1-3。

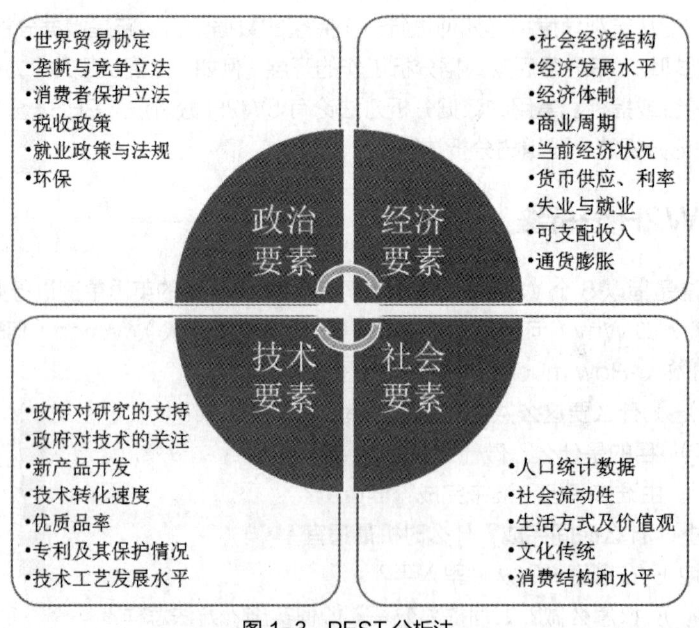

图 1-3 PEST 分析法

1.3.3 SWOT 分析法

SWOT 分析法是指从企业优势（Strength）、劣势（Weakness）、机会（Opportunity）和威胁（Threats）4 个方面进行分析的方法。

SWOT 分析法实际上是对企业的内外部条件进行综合和概括，进而分析组织的优劣势、面临的机会和威胁的一种方法。SWOT 分析法可帮助企业把资源集中在自己的强项和有更多机会的地方，让企业的战略变得明朗。

优劣势分析主要着眼于企业自身的实力及其与竞争对手的比较，而机会和威胁分析则将注意力放在外部环境的变化及对企业的可能影响上。在分析时，应把所有的内部因素集中在一起，然后用外部的力量来对这些因素进行评估。

1.3.4 4P 营销理论分析法

4P 营销理论产生于 20 世纪 60 年代的美国，它是随着营销组合理论的提出而出现的。营销组合实际上有几十个要素，这些要素可以概括为 4 类：产品（Product）、价格（Price）、渠道（Place）、促销（Promotion）。

（1）产品（Product）：从市场营销的角度来看，产品是指能够提供给市场的、被人们使用和消费并满足人们某种需要的任何东西，包括有形产品、服务、人员、组织、观念或它们的组合。

（2）价格（Price）：是指用户购买产品时的价格，包括基本价格、折扣价格等。价格或价格决策关系到企业的利润、成本补偿，以及是否有利于产品销售、促销等问题。

影响定价的主要因素有 3 个：需求、成本、竞争。最高价格取决于市场需求，最低价格取决于该产品的成本费用。在最高价格和最低价格的范围内，企业能把产品的价格定多高则取决于竞争者同种产品的价格。

（3）渠道（Place）：是指产品从生产企业流转到用户手上的全过程中所经历的各个环节。

（4）促销（Promotion）：是指企业通过销售行为的改变来刺激用户消费，以短期的行为（如让利、买一送一、营造现场气氛等）促进消费的增长，吸引其他品牌的用户或促使提前消费来促进销售的增长。广告、宣传推广、人员推销、销售促进是一个机构促销组合的四大要素。

如果需要较为全面地了解公司的整体运营情况，就可以采用 4P 营销理论对数据分析进行指导。以 4P 营销理论为指导搭建的公司业务分析框架如图 1-4 所示。

图 1-4 的公司业务分析框架仅供参考，在做具体公司业务分析的时候，需要根据实际业务情况进行调整，灵活运用，切忌生搬硬套。只有深刻理解公司业务，才能较好地进行业务方面的数据分析，否则将脱离业务实际，得出无指导意义的结论。

1.3.5 逻辑树分析法

逻辑树又称问题树、演绎树或分解树等。逻辑树是分析问题时最常使用的工具之一，它将问题的所有子问题分层罗列，从最高层开始，逐步向下扩展。

把一个已知问题当成树干，然后考虑这个问题和哪些问题有关，每想到一点，就给这个问题所在的树干加一个“树枝”，并标明这个“树枝”代表什么问题，如图 1-5 所示。

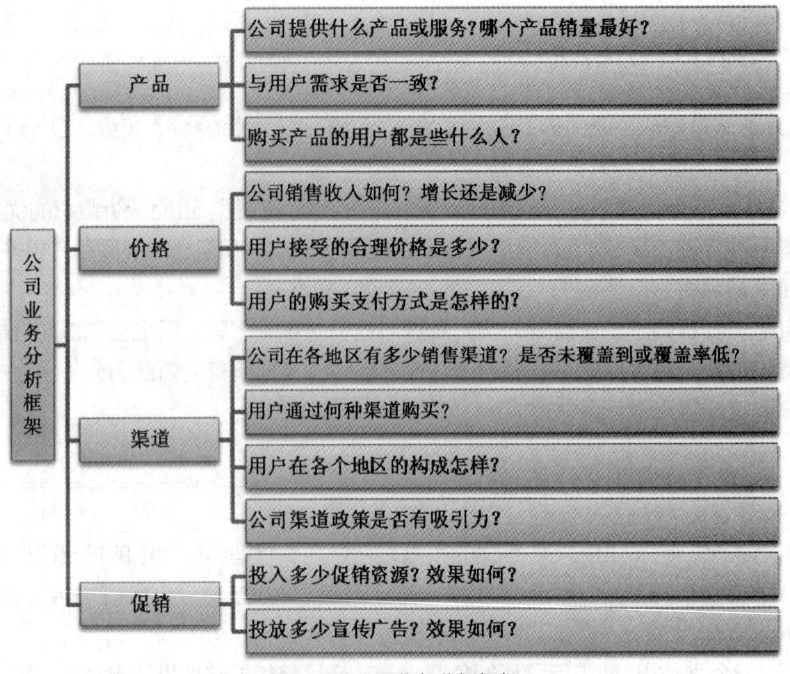

图 1-4　公司业务分析框架

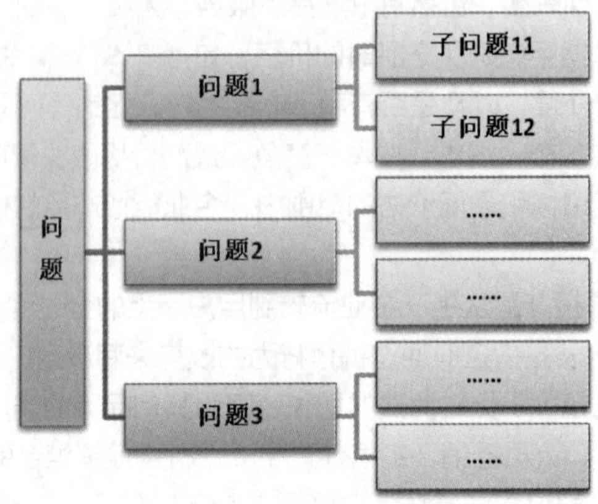

图 1-5　逻辑树分析法

大的“树枝”上还可以有小的“树枝”，以此类推，找出问题所有的关联项目。逻辑树的作用主要是帮助人们理清自己的思路，避免进行重复和无关的思考。

逻辑树能保证解决问题过程的完整性，能将工作细分为利于操作的任务，确定细分的优先顺序，明确地把责任落实到个人。

逻辑树的使用必须遵循以下 3 个原则。

（1）要素化：把相同问题总结归纳成要素。

（2）框架化：将各个要素组织成框架，遵守不重不漏的原则。

（3）关联化：框架内的各要素保持必要的相互关系，简单而不孤立。

利用逻辑树分析法同样可以理清分析思路。例如，分析某公司利润增长缓慢的原因，可采用图 1-6 所示的框架进行。

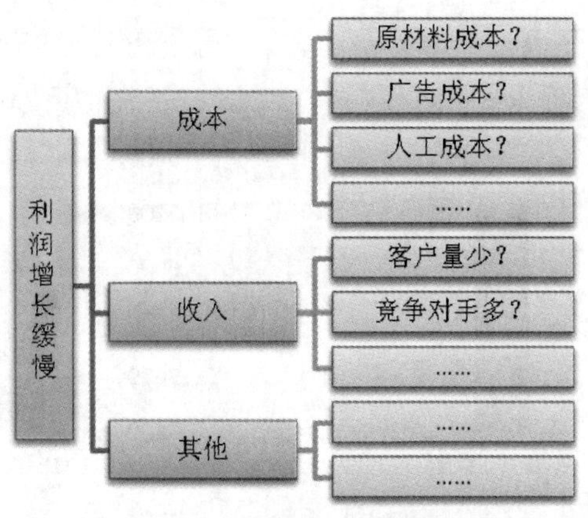

图 1-6　逻辑树分析法案例

1.4 数据分析方法

数据分析方法是指在进行分析时具体采用的分析方法，主要从微观角度指导如何进行数据分析。

常见的基本数据分析方法有对比分析法、分组分析法、结构分析法、平均分析法、矩阵关联分析法等。

1.4.1 对比分析法

对比分析法也称比较分析法，是把客观事物加以比较，以认识事物的本质和规律并做出正确的评价。对比分析法通常是把两个相互联系的指标数据进行比较，从数量上展示和说明研究对象规模的大小、水平的高低、速度的快慢，以及各种关系是否协调。在对比分析中，选择合适的对比标准是十分关键的步骤，选择合适才能做出客观评价，选择不合适可能得出错误的结论。

对比分析可以选择不同的维度进行，常用的维度如下。

（1）时间维度

时间维度以不同时间的指标数值作为对比标准，是一种很常见的对比方法。根据选择比较的时间标准不同，可分为同比和环比。

同比是指本期分析数据与去年同期分析数据对比而得到的相对数据。这类数据一般消除了季节变动带来的影响，如今年 1 季度与去年 1 季度相比。

环比是指本期分析数据与前一时期的分析数据对比，以表明现象逐期的发展速度，如本年 4 季度与 3 季度对比、3 季度与 2 季度对比等。

例如，某企业 2017 年 1 季度与 2018 年 1 季度产值同比的情况如图 1-7 所示，2018 年 1 季度与 2 季度的产值环比情况如图 1-8 所示。

（2）空间维度

空间维度可选择不同的空间指标数据进行比较，可以是同级部门、单位、地区进行比较，也可以与行业内的标杆企业、竞争对手或行业平均水平比较等。

（3）计划目标标准维度

计划目标标准维度指实际完成值与目标、计划进度进行对比。这类对比在实际应用中是非常普遍的，如公司本季度完成的业绩与目标业绩相比，促销活动实际销售情况与原计划销售情况相比等。

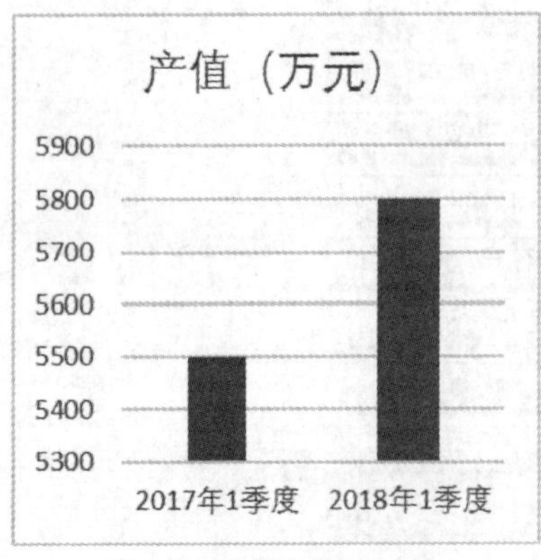

图 1-7　企业产值同比情况

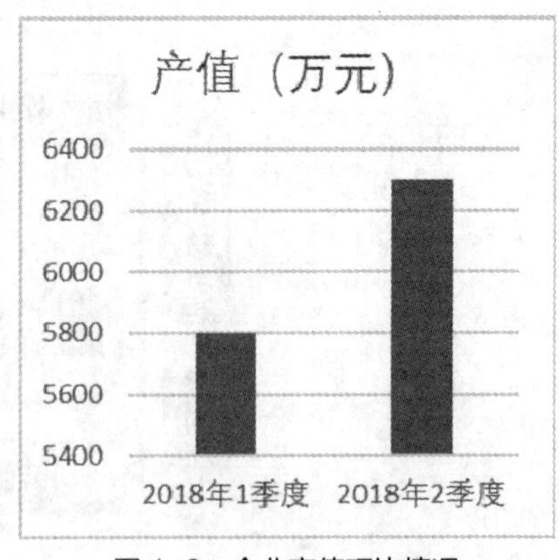

图 1-8　企业产值环比情况

（4）经验与理论标准维度

经验标准是通过对大量历史资料的归纳而得到的标准，理论标准则是通过已知理论经过推理得到的依据，如衡量生活质量的恩格尔系数，对比农村、城镇的恩格尔系数等。

1.4.2　分组分析法

分组分析法是一种重要的数据分析方法，是根据数据分析对象的特征，并按照一定的标志，把数据分析对象划分为不同的部分或类型来进行研究，以揭示其内在的联系和规律性。

分组的目的就是为了便于对比，把总体中具有不同性质的对象区分开，把性质相同的对象合并在一起，保持各组内对象属性的一致性、组与组之间对象属性的差异性，以便进一步运用各种数据分析方法来解构内在的数量关系。因此，分组分析法必须与对比分析法结合运用。

分组分析法的关键是分组。那么该如何分？按什么样的规则分？选择不同的分组标志，可以有不同的分组方法。通常可以按属性标志和数量标志等进行分组。

1. 属性标志分组分析法

属性标志分组分析法是指按分析数据中的属性标志来分组，以分析社会经济现象的各种类型特征，从而找出客观事物规律的一种分析方法。

属性标志所代表的数据不能进行运算，只用于说明事物的性质、特征，如人的姓名、所在部门、性别、文化程度等标志。

按属性标志分组一般较简单，分组标志一旦确定，组数、组名、组与组之间的界限也就确定了。例如，人口按性别分为男、女两组，具体到每一个人应该分在哪一组是一目了然的。

一些复杂问题的分组称为统计分类。统计分类是相对复杂的属性标志分组方法，需要根据数据分析的目的统一规定分类标准和分类目录。例如，反映国民经济结构的国家工业部门分类，它是先把工业分为采掘业和制造业两大部分，然后分为大类、中类、小类 3 个层次。

2. 数量标志分组分析法

数量标志分组分析法是指选择数量标志作为分组依据，将数据总体划分为若干个性质不同的部分，分析数据的分布特征和内部联系。

数量标志所代表的数据能够进行加、减、乘、除运算，说明事物的数量特征，如人的年龄、工资水平、企业的资产等。

根据分组数量特征，可分为单项式分组和组距式分组。

（1）单项式分组

单项式分组一般适用于数据值不多、变动范围较小的离散型数据。每个标志值就是一个组，有多少个标志值就分成多少个组，如按产品产量、技术级别、员工工龄等标志分组。

例如，某企业成立 3 年，现有员工 100 人，如以员工工龄标志作为分组依据，可以分成工龄一年的员工、工龄两年的员工、工龄 3 年的员工 3 组。

（2）组距式分组

组距式分组是指在数据变化幅度较大的条件下，将数据总体划分为若干个区间，每个区间作为一组，组内数据性质相同，组与组之间的性质相异。

分组的关键在于确定组数与组距。在数据分组中，各组之间的取值界限称为组限。一个组的最小值称为下限，最大值称为上限；上限与下限的差值称为组距；上限值与下限值的平均数称为组中值，它是一组变量值的代表值。

采用组距式分组需要经过以下几个步骤。

① 确定组数。组数可以由数据分析师决定，根据数据本身的特点（数据的大小）来判断确定。由于分组的目的之一是为了观察数据分布的特征，因此确定的组数应适中。如果组数太少，数据的分布就会过于集中；组数太多，数据的分布就会过于分散。这都不便于观察数据分布的特征和规律。

② 确定各组的组距。组距可根据全部数据的最大值和最小值及所分的组数来确定，即组距=（最大值-最小值）/组数。

③ 根据组距大小对数据进行分组整理，划归至相应组内。

分好组之后，就可以进行相应信息的分组汇总分析，从而对比各个组之间的差异以及与总体间的差异情况。

上面所介绍的分组属于等距分组，当然也可以进行不等距分组。采用等距分组还是不等距分组，取决于所分析研究对象的性质特点。在各单位数据变动比较均匀的情况下，比较适合采用等距分组；在各单位数据变动很不均匀的情况下，比较适合采用不等距分组，此时，不等距分组更能体现现象的本质特征。

例如，2016 年全国人口普查数据按年龄分组情况如表 1-2 所示。

表 1-2 2016 年全国人口普查数据按年龄分组的情况

年龄分组（岁）	人数（万人）	比重
0～14	23091	16.70%
15～64	100246	72.50%
65 岁以上	14933	10.80%
合计	138270	100%

1.4.3 结构分析法

结构分析法是指对分析研究的总体内各部分与总体进行对比的分析方法。总体内的各部分占总体的比例属于相对指标，一般某部分所占比例越大，说明其重要程度越高，对总体的影响越大。例如，对国民经济的构成分析，可以得到国民经济在生产、流通、分配和使用各环节占国民经济的比重或是各部门的贡献比重，揭示各部分之间的相互联系及变化规律。

结构相对指标（比例）的计算公式如下：

结构相对指标（比例）= 总体某部分的数值/总体总量×100%

结构分析法的优点是简单实用，在实际的企业运营分析中，市场占有率就是一个非常典型的应用。

市场占有率 =（某种商品销售量/该种商品市场销售总量）×100%

市场占有率是分析企业在行业中竞争状况的重要指标，也是衡量企业运营状况的综合经济指标。市场占有率高，表明企业运营状况好，竞争能力强，在市场上占据有利地位；反之，则表明企业运营状况差，竞争能力弱，在市场上处于不利地位。

所以，评价一个企业运营状况是否良好，不仅需要了解客户数、收入等绝对数值指标是否增长，而且还要了解其在行业中的比重是否维持稳定或者也在增长。如果在行业中的比重下降，就说明竞争对手增长更快，相比较而言，企业就是在退步，对此，企业要提高警惕，出台相应的改进措施。

例如，根据国家统计局公布的数据，2016 年国民生产总值、第一产业、第二产业、第三产业的增加值的构成数据如表 1-3 所示。

表 1-3　2016 年国民生产总值构成数据

指标	2016 年	比例
国民生产总值（亿元）	743585.5	100%
第一产业增加值（亿元）	63672.8	8.56%
第二产业增加值（亿元）	296547.7	39.88%
第三产业增加值（亿元）	383365	51.56%

1.4.4　平均分析法

平均分析法就是运用计算平均数的方法来反映总体在一定时间、地点条件下某一数量特征的一般水平。平均指标可用于同一现象在不同地区、不同部门或单位间的对比，还可用于同一现象在不同时间的对比。

平均分析法的主要作用有以下两点。

（1）利用平均指标对比同类现象在不同地区、不同行业、不同类型单位等之间的差异程度，比用总量指标对比更具有说服力。

（2）利用平均指标对比某些现象在不同历史时期的变化，更能说明其发展趋势和规律。平均指标有算术平均数、调和平均数、几何平均数、众数和中位数等，其中最常用的是算术平均数，也就是日常所说的平均数或平均值。

算术平均数的计算公式如下：

算术平均数=总体各单位数值的总和/总体单位个数

算术平均数是非常重要的基础性指标。平均数是综合指标，它的特点是将总体内各单位的数量差异抽象化，只能代表总体的一般水平，掩盖了平均数背后各单位的差异。

1.4.5　矩阵关联分析法

矩阵关联分析法是将事物（如产品、服务等）的两个重要属性（指标）作为分析的依据，进行分类关联分析，以解决问题的一种分析方法，也称为矩阵分析法。

以属性 A 为横轴，以属性 B 为纵轴，形成一个坐标系，在两坐标轴上分别按某一标准（可取平均值、经验值、行业水平等）进行刻度划分，构成 4 个象限，将要分析的每个事物对应投射至这 4 个象限内，进行交叉分类分析，直观地将两个属性的关联性表现出来，进而分析每个事物在这两个属性上的表现。因此，矩阵关联分析法也称为象限图分析法。

矩阵关联分析法在解决问题和分配资源时为决策者提供重要参考依据。该方法先解决主要矛盾，再解决次要矛盾，有利于提高工作效率，并将资源分配到最能产生绩效的部门、工作中，有利于管理决策者进行资源优化配置。

下面就用经典案例——用户满意度研究进行矩阵应用的介绍。如图 1-9 所示为某公司用户满意度调查情况，通过该图能够非常直观地看出公司在各方面的竞争优势和劣势，从而合理分配公司有限的资源，有针对性地确定公司在管理方面需要提升的重点。

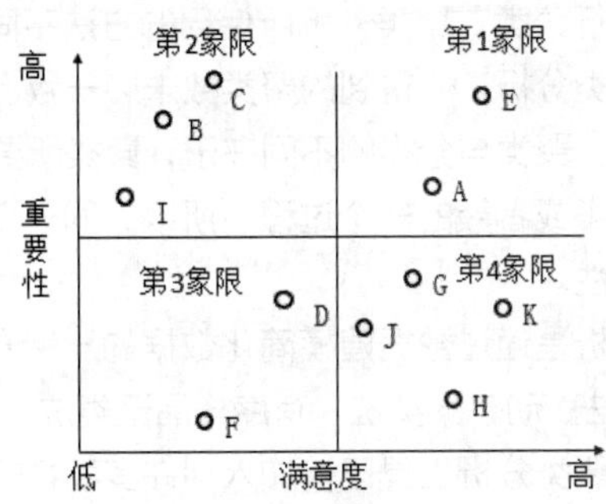

图 1-9　某公司用户满意度调查象限图

（1）第 1 象限（高度关注区）：属于重要性高、满意度也高的象限。A、E 两个服务项目落在这个象限上。它意味着用户对公司提供的某方面服务的满意程度与用户所认为的此方面服务的重要程度相符合，均高于平均水平。对该象限上的两个服务项目，公司应该继续保持并给予支持。

（2）第 2 象限（优先改进区）：属于重要性高但满意度低的象限。B、C、I 这 3 个服务项目落在这个象限上。这个象限标志着改进机会，用户对公司提供的某方面服务的满意程度大大低于他们认为的此方面服务的重要程度。公司必须谨慎地确定需要什么类型的改进。用户感觉与事实有时候一致，有时候并不一致，所以必须谨慎地对待。如果确定确实是产品或服务存在问题，则需要进行改进。做好这几项服务项目，可以有效地提高用户满意度，为公司赢得竞争优势。

（3）第 3 象限（无关紧要区）：属于重要性低、满意度也低的象限。D、F 这两个服务项目落在这个象限上。这个象限意味着用户认为此方面服务不太重要，而且公司也没有对此投入相应资源，满意度也低。对这个象限上的两个服务项目，公司应该进一步关注用户对其期望值的变化，以便于提供更好的服务。

（4）第 4 象限（维持优势区）：属于重要性低、满意度高的象限。G、H、J、K 这 4 个服务项目落在这个象限上。这个象限标志着资源过度投入，用户对公司提供的某方面服务的满意程度大大超过了他们认为此方面服务的重要程度。公司投入了比达到用户满意的结果更多的时间、资金和资源。如果可能，公司应该把在此区域投入的过多资源转移至其他更重要的产品或服务上，如第 2 象限上的 B、C、I 这 3 个服务项目。

通过上述分析可以得知，矩阵关联分析法非常直观清晰，使用简便，所以它在营销管理活动中应用广泛，对销售管理起到指导、促进、提高的作用，并且在战略定位、市场定位、产品定位、用户细分、满意度研究等方面都有较多应用。

1.4.6 高级数据分析法

上面介绍的是常用的基本数据分析方法，在工作中，还可能会涉及一些高级的数据分析方法以解决一些实际的业务问题，如聚类分析、相关分析、回归分析等。相关分析、回归分析会在以后的学习中详细阐述，下面简单介绍聚类分析。

聚类分析是指将物理对象或抽象对象的集合分组，形成由类似的对象组成的多个类的分析过程。聚类分析的目标就是在相似的基础上收集数据来分类。聚类源于很多领域，包括数学、计算机科学、统计学、生物学和经济学等。在不同的应用领域，很多聚类技术都得到了发展，这些技术方法被用于描述数据，衡量不同数据源间的相似性，以及把数据源分到不同的簇中。

聚类分析是一种探索性的分析。在分类的过程中，人们不必事先给出一个分类的标准，聚类分析能够从样本数据出发，自动进行分类。聚类分析所使用的方法不同，常常会得到不同的结论。不同研究者对于同一组数据进行聚类分析，所得到的聚类数未必一致。

聚类常常与分类在一起讨论。聚类与分类的不同在于，聚类所要求划分的类是未知的。

聚类是将数据分类到不同的类或者簇的一个过程。所以，同一个簇中的对象有很大的相似性，而不同簇间的对象有很大的相异性。

从统计学的观点看，聚类分析是通过数据建模简化数据的一种方法。传统的统计聚类分析方法包括系统聚类法、分解法、加入法、动态聚类法、有序样品聚类法、有重叠聚类法和模糊聚类法等。采用 k-均值、k-中心点等算法的聚类分析工具已被加入到许多著名的统计分析软件包中，如 SPSS、SAS 等。

从实际应用的角度看，聚类分析是数据挖掘的主要任务之一。而且聚类分析能够作为一个独立的工具获得数据的分布状况，观察每一簇数据的特征，集中对特定的聚簇集合做进一步分析。聚类分析还可以作为其他算法（如分类和定性归纳算法）的预处理步骤。

1.5 常用的数据分析工具简介

工欲善其事，必先利其器。要想做好数据分析，必须要有“利器”。借助数据分析工具，才能起到事半功倍的效果。常用的数据分析工具有 Excel、SPSS、SAS 等。下面简单介绍各类数据分析工具。

1.5.1 Excel 软件简介

Microsoft Excel 是微软公司为使用 Windows 和 Apple Macintosh 操作系统的计算机编写的一款电子表格软件，是 Office 系列办公软件的一种，可以实现对日常生活、工作中的表格的数据处理。友好直观的界面、出色的计算功能和图表工具以及简便易学的智能化操作方式，使用户轻松拥有实用美观、个性十足的实时表格，是工作、生活中的得力助手。

Excel 功能全面，几乎可以处理各种数据；其具有丰富的数据处理函数与图表处理功能，能进行数据分析；其还能方便地进行数据交换，同时还有常用的 Web 工具。

这里重点讲解 Excel 的数据分析功能，Excel 具有一般电子表格软件所不具备的强大的数据处理和数据分析功能。它提供了财务、日期与时间、数学与三角函数、统计、查找与引用、数据库、文本、逻辑和信息九大类几百个内置函数，可以满足许多领域的数据处理与分析要求。如果内置函数不能满足需要，还可以使用 Excel 内置的 Visual Basic for Application（VBA）建立自定义函数。为了解决用户使用函数、编辑函数时的困难，Excel 还提供了方便的粘贴函数命令。它分门别类地列出了所有内置函数的名称、功能，以及每个参数的意义和使用方法，并可以随时为用户提供帮助。除了具有一般数据库软件所提供的数据排序、筛选、查询、统计汇总等数据处理功能以外，Excel 还提供了许多数据分析与辅助决策工具，如数据透视表、模拟运算表、假设检验、方差分析、移动平均、指数平滑、回归分析、规划求解、多方案管理分析等工具。利用这些工具，无须掌握很深的数学计算方法，无须了解具体的求解技术细节，更无须编写程序，只要选择适当的参数，即可完成复杂的求解过程，得到相应的分析结果和完整的求解报告。

1.5.2 SPSS 软件简介

SPSS 是世界上最早的统计分析软件，其全称是 Statistical Product and Service Solutions，即“统计产品与服务解决方案”软件，由美国斯坦福大学的 3 位研究生在 1968 年开发成功。SPSS 是一个组合式软件包，它集数据整理、分析功能于一身。人们可以根据实际需要和计算机的功能来选择需要的模块进行安装。

SPSS 的基本功能包括数据管理、统计分析、图表分析和输出管理等。SPSS 统计分析分为聚类分析、数据简化、生存分析、时间序列分析及多重响应等几大类，每类又分为好几个统计过程，如回归分析又分为线性回归分析、曲线估计、Logistic 回归、加权估计、两阶段最小二乘法和非线性回归等多个统计过程，而且每个过程又允许用户选择不同的方法及参数。SPSS 也有专门的绘图系统，用户可以根据数据绘制各种图形。

在国际学术交流中，凡是用 SPSS 软件完成的计算和统计分析，可以不必说明算法。由此可见其影响之大和信誉之高。

由于 SPSS 操作简单，其已经在我国的社会科学和自然科学的各个领域发挥了巨大作用。该软件可以应用于经济学、生物学、心理学、地理学、医疗卫生、体育、农业、林业、商业和金融等各个领域。

SPSS 具有以下特点。

（1）操作简便：界面非常友好，除了数据输入及部分命令程序输入等少数输入工作需要使用键盘外，大多数操作可通过鼠标拖曳以及“菜单”“按钮”“对话框”来完成。

（2）功能强大：具有完整的数据输入、编辑、统计分析、报表和图形制作等功能，提供了从简单的统计描述到复杂的多因素统计分析方法。

（3）全面的数据接口：能够读取及输出多种格式的文件。如常用的 FoxPro 数据库文件（*.dbf）、文本文件（*.txt）、Excel 文件（*.xls）等，都可转换成可供分析的 SPSS 数据文件。SPSS 的图形可转换为 7 种图形文件，分析结果可保存为文本文件（*.txt）及网页文件（*.html）。

（4）适用人群：SPSS 对初学者、熟练者及精通者都比较适用。很多人只需要掌握简单的操作就可以进行一些简单的分析，而熟练者或精通者则可以通过编程来实现更强大的功能。

1.5.3 SAS 软件简介

SAS，全称 Statistical Analysis System，最初由美国北卡罗莱纳州立大学的两位生物统计学研究生编制而成，1976 年成立了 SAS 软件研究所，正式推出 SAS 软件。

SAS 是一个模块化、集成化的大型应用软件系统。它由数十个专用模块构成，功能包括数据访问、数据存储及管理、应用开发、图形处理、数据分析、报告编制、运筹学方法、计量经济学与预测等。

该软件系统最早的功能仅限于统计分析。至今，统计分析功能仍是它的重要组成部分和核心功能。其间经历了许多版本，并经过多年来的发展和完善，SAS 系统在国际上已被誉为统计分析的标准软件，在各个领域得到了广泛应用。

SAS 把数据存取、管理、分析和展现有机地融为一体，主要特点如下。

1. 功能强大，统计方法齐、全、新

SAS 提供了从基本统计数的计算到各种试验设计的方差分析、相关回归分析及多变数分析的多种统计分析过程，几乎囊括了所有最新分析方法，其分析技术先进、可靠。分析方法的实现通过过程调用完成。许多过程同时提供了多种算法和选项。如方差分析中的多重比较，提供了包括 LSD、DUNCAN、TUKEY 测验在内的 10 余种方法；回归分析提供了 9 种自变量选择的方法，如 STEPWISE、BACKWARD、FORWARD、RSQUARE 等。

在回归模型中可以选择是否包括截距，还可以事先指定一些包括在模型中的自变量字组（SUBSET）等。对于中间计算结果，可以全部输出、不输出或选择输出，也可存储到文件中供后续分析过程调用。

2. 使用简便，操作灵活

SAS 以一个通用的数据（DATA）产生数据集，而后以不同的过程调用完成各种数据分析。其编程语句简洁、短小，通常只需很少的几个语句即可完成一些复杂的运算，得到满意的结果。结果输出以简明的英文给出提示，统计术语规范易懂，具有初步的英语和统计基础即可理解。使用者只需告诉 SAS“做什么”，而不必告诉其“怎么做”。

SAS 的设计具有一定的容错能力，能自动修正一些小错误。对于运行时的错误，它尽可能地给出错误原因及改正方法。SAS 将统计的科学严谨、准确与使用方便有机地结合起来，极大地方便了使用者。

3. 提供联机帮助功能

使用过程中按下功能键 F1，可随时获得帮助信息，得到简明的操作指导。

1.6 本章小结

本章主要对数据分析技术做了比较全面的阐述，包括数据分析的基础认知、数据分析的工作流程、数据分析方法论、数据分析方法及数据分析的常见工具。

（1）数据分析认知中主要阐述了数据分析的概念、数据分析的发展历程及应用前景。

（2）数据分析的工作流程包括明确分析目的与内容、数据收集、数据处理、数据分析、数据展示、报告撰写 6 步。

（3）数据分析方法论中重点讲解了 5W2H 分析法、PEST 分析法、SWOT 分析法、4P 营销理论分析法、逻辑树分析法 5 种常见的分析方法。

（4）数据分析方法中重点讲解了对比分析法、分组分析法、结构分析法、平均分析法、矩阵关联分析法及高级数据分析方法。

第 2 章 Excel数据收集

02

▶ 学习目标

① 掌握 Excel 单元格中各类数据的输入方法与类型的设置，能进行有规律数据的快速填充

② 掌握不同数据来源的数据导入方法

③ 能对 Excel 工作表中的单元格、表格进行美化

利用 Excel 做数据分析，首先必须有数据，数据的输入和编辑是制作表格的基础。所以，要掌握如何在 Excel 表中输入各类不同类型的数据，也要掌握一些快速输入复杂而有规律的数据的方法，同时也要了解如何对工作表进行设计、美化，为后期的数据分析做准备。

2.1 Excel 数据的输入与填充

表格是用于存放数据的，因此制作表格时，输入数据是必不可少的基础环节。在 Excel 中除了可以直接输入数据外，也能插入特殊符号，还能快速地输入有规律的数据，以提高数据输入的效率。

2.1.1 各类数据的输入

1. 在单元格中直接输入数据

新建一个 Excel 工作簿（本书使用 Excel 版本为 Excel 2016），在其中的一个 Excel 工作表中单击任意一个单元格，就可以方便地输入各种类型的数据，如图 2-1 所示。

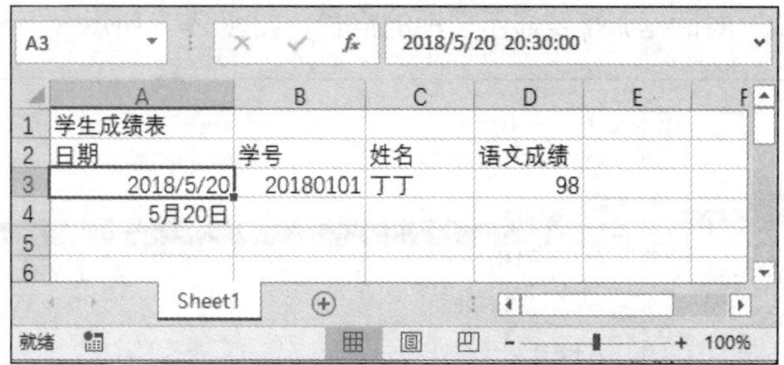

图 2-1 在单元格中输入数据

2. 设置输入数据的格式

输入数据后，单元格内容会按照默认的格式显示，如果格式不符合要求，可以通过“设置单元

格格式”对话框进行修改。选中需要修改的单元格，右键单击，弹出快捷菜单，选择“设置单元格格式”命令，弹出“设置单元格格式”对话框；也可以打开“开始”选项卡，选择“单元格”组中的“设置单元格格式”命令，弹出“设置单元格格式”对话框，如图 2-2 所示。

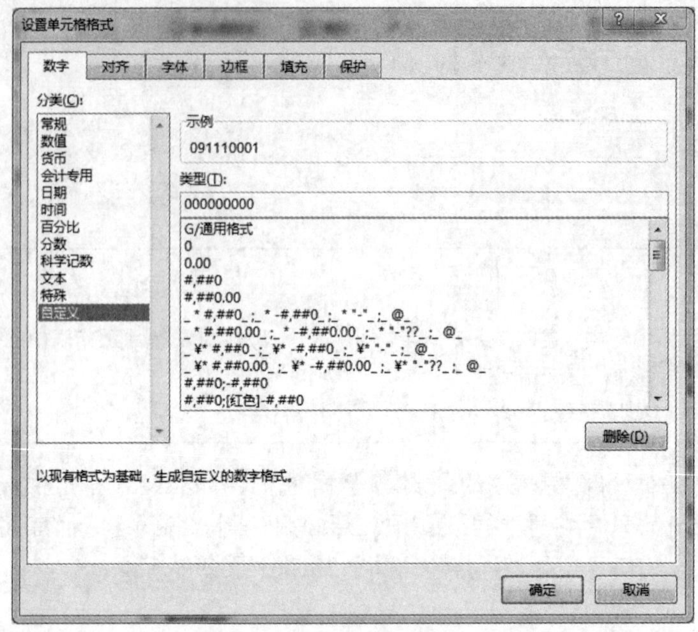

图 2-2 “设置单元格格式”对话框

从“设置单元格格式”对话框可以看出，单元格中支持数值、货币、会计专用、日期、时间、百分比、分数、科学记数、文本等多种类型的限定数据格式。用户也可以选择“自定义”选项，设置符合定制要求的数据类型。输入不同类型数据时，有以下几点需要注意。

（1）如果想输入前面带“0”的数据，使用“数值”类型是不行的，可以先设置该单元格的类型为“文本”，再输入数据；或是在输入的数据前加“'”，转换成“文本”类型进行显示；也可以通过“自定义”的形式完成数据类型定制。例如，要显示一个 9 位数的学号，可以在“自定义”分类的“类型”文本框中输入“000000000”；在输入数字时，如果不足 9 位，前面自动补“0”，如图 2-2 所示。

（2）如果输入的数据是日期，可以以“2018-5-20”或“2018/5/20”等格式快速输入，然后通过“设置单元格格式”对话框调整要显示日期的格式，如图 2-3 所示。

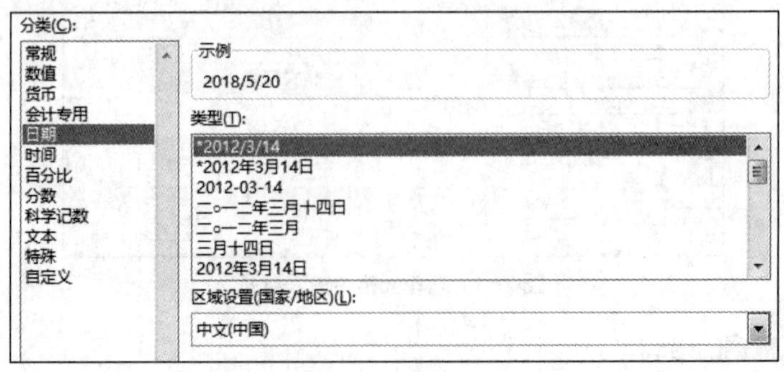

图 2-3 “日期”格式

（3）如果在单元格中输入的数字超过 11 位，则自动显示为“科学记数”的格式；如果要完整显示输入的数据，可以将单元格类型设置为“文本”。

（4）“货币”“会计专用”格式可用于设置显示各国的货币符号，“数值”格式可设置千位分隔符。

（5）默认情况下输入分数时会显示“日期”格式，所以要先设置为“分数”类型，再输入分数；也可以在输入时以“0+空格”开头，如要输入“8/9”，可以在单元格中输入“0 8/9”。“分数”格式如图 2-4 所示。

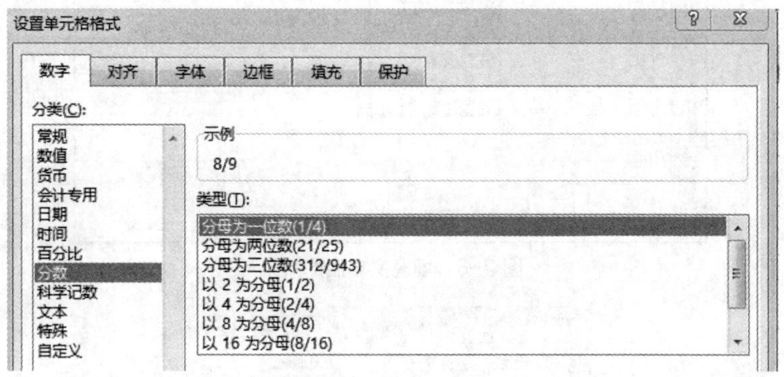

图 2-4 “分数”格式

2.1.2 数据填充

在输入表格数据时，有时需要输入一些相同的或是有规律的数据，如序号、编号、等差数列、连续日期等，如果数据量大，这种操作容易出错，还浪费时间。为此，Excel 设计了“填充”功能，以轻松高效地完成输入工作。

1. 快速填充相同内容的数据

在当前单元格中输入内容后，将鼠标指针移动到单元格的右下角，当其变成实心的十字形箭头时，向需要填充的区域进行拖动，可快速填充相同的内容；也可以先选中需要填充的区域，再选择“开始”选项卡中的“编辑”组，找到“填充”按钮，选择“向下”“向右”“向上”或“向左”填充，“填充”菜单如图 2-5 所示，填充效果如图 2-6 所示。

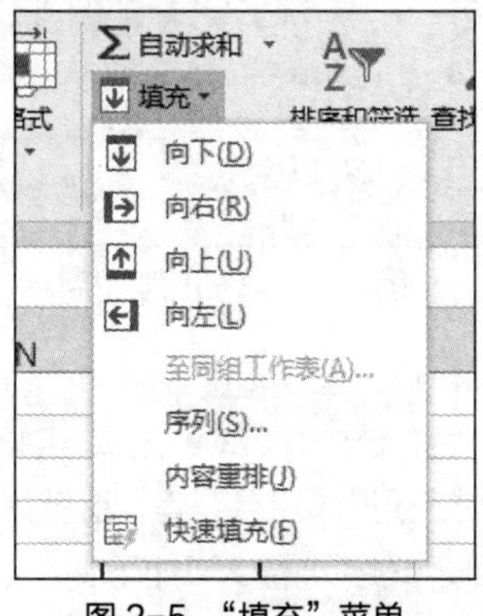

图 2-5 “填充”菜单

2. 填充序列数据

选择“开始”选项卡中的“编辑”组，找到“填充”按钮，选择“序列”命令，弹出“序列”对话框，从中可以看出，有序的数据如等差序列、等比序列、有序的日期等都可以填充，如图 2-7 所示。如果是等差序列，“步长值”指的是公差；如果是等比序列，“步长值”指的是公比；如果是日期，“步长值”指的是间隔；“终止值”指填充的结束值。填充序列效果如图 2-8 所示。

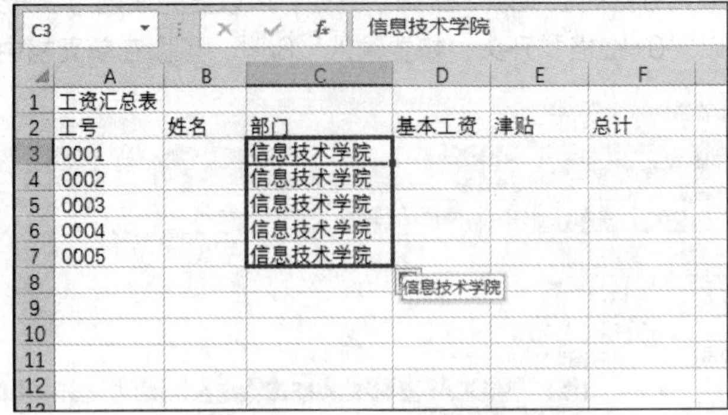

C3 信息技术学院

	A	B	C	D	E	F
1	工资汇总表					
2	工号	姓名	部门	基本工资	津贴	总计
3	0001		信息技术学院			
4	0002		信息技术学院			
5	0003		信息技术学院			
6	0004		信息技术学院			
7	0005		信息技术学院			
8				信息技术学院		
9						
10						
11						
12						

图 2-6　填充文本后的效果

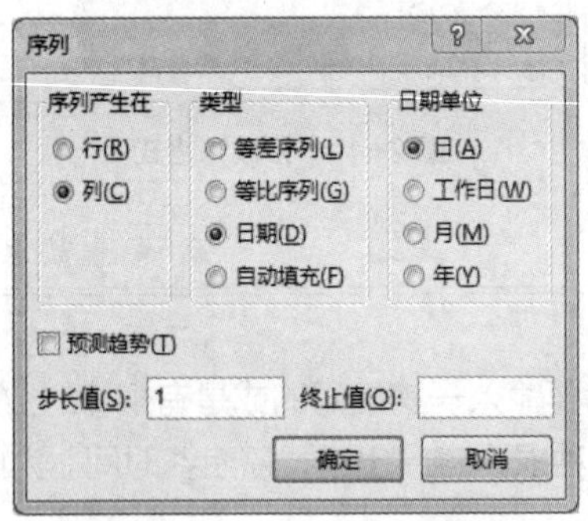

图 2-7　“序列”对话框

	A	B	C	D	E
1	1	1	2018年5月25日 星期五	2018年	
2	3	2	2018年5月28日 星期一	2019年	
3	5	4	2018年5月29日 星期二	2020年	
4	7	8	2018年5月30日 星期三	2021年	
5	9	16	2018年5月31日 星期四	2022年	
6	11	32	2018年6月1日 星期五	2023年	
7	13	64	2018年6月4日 星期一	2024年	
8	15	128	2018年6月5日 星期二	2025年	
9					

Sheet1　就绪　100%

图 2-8　填充序列效果

3. 填充系统内置的特殊数据

如果在某单元格内输入“一月”后，选中单元格，拖动实心十字形箭头填充单元格，就会发现，在接下来的单元格中会出现“二月”“三月”“四月”等，这就是系统内置的序列，会自动填充出来。用户也可以编辑自定义序列，编辑自定义序列的步骤如下。

（1）选择“文件”→“选项”命令，弹出“Excel 选项”对话框，选择“高级”选项，在“常规”选项区可以看到“编辑自定义列表”按钮，如图 2-9 所示。

（2）单击“编辑自定义列表”按钮，弹出“自定义序列”对话框，如图 2-10 所示，从中可以看到系统内置的一些序列。使用时，只要单元格里的内容是序列里的任一个值，使用填充功能，就会有序出现填充效果。

（3）如果需要填充一些系统不自带的序列，可以将新序列按顺序写到“输入序列”列表框内，单击“添加”按钮，就可以添加一个新的序列进入系统。添加完成后，自定义序列的填充效果如图 2-11 所示。

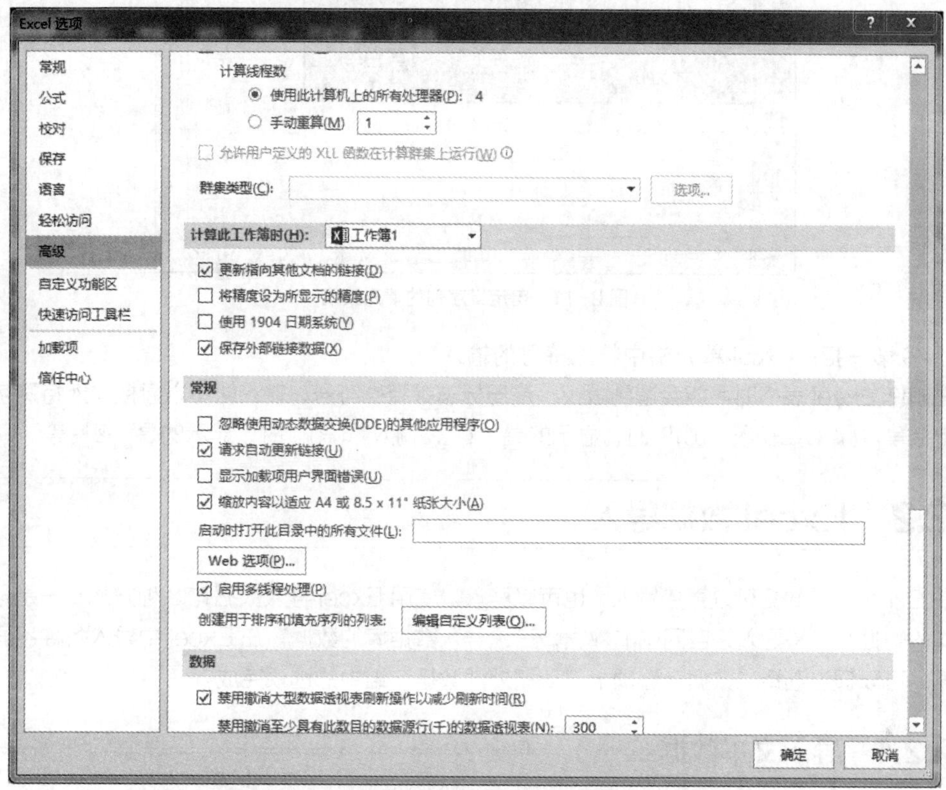

图 2-9 “Excel 选项”对话框

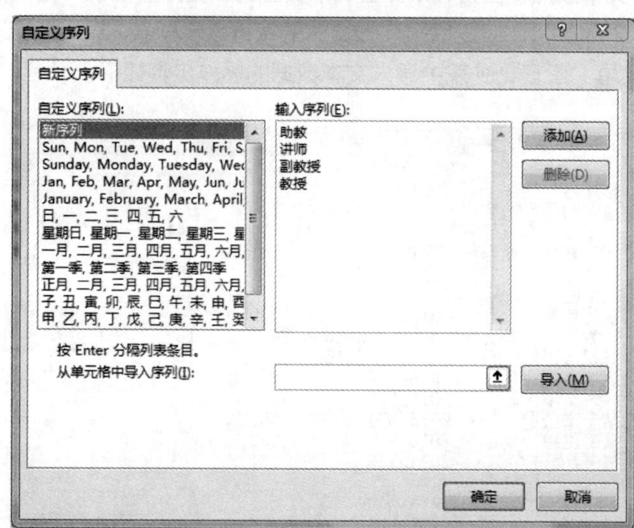

图 2-10 “自定义序列”对话框

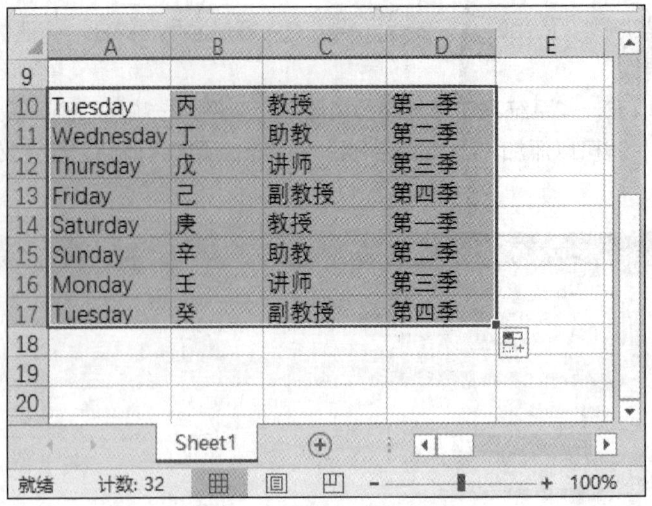

	A	B	C	D	E
9					
10	Tuesday	丙	教授	第一季	
11	Wednesday	丁	助教	第二季	
12	Thursday	戊	讲师	第三季	
13	Friday	己	副教授	第四季	
14	Saturday	庚	教授	第一季	
15	Sunday	辛	助教	第二季	
16	Monday	壬	讲师	第三季	
17	Tuesday	癸	副教授	第四季	
18					
19					
20					

图 2-11　自定义序列的填充效果

📖多学一招：Excel 单元格中特殊符号的输入

在制作 Excel 表格时可能会遇到版权、注册标志等特殊符号，输入时可以直接输入特殊字符，并加上括号“()”。如输入“(c)”时，显示的是“©”；输入“(R)”时，显示的是“®”等。

2.2 Excel 数据导入

在 Excel 中，数据可以直接输入，也可以导入。使用 Excel 导入数据有 3 种方式：一是导入来自文本的数据；二是导入来自网站的数据；三是导入数据库的数据。在 Excel 中导入各种不同来源的数据，可以通过选择“数据”选项卡“获取外部数据”组中的选项完成。

2.2.1 导入文本数据

在 Excel 中导入文本数据，首先必须保证文本类型的数据是按照统一格式存储的。例如，一个文本文件的内容如图 2-12 所示，可以看出，该文本的每行表示一条记录，每条记录中的字段以 Tab 分隔，记录以“;”结尾。在 Excel 表中导入文本数据的操作步骤如下。

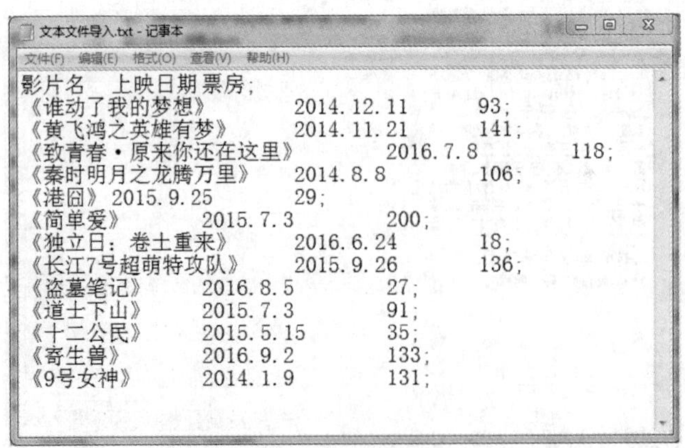


```
影片名	上映日期	票房;
《谁动了我的梦想》	2014.12.11	93;
《黄飞鸿之英雄有梦》	2014.11.21	141;
《致青春·原来你还在这里》	2016.7.8	118;
《秦时明月之龙腾万里》	2014.8.8	106;
《港囧》	2015.9.25	29;
《简单爱》	2015.7.3	200;
《独立日：卷土重来》	2016.6.24	18;
《长江7号超萌特攻队》	2015.9.26	136;
《盗墓笔记》	2016.8.5	27;
《道士下山》	2015.7.3	91;
《十二公民》	2015.5.15	35;
《寄生兽》	2016.9.2	133;
《9号女神》	2014.1.9	131;
```

图 2-12　文本文件

（1）选择“数据”选项卡“获取外部数据”组中的“自文本”选项，弹出“导入文本文件”对话框，如图 2-13 所示。

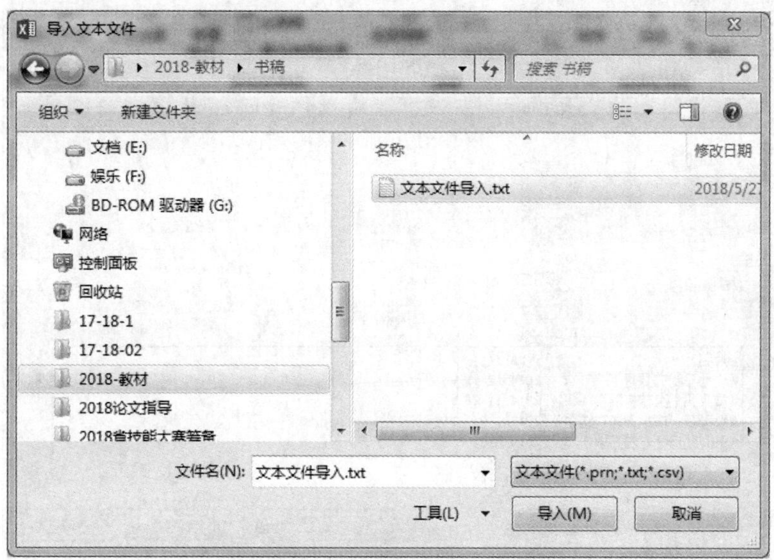

图 2-13 “导入文本文件”对话框

（2）选择相应的文件，单击“导入”按钮，出现“文本导入向导”对话框，向导第 1 步如图 2-14 所示。

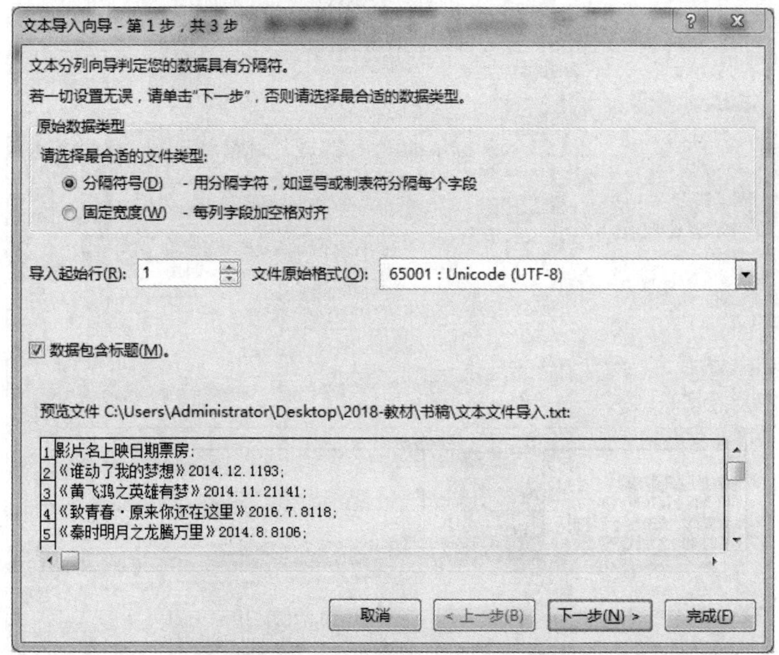

图 2-14 文本导入向导第 1 步

（3）根据文本文件中的内容，选择原始数据类型，以及是否包含标题，并单击“下一步”按钮，进入到向导第 2 步，如图 2-15 所示。

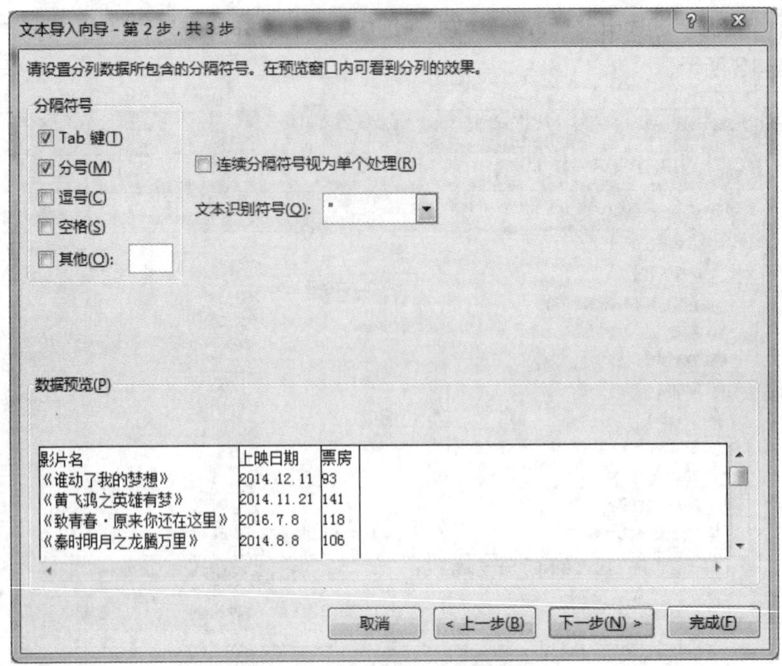

图 2-15　文本导入向导第 2 步

（4）选择分列数据所用的分隔符，这里用的是 Tab 键与分号，选中“Tab 键”和“分号”复选框，单击“下一步”按钮，进入到向导第 3 步，如图 2-16 所示。

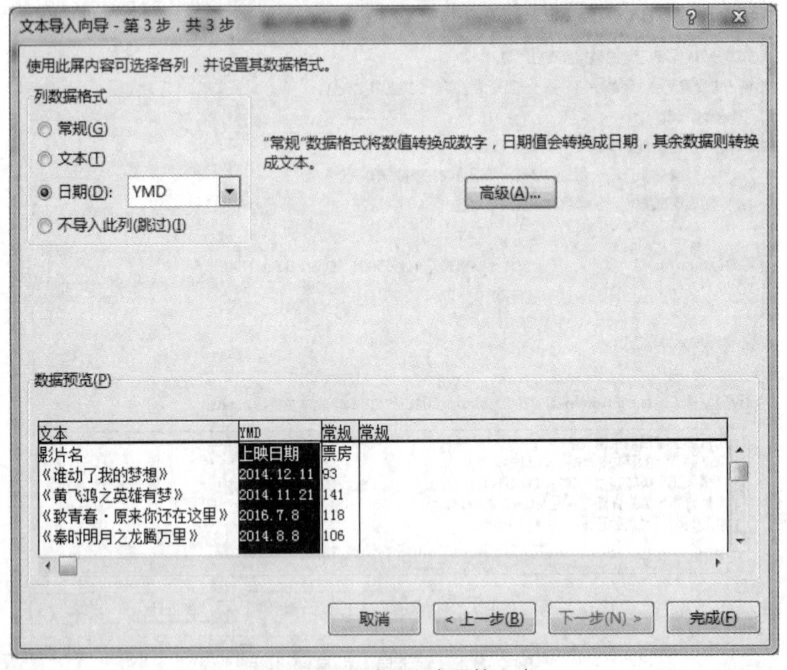

图 2-16　文本导入向导第 3 步

（5）依次设置每一个字段的数据类型之后，单击“完成”按钮，即打开“导入数据”对话框，如图 2-17 所示。

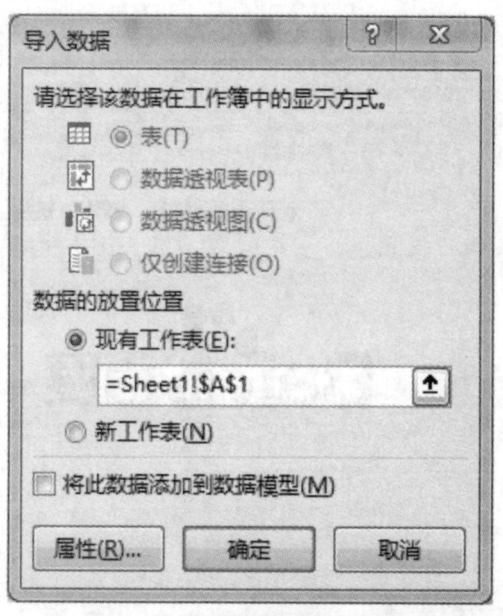

图 2-17 “导入数据”对话框

（6）设置数据放置位置，单击“确定”按钮，完成导入，最终效果如图 2-18 所示。

	A	B	C	D
1	影片名	上映日期	票房	
2	《谁动了我的梦想》	2014.12.11	93	
3	《黄飞鸿之英雄有梦》	2014.11.21	141	
4	《致青春·原来你还在这里》	2016.7.8	118	
5	《秦时明月之龙腾万里》	2014.8.8	106	
6	《港囧》	2015.9.25	29	
7	《简单爱》	2015.7.3	200	
8	《独立日：卷土重来》	2016.6.24	18	
9	《长江7号超萌特攻队》	2015.9.26	136	
10	《盗墓笔记》	2016.8.5	27	
11	《道士下山》	2015.7.3	91	
12	《十二公民》	2015.5.15	35	
13	《寄生兽》	2016.9.2	133	
14	《9号女神》	2014.1.9	131	
15				

Sheet1　就绪　100%

图 2-18　文本数据导入效果

2.2.2　导入网站数据

如今，互联网上有很多有用的数据，在进行数据分析时，需要引用这些数据。这时，可以将网站上的数据导入到 Excel 中，同时也可以将网站数据同步更新到 Excel 中，以保证 Excel 能随时获得最新的数据。下面用一个例子来演示网站数据的导入操作，操作步骤如下。

（1）选择“数据”选项卡“获取外部数据”组中的“自网站”选项，弹出“新建 Web 查询”对话框，如图 2-19 所示。

（2）在“地址”栏中输入带有数据表的某网站地址，单击“转到”按钮，进入相应的网站，这里以国家统计局 2017 年分地区分岗位就业人员年平均工资统计表为例，如图 2-20 所示。

（3）选中拟导入表格的橙色图标 ，单击“导入”按钮，弹出“导入数据”对话框，如图 2-21 所示。

图 2-19 “新建 Web 查询”对话框

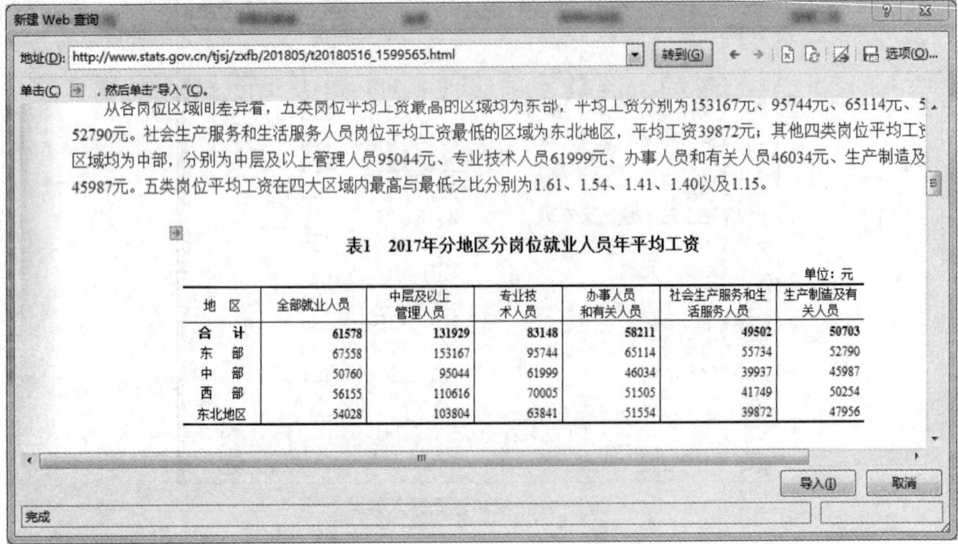

地 区	全部就业人员	中层及以上管理人员	专业技术人员	办事人员和有关人员	社会生产服务和生活服务人员	生产制造及有关人员
合 计	61578	131929	83148	58211	49502	50703
东 部	67558	153167	95744	65114	55734	52790
中 部	50760	95044	61999	46034	39937	45987
西 部	56155	110616	70005	51505	41749	50254
东北地区	54028	103804	63841	51554	39872	47956

图 2-20 转到有数据表的网站

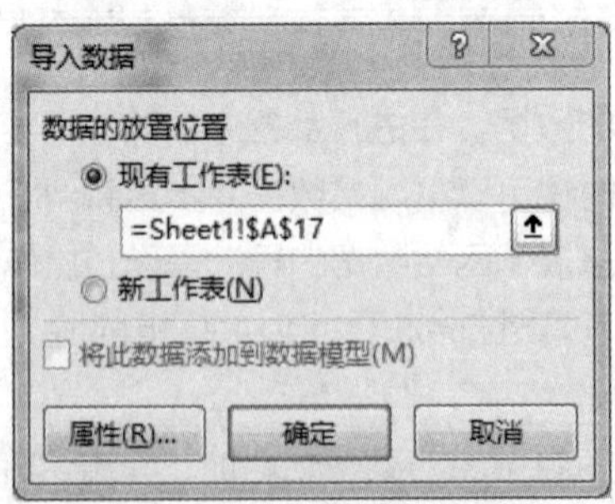

图 2-21 “导入数据”对话框

（4）输入导入到 Excel 表格的单元格地址，单击“确定”按钮，效果如图 2-22 所示。

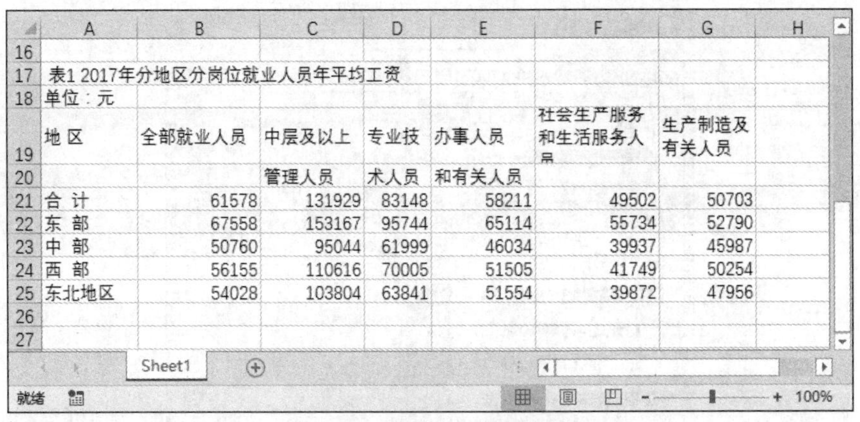

表1 2017年分地区分岗位就业人员年平均工资

单位：元

地 区	全部就业人员	中层及以上管理人员	专业技术人员	办事人员和有关人员	社会生产服务和生活服务人员	生产制造及有关人员
合 计	61578	131929	83148	58211	49502	50703
东 部	67558	153167	95744	65114	55734	52790
中 部	50760	95044	61999	46034	39937	45987
西 部	56155	110616	70005	51505	41749	50254
东北地区	54028	103804	63841	51554	39872	47956

图 2-22　导入网站数据的效果

（5）如果要关联数据，使得网站数据更新的同时该 Excel 数据表也跟着更新，可以选中导入的数据区域，右键单击，弹出快捷菜单，选择“数据范围属性”命令，如图 2-23 所示。

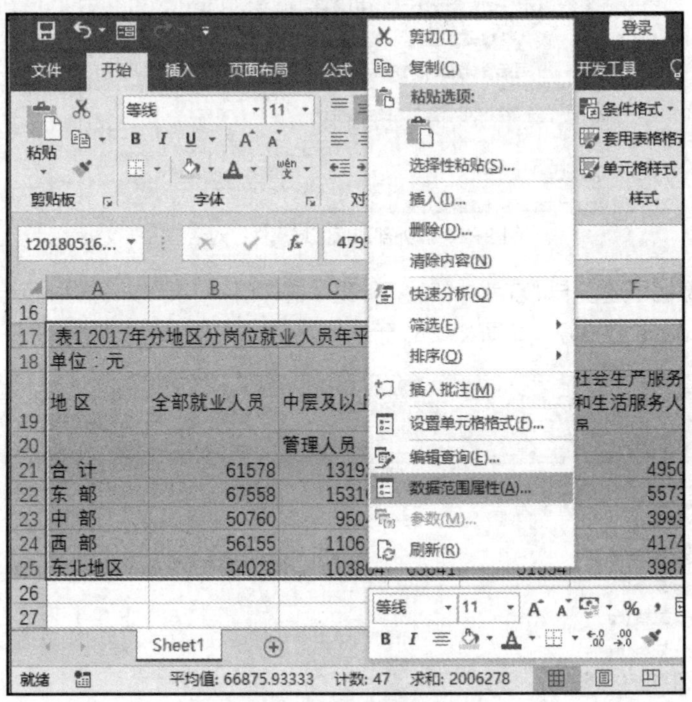

图 2-23　动态更新数据设置

（6）弹出“外部数据区域属性”对话框，在“刷新控件”选项组中选中“允许后台刷新”复选框，设置“刷新频率”，如图 2-24 所示。

2.2.3　导入数据库数据

在 Excel 中除了可以导入文本数据、网站数据外，也可以导入数据库中的表数据。可以通过选择“数据”选项卡“获取外部数据”组中的“自其他来源”选项完成。接下来，以 Access 数据库为例进行介绍，其操作步骤如下。

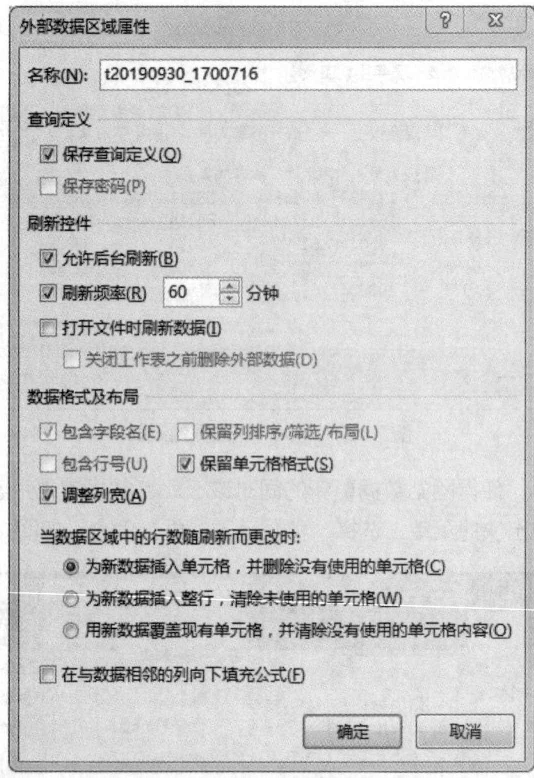

图 2-24 “外部数据区域属性”对话框

（1）选择“数据”选项卡“获取外部数据”组中的“自 Access”选项，弹出“选取数据源”对话框，选择 Access 数据源，如图 2-25 所示。

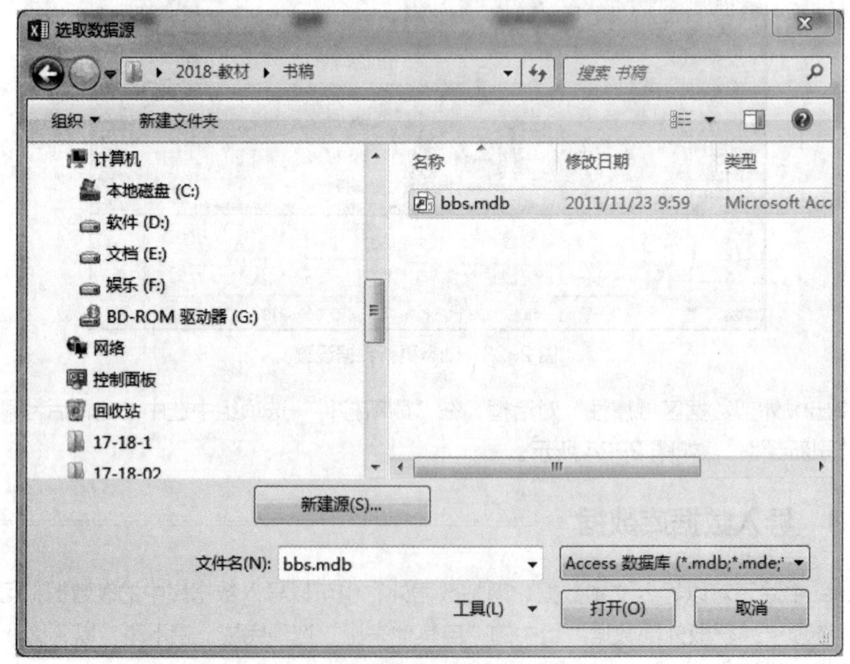

图 2-25 “选取数据源”对话框

（2）单击“打开”按钮，弹出“选择表格”对话框。该对话框中显示了 Access 数据库包含的所有表，选中“支持选择多个表”复选框，可以将所有表都导入，也可以选择部分导入，当然，也可以只选择其中之一导入，如图 2-26 所示。

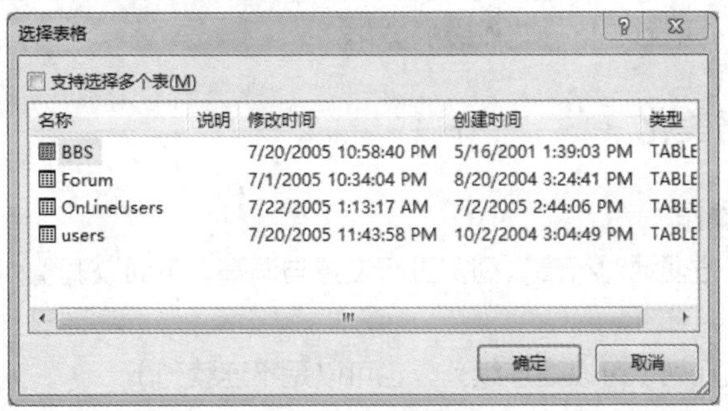

图 2-26 选择表格

（3）单击“确定”按钮，进入到“导入数据”对话框。在对话框中可以选择导入数据在工作簿中的显示方式与放置位置，如图 2-27 所示。

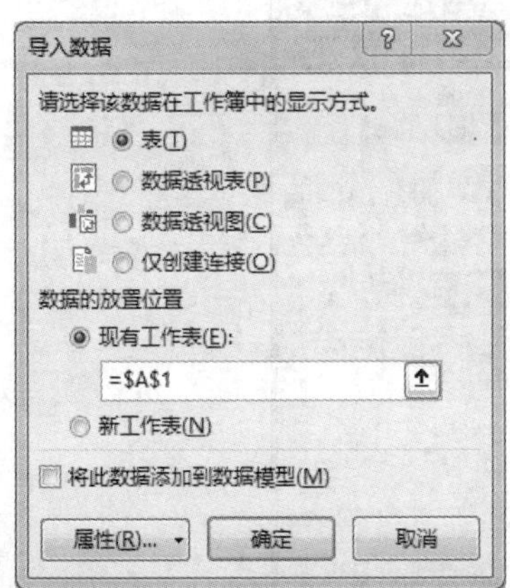

图 2-27 “导入数据”对话框

（4）如果以“表”的形式显示并放置在 A1 单元格开始的位置，则导入的数据表效果如图 2-28 所示。

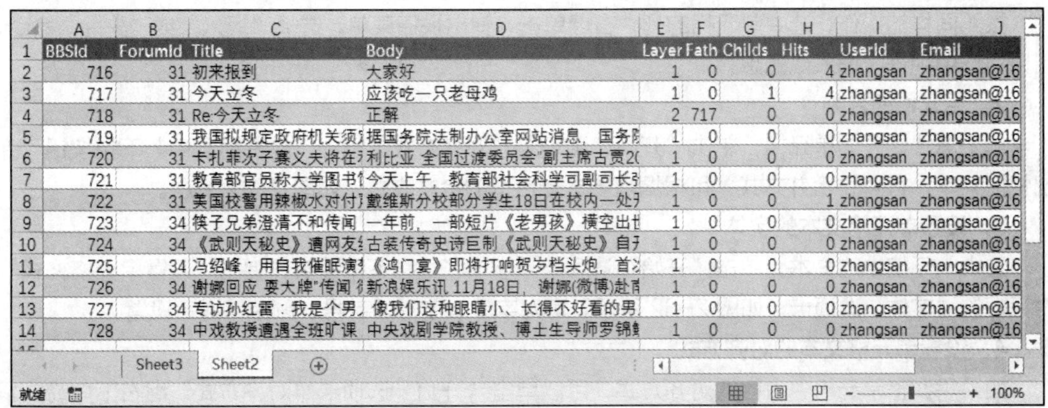

图 2-28 导入数据表的效果

2.3 Excel 表的美化

Excel 中提供了多种美化表格的方式，用户可以根据实际需要与个人喜好对表格进行美化，满足不同需求。本节主要介绍单元格、工作表的美化。

2.3.1 单元格美化

1. 单元格的行列操作

Excel 单元格可以方便地对行高、列宽进行设置与调整。下面以调整列宽为例进行介绍，具体操作步骤如下。

（1）选中某列或某几列（可以是连续列，也可以是不连续列）。

（2）将鼠标指针移到列号右侧，变成调整的左右箭头时，直接拖动，可以调整列宽。

（3）也可以选中列，右键单击，弹出快捷菜单，如图 2-29 所示，选择“列宽”命令，弹出“列宽”对话框，如图 2-30 所示，将合适的数值填入即可。

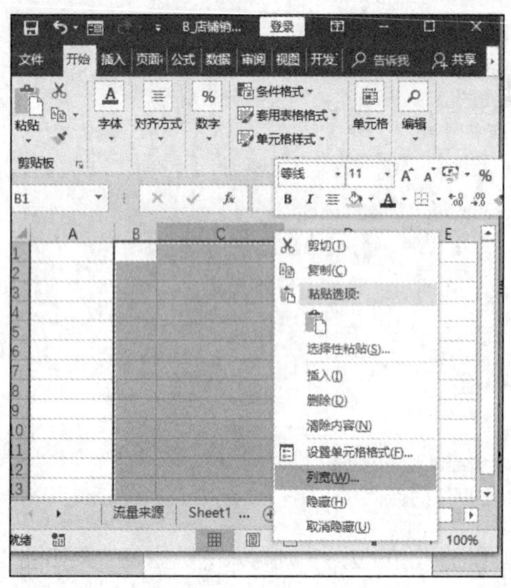

图 2-29 快捷菜单

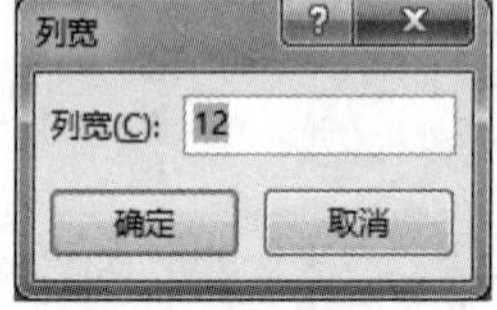

图 2-30 “列宽”对话框

按照同样的操作，选中单元格的列，右键单击，弹出快捷菜单，选择“插入”或“删除”命令，可以对选中列进行插入或删除。

2. 单元格的合并

选中需要合并的单元格，单击“开始”选项卡“对齐方式”组中“合并后居中”下拉按钮，弹出快捷菜单，有 4 种合并方式，可根据需要选择合适的合并方式，如图 2-31 所示。

3. 设置单元格文本的字体

选中单元格中的文本，单击“开始”选项卡“字体”组右下角箭头，弹出“设置单元格格式”对话框的“字体”选项卡，如图 2-32 所示，可对字体、字形、字号、颜色等进行设置。

4. 设置单元格文本的对齐方式

如果需调整单元格中内容的对齐方式，可以单击“开始”选项卡“对齐方式”组右下角箭头，弹出“设置单元格格式”对话框的“对齐”选项卡，如图 2-33 所示。文本对齐方式包括“水平对齐”“垂直对齐”，具体效果如图 2-34 所示。

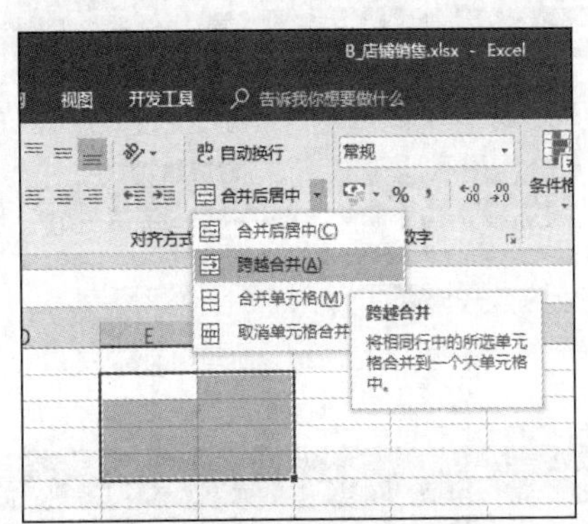

图 2-31 “合并后居中”快捷菜单

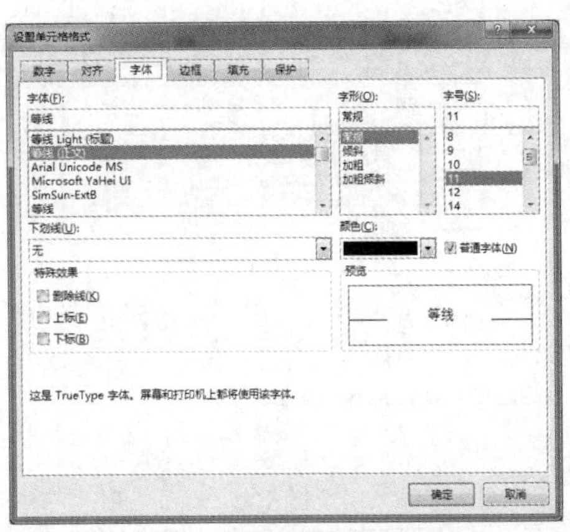

图 2-32 “设置单元格格式”选项卡

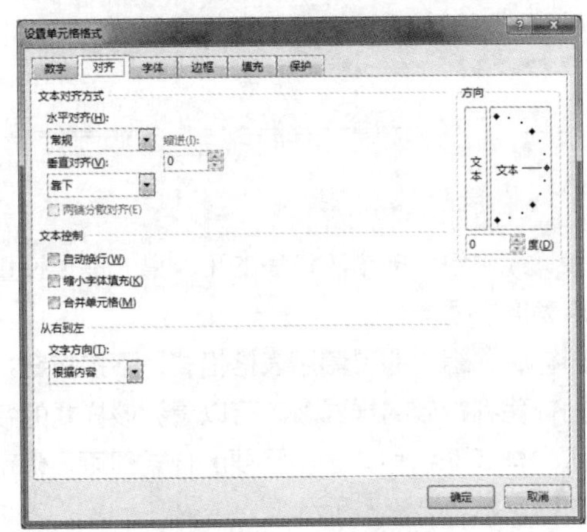

图 2-33 “对齐”选项卡

靠左靠上	居中居中		靠右靠下	填充填充填充
两端对齐	跨列居中	分 散 对 齐		

图 2-34 文本对齐效果

📖多学一招：Excel 单元格内容强制换行

在制作 Excel 表格时，可能会遇到单元格内容太多需要换行或需要全部内容在一个单元格里显示的情况，这时可以通过“设置单元格格式”对话框中的“对齐”选项卡，根据实际排版需要选中“文本控制”选项组中的“自动换行”“缩小字体填充”或“合并单元格”复选框。在制表时，遇到斜表头中有内容跨在多行中的问题，也可以通过“自动换行”操作解决。

5. 设置单元格边框

在默认情况下，Excel 显示的单元格边框是为了方便编辑，实际上并不存在，打印也不显示。为了更清晰地显示表格，需要对单元格边框进行设置。选中需要设置边框的单元格，右键单击，弹出快捷菜单，选择“设置单元格格式”命令，打开“设置单元格格式”对话框，打开“边框”选项卡，如图 2-35 所示。从中可以设置边框的线型样式、颜色，可以具体到对边框上、下、左、右线的设置。在操作过程中，如果表格的内外框线不同，可以按照实际情况，先选直线样式、颜色，再选择边框线，重复操作两遍，单击“确定”按钮，设置完毕。

6. 单元格背景填充

设置单元格背景可以美化工作表或突出显示重要数据。打开“设置单元格格式”对话框中的“填充”选项卡，可以看到，可以设置背景色、图案颜色、图案样式，也可以单击“填充效果”按钮，设置渐变色填充，如图 2-36 所示。

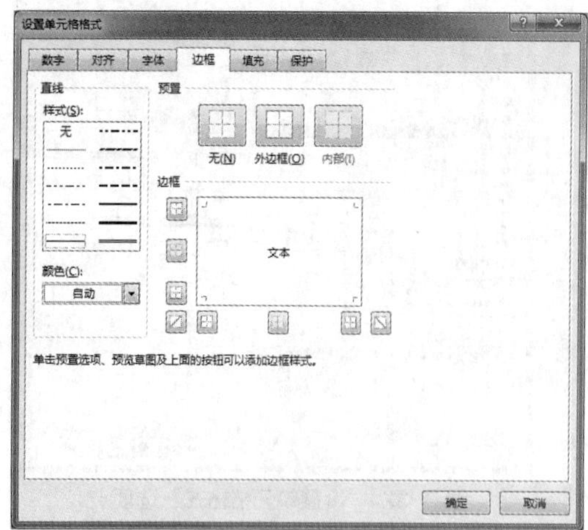

图 2-35 “边框”选项卡

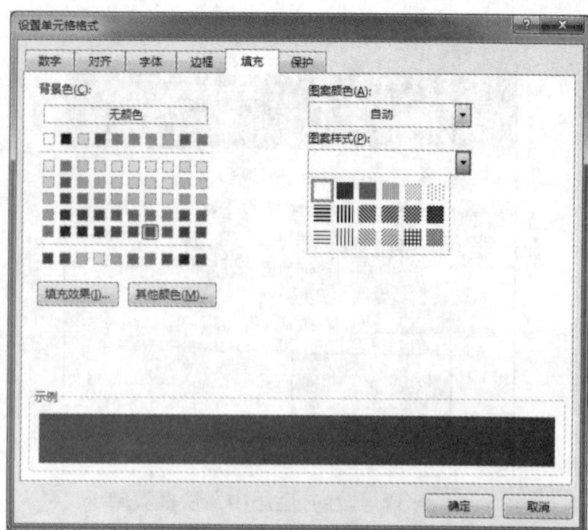

图 2-36 “填充”选项卡

2.3.2 套用样式

1. 套用表格格式

在实际操作中，有时会遇到具有大量数据的工作表，或是包含多个工作表的工作簿，需要设置特殊的格式，这时可以使用“套用表格格式”操作修改表格边框样式。

选中需要套用样式的表格，单击“开始”选项卡“样式”组中的“套用表格格式”下拉按钮，可以看到系统提供了很多种套用表格的样式，将鼠标指针移到相应的样式上，可以看到该样式的名称，如图 2-37 所示，“浅橙色，表样式浅色 17”是选中样式的名称，选中需要的样式即可。确定表格格式后，可以通过“设计”选项卡修改表格格式选项，如图 2-38 所示。

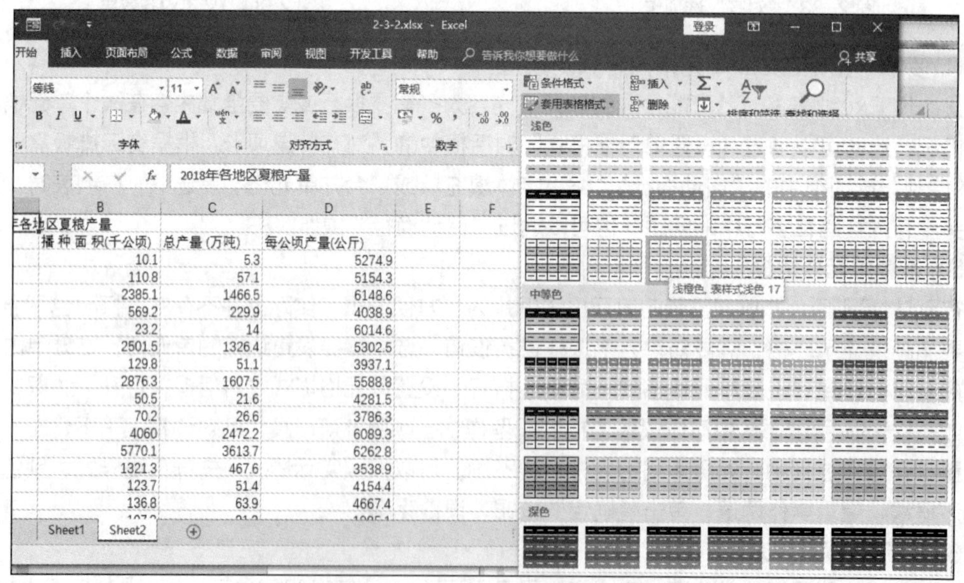

图 2-37 “套用表格格式”设置

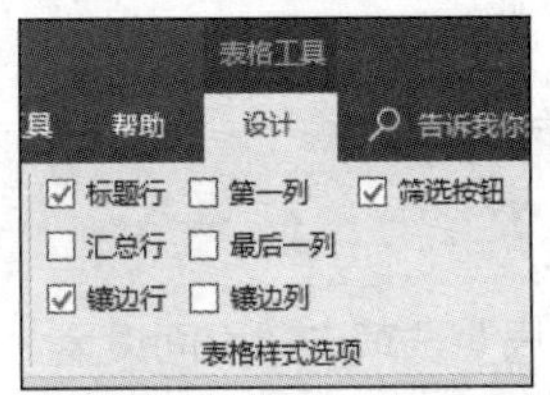

图 2-38 “设计”选项卡

2. 套用单元格样式

Excel 工作表可以套用格式，单个单元格也可以套用单元格样式。单击“开始”选项卡“样式”组中的“单元格样式”下拉按钮，弹出的下拉框中提供了系统默认的很多单元格样式，如图 2-39 所示。从中可以预设主题单元格格式、数字格式、标题等多种样式，操作方法与套用表格格式类似。

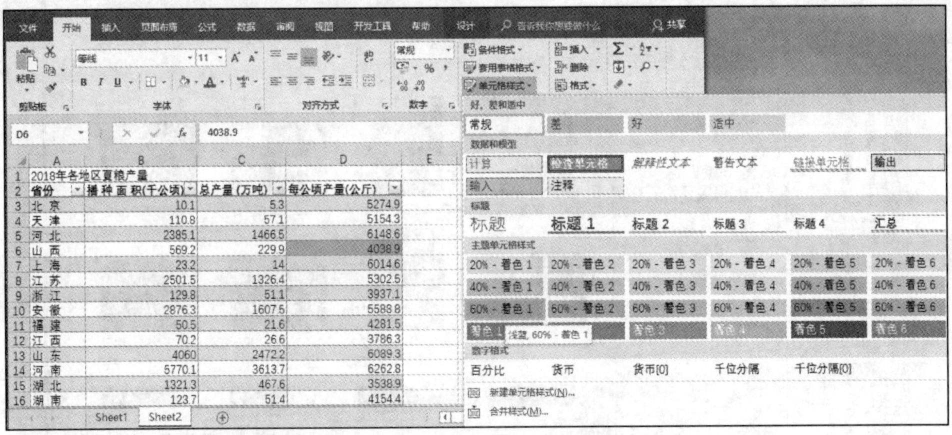

图 2-39 “单元格样式”设置

📖多学一招：Excel 中“选择性粘贴”的作用

在 Excel 中使用粘贴功能时，提供了“选择性粘贴”选项。“选择性粘贴”功能很强大，可以粘贴所复制的内容，也可以选择性地只粘贴公式、数值、格式、批注等内容。操作方式是，先复制内容，在粘贴时选择“选择性粘贴”选项，这时会弹出“选择性粘贴”对话框，如图 2-40 所示，选中相应的粘贴类型即可。

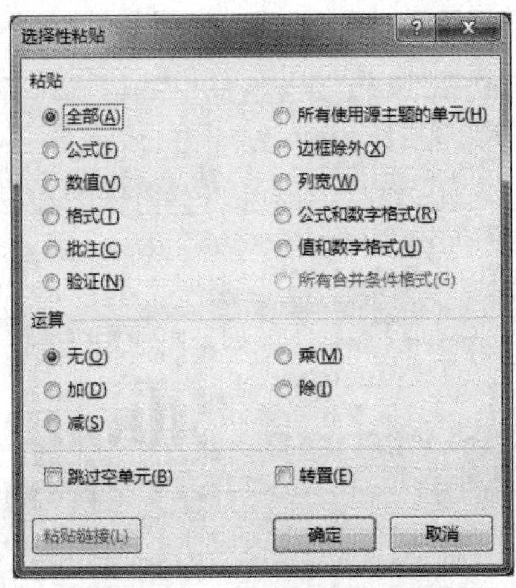

图 2-40 “选择性粘贴”对话框

2.3.3 表格美化

1. 设置工作表背景

在当前工作表下，单击“页面布局”选项卡“页面设置”组中的“背景”按钮，弹出“工作表背景”对话框，可以给工作表加上图片背景，如图2-41所示。

图2-41 “工作表背景”对话框

2. 设置工作表标签颜色

一个工作簿里可以包括许多个工作表，有时为了更好地区分工作表，可以用不同颜色的标签。

选中需要设置标签颜色的工作表表名后右键单击，弹出快捷菜单，选择“工作表标签颜色”命令，在“主题颜色”选项组中选择需要的颜色即可，如图2-42所示。

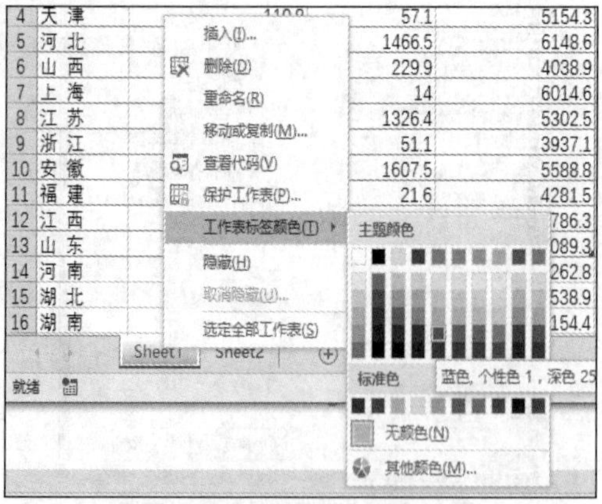

图2-42 “工作表标签颜色”设置

2.4 课堂实操训练

【训练目标】

通过多种渠道的数据收集，熟练掌握数据收集的途径与方法，合理设置各种类型的数据格式，汇总数据，形成美观大方的数据工作表。

【训练内容】

以国家统计局数据为参考，收集 2017 年、2018 年的各省份夏粮产量数据，汇总数据，形成美观的工作表。

（1）2017 年夏粮产量数据来自于“2017 夏粮.txt”文件，2018 年夏粮产量数据来自于国家统计局数据。

（2）整理数据，设置数据格式，使其规范。

（3）设置表格的样式，添加合适的边框与底纹，使其美观。

【训练步骤】

（1）通过 Excel 中的数据导入功能，获取 2017 年、2018 年的数据。

① 单击“数据”选项卡“获取外部数据”组中的“自文本”按钮，如图 2-43 所示，找到案例素材中的“2017 夏粮.txt”文件并导入，弹出“文本导入向导”对话框。如果预览文本是乱码，可修改文件原始格式，选择文件原始格式为“936：简体中文（GB2312）”，如图 2-44 所示，单击“下一步”按钮。

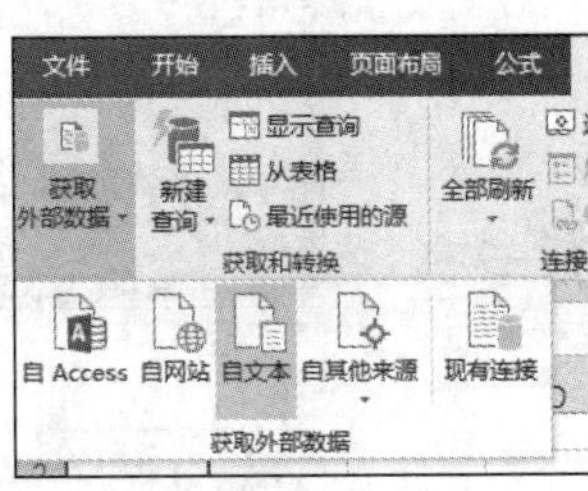

图 2-43　导入数据

② 设置表格分列的分隔符，如图 2-45 所示；设置每列的数据格式，如图 2-46 所示；设置导入数据的位置，如图 2-47 所示；导入数据的效果如图 2-48 所示。

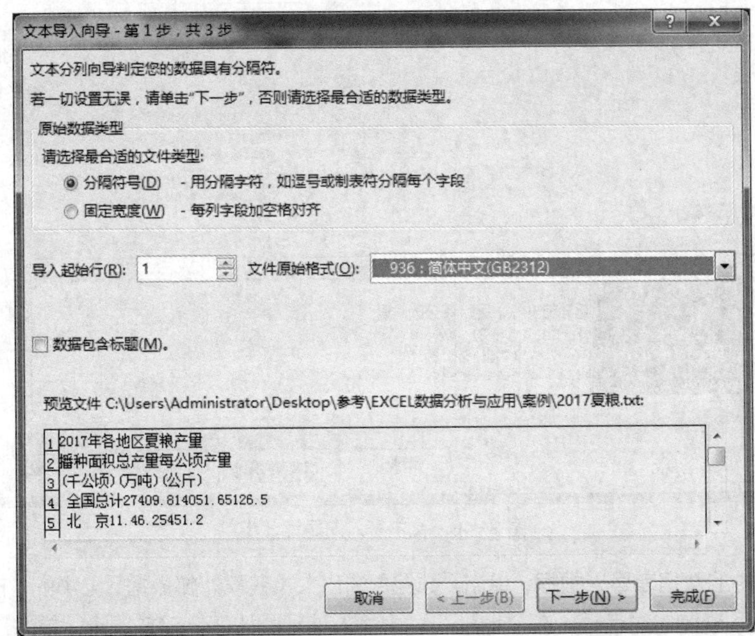

图 2-44　文本导入向导第 1 步

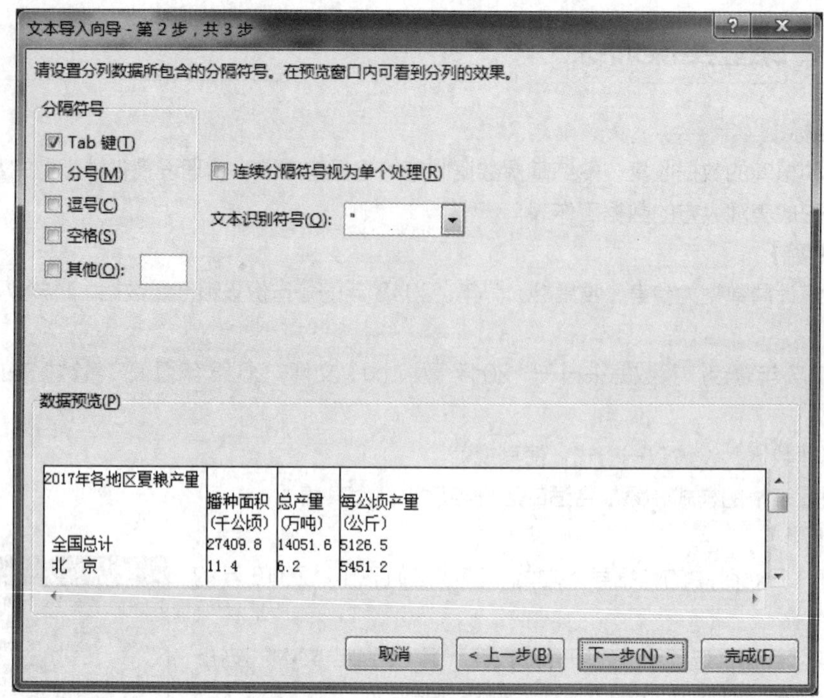

图 2-45　文本导入向导第 2 步

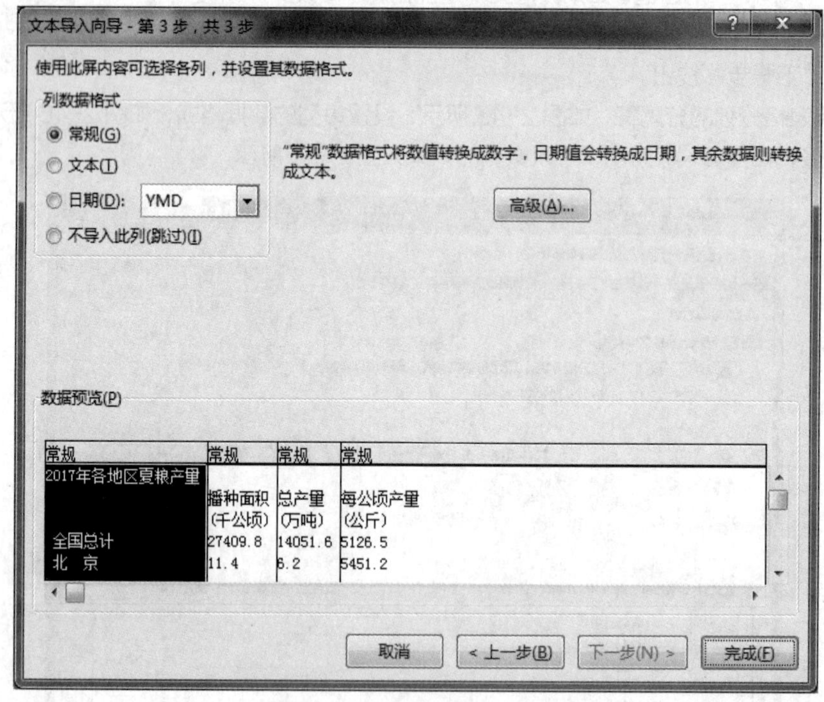

图 2-46　文本导入向导第 3 步

③ 从网站中的数据表导入数据，单击“数据”选项卡“获取外部数据”组中的“自网站”按钮，弹出“新建 Web 查询”对话框，在“地址”栏中输入地址，如图 2-49 所示，单击“转到”按钮，可以导入整个网页。单击 ➡ 图标，调整内容显示至表格处，选中导入的表格，如图 2-50 所示。单

击“导入”按钮，弹出“导入数据”对话框，设置导入数据表的位置，如图 2-51 所示，单击“确定”按钮，导入效果如图 2-52 所示。

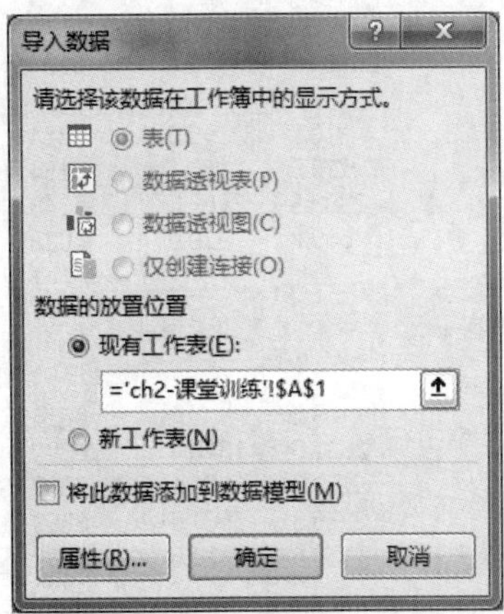

图 2-47　设置导入数据的位置

	A	B	C	D
1	2017年各地区夏粮产量			
2		播种面积	总产量	每公顷产量
3		(千公顷)	(万吨)	(公斤)
4	全国总计	27409.8	14051.6	5126.5
5	北 京	11.4	6.2	5451.2
6	天 津	112.4	64.5	5737.7
7	河 北	2331.2	1474.7	6325.9
8	山 西	680.5	278.9	4097.9
9	内 蒙 古			
10	辽 宁			
11	吉 林			
12	黑 龙 江			
13	上 海	21.7	10.3	4765.7
14	江 苏	2400	1260.6	5252.7
15	浙 江	191.7	75.4	3932.1
16	安 徽	2404.1	1395.3	5803.9
17	福 建	94.7	39.4	4155.1
18	江 西	81.2	19.1	2348.7
19	山 东	3847.3	2350.1	6108.3

图 2-48　导入文本数据的效果

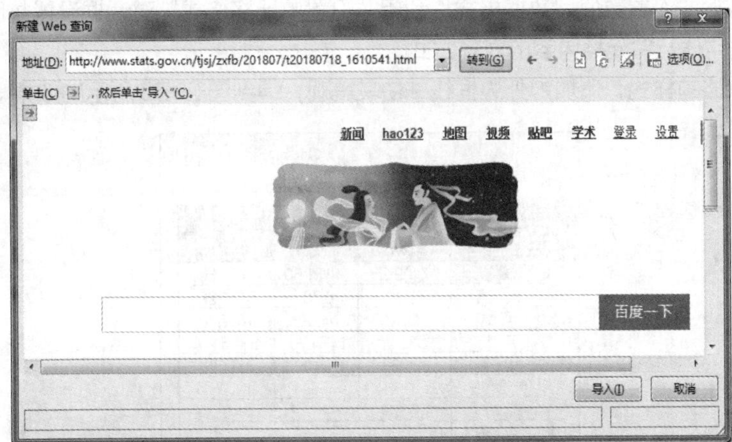

图 2-49　“新建 Web 查询”对话框

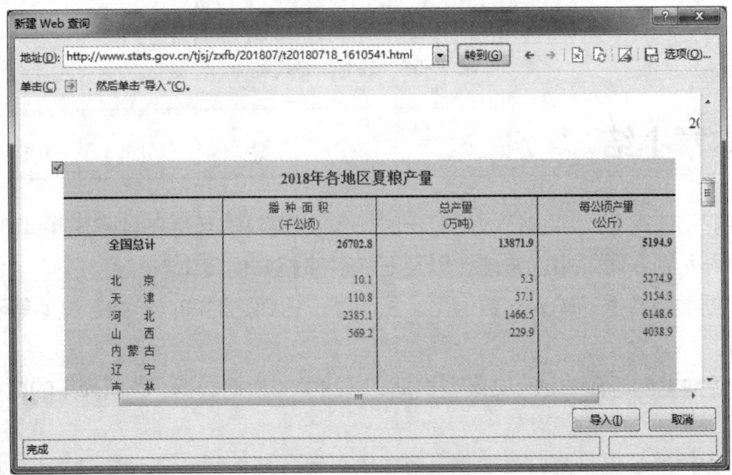

图 2-50　导入网站

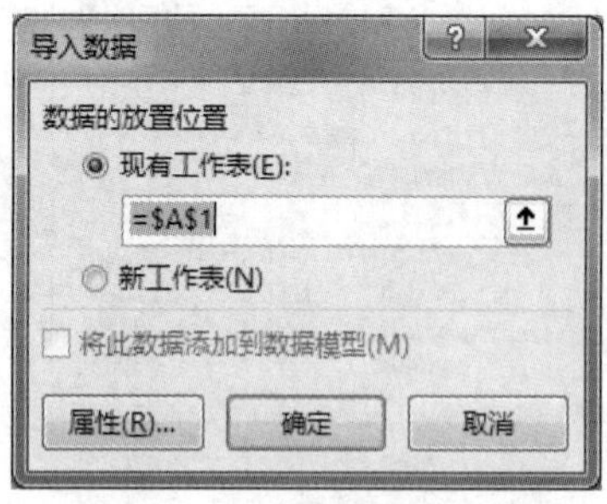

图 2-51　设置导入数据表的位置

	A	B	C	D
1	2018年各地区夏粮产量			
2		播种面积	总产量	每公顷产量
3		(千公顷)	(万吨)	(公斤)
4	全国总计	26702.8	13871.9	5194.9
5				
6	北 京	10.1	5.3	5274.9
7	天 津	110.8	57.1	5154.3
8	河 北	2385.1	1466.5	6148.6
9	山 西	569.2	229.9	4038.9
10	内 蒙 古			
11	辽 宁			
12	吉 林			
13	黑 龙 江			
14	上 海	23.2	14	6014.6
15	江 苏	2501.5	1326.4	5302.5
16	浙 江	129.8	51.1	3937.1
17	安 徽	2876.3	1607.5	5588.8
18	福 建	50.5	21.6	4281.5
19	江 西	70.2	26.6	3786.3

图 2-52　导入网站数据的效果

（2）整理数据，设置数值型数据格式。利用“设置单元格格式”对话框设置数值型数据，保留一位小数，调整字体及单元格内容的对齐方式。

（3）套用表格的样式，添加内外边框线，使其美观，得到图 2-53 所示的效果。

	A	B	C	D
1	2017年各地区夏粮产量			
2	列1	播种面积(千公顷)	总产量(万吨)	每公顷产量(公斤)
3	全国总计	27409.80	14051.60	5126.50
4	北 京	11.40	6.20	5451.20
5	天 津	112.40	64.50	5737.70
6	河 北	2331.20	1474.70	6325.90
7	山 西	680.50	278.90	4097.90
8	内 蒙 古			
9	辽 宁			
10	吉 林			
11	黑 龙 江			
12	上 海	21.70	10.30	4765.70
13	江 苏	2400.00	1260.60	5252.70
14	浙 江	191.70	75.40	3932.10

图 2-53　表格最终效果

2.5 本章小结

本章主要讲解了使用 Excel 进行数据分析时如何收集数据，包括各种不同类型数据的输入方法，数据从不同来源导入到 Excel 中的方法，以及 Excel 表格如何美化。

（1）不同数据类型数据的输入：数值型、货币型、日期、时间、分数、文本等不同数据的输入方法及格式设置。

（2）不同来源数据的导入方法：文本型数据、网站中的表格数据、数据库里的数据等导入 Excel 的方法。

（3）Excel 表格的美化：单元格格式、单元格合并、对齐方式、边框、底纹、背景等的设置；套用表格格式的使用；工作表背景、标签等的设置。

2.6 拓展实操训练

【训练目标】

调查问卷是收集数据的一个重要途径，设计调查问卷是问卷调查的重要一环。掌握在 Excel 中设计调查问卷的步骤与方法，并能设计出合理、美观的调查问卷。

【训练内容】

设计一份家电市场的调查问卷，要求如下。

（1）要求使用 Excel 表单与表单控件。

（2）要求调查问卷调查的内容包括年龄、性别、所在地区、家庭收入、能接受的电器价位、品牌倾向、了解家电的渠道来源等。

（3）合理使用文本框、分组框、单选控件、复选控件等。

（4）设置的调查问卷清晰易懂、美观、有条理。

第 3 章 Excel数据分析常用函数

学习目标

① 掌握 Excel 中单元格地址的引用方法
② 能根据指定要求创建公式
③ 掌握不同类型函数的使用方法

Excel 是数据分析时的一个必不可少的工具。在数据清洗、数据处理、数据分析等各个阶段均需要使用公式与函数。用户必须掌握 Excel 中单元格名称的创建与引用，能根据特定需求创建公式，特别是应熟练运用 Excel 中的文本类函数、数学与逻辑运算类函数、关联匹配类函数、统计分析类函数及日期时间类函数，为后期的数据处理与分析打下坚实的基础。

3.1 公式与函数的基础

公式与函数作为 Excel 的重要组成部分，有着很强的计算功能，为用户分析与处理工作表中的数据提供了很大方便。公式是在工作表中对数据进行计算的式子，它可以对工作表中的数值进行加、减、乘、除等运算。对于一些特殊运算，无法直接利用公式来实现，可以使用 Excel 内置的函数来求解。在利用公式或函数进行计算时，经常用到单元格或单元格区域。

本节主要讨论公式和常用函数的使用方法。

3.1.1 Excel 公式

在 Excel 公式中，运算符可以分为以下 4 种类型。

（1）算术运算符，包括+（加）、-（减）、*（乘）、/（除）、%（百分比）、^（指数）。

（2）比较运算符，包括=（等于）、>（大于）、<（小于）、>=（大于等于）、<=（小于等于）。

（3）字符运算符，包括&（连接）。

（4）引用运算符，包括：（冒号）、，（逗号）、空格。

要创建一个公式，首先需要选定一个单元格，输入一个“=”，然后在其后输入公式的内容，按 Enter 键就可以按公式计算并得出结果。

1. 单元格引用

单元格引用就是标识工作表中的单元格或单元格区域，指明公式中所使用的数据的位置。在 Excel 中，可以引用同一工作表不同部分的数据、同一工作簿中不同工作表的数据，甚至不同工作簿的单元格数据。

（1）3 个引用运算符

① :（冒号）——区域运算符。例如，B2:F5 表示 B2 单元格到 F5 单元格矩形区域内的所有单元格。

② ,（逗号）——联合运算符。将多个引用合并为一个引用，如 SUM（B5:B15,D4:D12），表示对 B5～B15 及 D4～D12 区域的所有单元格求和（SUM 是求和函数）。

③ 空格——交叉运算符。例如，SUM（B5:B15,A7:D7）表示两区域交叉单元格之和。

（2）单元格或单元格区域引用一般式

单元格或单元格区域引用的一般式如下。

工作表名！单元格引用或[工作簿名]工作表名!单元格引用。

2. 地址引用

若在一个公式中用到一个或多个单元格地址，则认为该公式引用了单元格地址。根据不同的需要，在公式中引用单元格地址有 3 种方式，即相对地址引用、绝对地址引用和混合地址引用。

（1）相对地址

随公式复制的单元格位置变化而变化的单元格地址称为相对地址，如=C4+D4+E4 中的 C4、D4、E4。若单元格 F4 中的公式为=C4+D4+E4，复制到 G5，则 G5 中的公式为=D5+E5+F5。因为目标单元格由 F4 变为 G5，即向下移动一行，向右移动一列，所以 C4 变为 D5，D4 变为 E5，E4 变为 F5。

（2）绝对地址

与相对地址正好相反，当复制单元格的公式到目标单元格时，其地址不能改变，这样的单元格地址称为绝对地址。其形式是在普通地址前加“$”，如$D$1（行、列均固定）。若单元格 F4 中的公式为=$C$4+$D$4+$E$4，复制到 G5，则 G5 中的公式仍为=$C$4+$D$4+$E$4，公式不会发生任何变化。

（3）混合地址

行号或列号前面带有“$”，称为混合地址，如$A3（列固定为 A，即第 1 列，行为相对地址），B$4（列为相对地址，行固定为第 4 行）。若单元格 F4 中的公式为=$C$4+D$4+$E4，复制到 G5，则 G5 中的公式为=$C$4+E$4+$E5，相对地址引用部分发生变化，绝对地址引用部分不会发生变化。

例如，作为销售部门的统计员，小马每个月都要统计出产品销售的情况。小马制作销售报表时，需要计算销售额和利润。利用单元格的引用功能，小马每次都能很快地制作出报表，具体步骤如下。

① 在工作表中输入基本数据，如图 3-1 所示。

	A	B	C	D	E
1	利润率	0.2			
2	商品名称	单价(万元)	销售数量	销售额(万元)	利润额(万元)
3	轿车A	13	1000		
4	轿车B	14	800		
5	轿车C	15	1200		
6	轿车D	16	500		
7	轿车E	17	600		

图 3-1 输入基本数据

② 在“Excel 选项”对话框中，单击左侧列表中的“高级”选项，在“此工作表的显示选项”栏中选中“在单元格中显示公式而非其计算结果”复选框，可以使单元格显示公式，而不是计算的结果，如图 3-2 所示。

③ 在 D3 单元格中输入公式“=B3*C3”，拖动 D3 单元格右下角的实心十字箭头至 D7 单元格，填充公式。公式中的“单价（万元）”单元格、“销售数量”单元格的地址随着“销售额（万元）”单

元格位置的改变而改变。

④ 在 E3 单元格中输入公式“=D3*$B$1”，拖动 E3 单元格右下角的实心十字箭头至 E7 单元格，填充公式。公式中的“销售额（万元）”单元格的地址随着“利润额（万元）”单元格位置的改变而改变，而利润率单元格的地址不变，如图 3-3 所示。

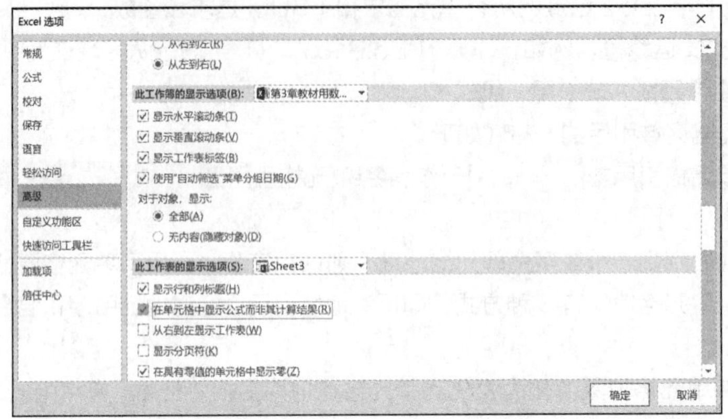

图 3-2　选中“在单元格中显示公式而非其计算结果”复选框

	A	B	C	D	E
1	利润率	0.2			
2	商品名称	单价(万元)	销售数量	销售额(万元)	利润额(万元)
3	轿车A	13	1000	=B3*C3	=D3*$B$1
4	轿车B	14	800	=B4*C4	=D4*$B$1
5	轿车C	15	1200	=B5*C5	=D5*$B$1
6	轿车D	16	500	=B6*C6	=D6*$B$1
7	轿车E	17	600	=B7*C7	=D7*$B$1

图 3-3　小马制作的报表

3.1.2　名称的定义与运用

为单元格指定一个名称，是实现绝对引用的方法之一。使用名称可以使公式更加容易理解和维护，可为单元格或单元格区域、函数、常量、表格等定义名称。

1．名称的语法规则

创建和编辑名称时需要注意以下语法规则。

（1）须为有效字符：名称的第一个字符必须是字母、下划线或反斜杠（\）。名称中的其余字符可以是字母、数字、点或下划线。注意：不能将大写和小写字符“C”“c”“R”或“r”用作已定义名称。

（2）名称不能与单元格引用地址相同，如 Z$100 或 R1C1。

（3）不能使用空格：在名称中不允许使用空格，可使用下划线（_）和点（.）作为单词分隔符。

（4）名称长度限制：名称最多可以包含 255 个字符。

（5）不区分大小写：名称可以包含大写字母和小写字母，但不区分大小写。

（6）唯一性：名称在其适用范围之内必须具备唯一性，不可重复。

2．名称的适用范围

名称的适用范围是指能够识别名称的位置。

如果定义了一个名称（如 Budget_FY08）且其适用范围为 Sheet1，则该名称只能在 Sheet1 中被识别，如果要在其他同一工作簿的工作表中使用该名称，必须加上工作表名称，如 Sheet1!Budget_FY08。

如果定义了一个名称（如 Sales_01）且适用范围是工作簿（即该 Excel 文件），则该名称对于该工作簿中的所有工作表都是可识别的，但对于其他工作簿是不可识别的。

3．为单元格或单元格区域定义名称

可以使用以下几种方法为单元格或单元格区域定义名称。

（1）快速定义名称

① 选择要命名的单元格或单元格区域。

② 单击编辑栏最左边的名称框。

③ 在名称框中输入引用选定内容时要使用的名称。

④ 按 Enter 键确认。

（2）将现有行或列标签转换为名称

① 选择要命名的区域，包括行或列标签。

② 在“公式”选项卡的“定义的名称”组中，选择“根据所选内容创建”选项。

③ 在弹出的“根据所选内容”对话框中，通过选中“首行”“最左列”“末行”“最右列”复选框来指定包含标签的位置，如图 3-4 所示。

④ 单击“确定”按钮，完成名称的创建。通过该方式创建的名称仅引用相应标题下包含值的单元格，并且不包含现有行或列的标题。

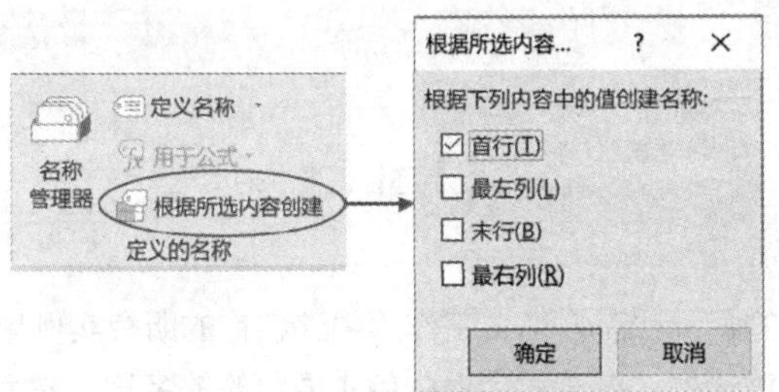

图 3-4　根据所选内容创建区域名称

（3）使用“新建名称”对话框定义名称

① 在“公式”选项卡的“定义的名称”组中，单击“定义名称”按钮。

② 在“新建名称”对话框的“名称”文本框中输入要用于引用的名称。

③ 指定名称的适用范围：在“范围”下拉列表框中选择“工作簿”或工作簿中工作表的名称。

④ 根据需要，在“备注”文本框中输入对该名称的说明性批注，最多 255 个字符。

⑤ 在“引用位置”组合框中，执行下列操作之一。

a. 要引用一个单元格，则单击“引用位置”组合框，然后在工作表中重新选择需要引用的单元格或单元格区域。

b. 要引用一个常量，则输入=（等号），然后输入常量值。

c. 要引用公式，则输入=（等号），然后输入公式。

⑥ 单击“确定”按钮，完成命名并返回工作表，如图 3-5 所示。

4．使用“名称管理器”管理名称

使用“名称管理器”可以处理工作簿中所有已定义的名称和表名称。例如，确认名称的值和引用、查看或编辑说明性批注、确定名称的适用范围、排序和筛选名称，还可以轻松地添加、更改或删除名称。

单击“公式”选项卡“定义的名称”组中的“名称管理器”按钮，弹出“名称管理器”对话框，如图 3-6 所示。

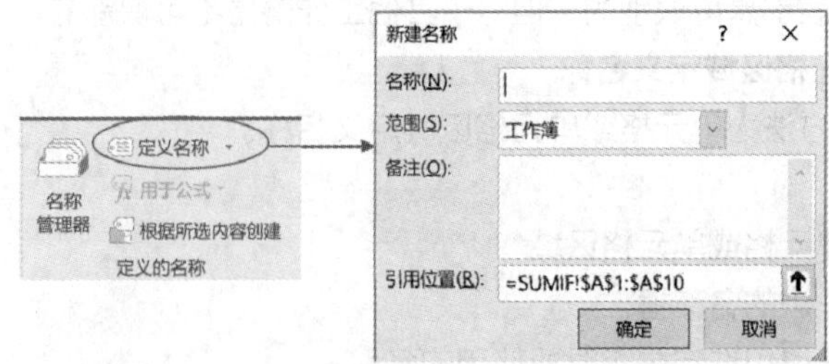

图 3-5　使用“新建名称”对话框定义新名称

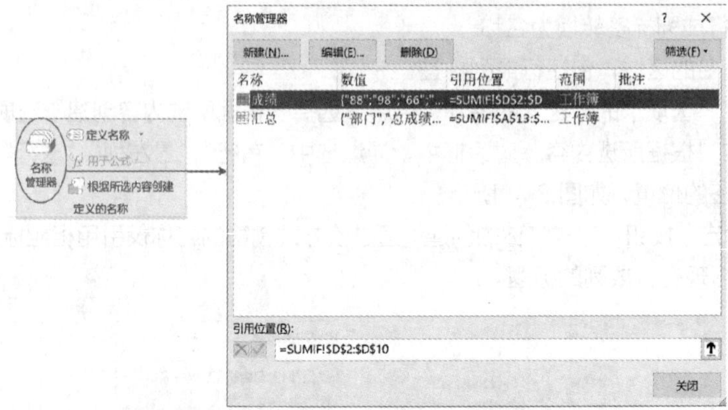

图 3-6　“名称管理器”对话框

（1）更改名称

如果更改某个已定义的名称或表名称，工作簿中该名称的所有实例也会随之更改。

打开“名称管理器”对话框，在该对话框中单击要更改的名称，然后单击“编辑”按钮，弹出“编辑名称”对话框。在该对话框中可按照需要修改名称、引用位置、进行备注说明等，但适用范围不能更改，更改完成后单击“确定”按钮。

（2）删除名称

在“名称管理器”对话框中选择要删除的名称，也可按住 Shift 键同时单击来选择连续的几个名称，或按住 Ctrl 键同时单击以选择不连续的多个名称，单击“删除”按钮或按 Delete 键，再单击“确定”按钮，确认删除。

5. 引用名称

名称可用来直接快速选定已命名的单元格区域，也可在公式中引用名称以实现精确引用。

（1）通过名称框引用

① 单击名称框右侧的黑色箭头，打开名称下拉列表，其中显示了所有已被命名的单元格名称，但不包括常量和公式的名称。

② 选择某一名称，该名称所引用的单元格或单元格区域将被选中，如果是在输入公式的过程中进行这一操作，则该名称会出现在公式中。

（2）在公式中引用

① 单击要输入公式的单元格。

② 在“公式”选项卡的“定义的名称”组中单击“用于公式”按钮，打开下拉列表，选择相应的名称即可。

3.1.3 Excel 中的函数

在 Excel 中，函数是预定义的内置公式，它使用被称为参数的特定数值，按照语法所列的特定顺序进行计算。Excel 提供了大量的函数，可以实现数值统计、逻辑判断、财务计算、工程分析、数值计算等功能。

1. 行列数据自动求和

在 Excel 中经常进行的工作是合计行或列中的数据，Excel 为用户提供了一个很方便的途径，即利用“自动求和”按钮求和。利用“自动求和”按钮求和的方法是，选定求和区域并在右方或下方留有一空列或空行，然后在“开始”选项卡的“编辑”组中单击“自动求和”按钮右侧箭头，在下拉菜单中选择“求和”命令，便会在空行或空列上求出对应行或列的合计值，最后按 Enter 键确认。

例如，要计算 B3～B6 中数据的和，并在 B7 中显示，可以首先选择区域 B3:B6，然后单击“自动求和”按钮，检查一下可以发现，单元格 B7 中自动生成了公式“=SUM（B3:B6）”。

2. 粘贴函数

首先选定要生成函数的单元格，然后单击编辑栏“公式”选项卡最左侧的“插入函数”按钮 *fx*，打开“插入函数”对话框，如图 3-7 所示。

选择函数（如 COUNT）后，单击“确定”按钮，弹出“函数参数”对话框，如图 3-8 所示，在 Value1、Value2 文本框中输入单元格区域或单击拾取按钮↑选择单元格区域（再次单击拾取按钮返回“函数参数”对话框），最后单击“确定”按钮即可。

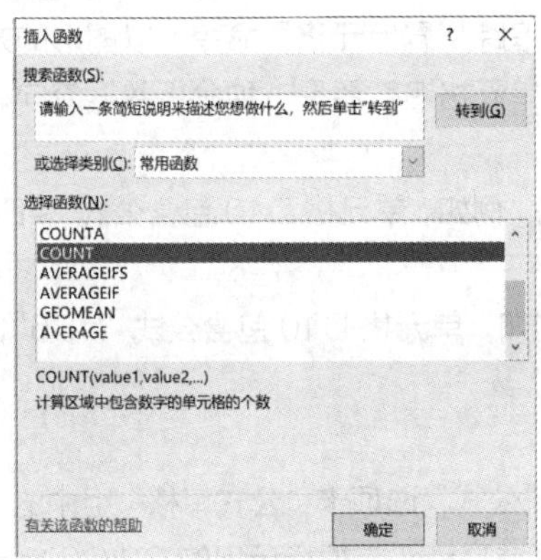

图 3-7 “插入函数”对话框

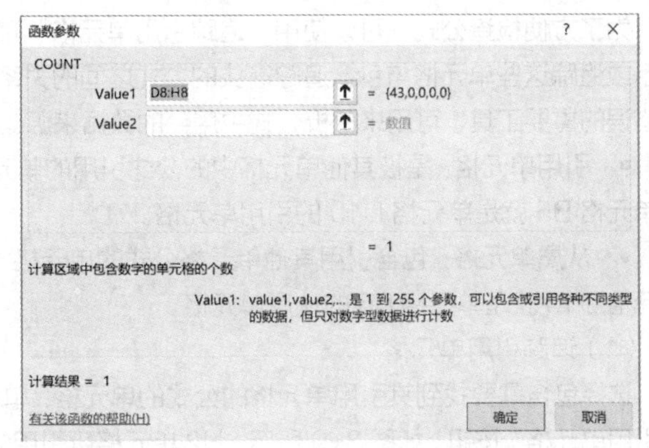

图 3-8 COUNT 函数设置的“函数参数”对话框

3.1.4 公式与函数运用中的常见问题

1. 常见的错误信息与处理方法

在单元格中输入或编辑公式后，有时候会出现诸如“#######”或“#VALUE!”等的错误信息，常见的错误信息如表 3-1 所示。

表 3-1 常见的错误信息

错误	常见原因	处理方法
#DIV/0!	公式中有除数为零或除数为空白的单元格（Excel 把空白单元格也当作 0）	把除数改为非零的数值，或者用 IF 函数进行控制

续表

错误	常见原因	处理方法
#N/A	在公式中使用查找功能的函数（如 VLOOKUP、HLOOKUP、LOOKUP 等）时找不到匹配的值	检查被查找的值，使之的确存在于查找的数据表中的第一列
#NAME?	在公式中使用了 Excel 无法识别的文本，如函数的名称拼写错误，使用了没有被定义的单元格区域或单元格名称，引用文本时没有加引号等	根据具体的公式逐步分析出现该错误的可能原因，并加以改正
#NUM!	当公式需要数字型参数时却给了它一个非数字型参数；给了公式一个无效的参数；公式返回的值太大或者太小	根据公式的具体情况逐一分析可能的原因并修正
#VALUE!	文本类型的数据参与了数值运算，函数参数的数值类型不正确；函数的参数本应该是单一值，却提供了一个区域作为参数；输入一个数组公式时，忘记按 Ctrl+Shift+Enter 组合键	更正相关的数据类型或参数类型；提供正确的参数；输入数组公式时，按 Ctrl+Shift+Enter 组合键确定
#REF!	公式中使用了无效的单元格引用。通常以下这些操作会导致公式引用无效的单元格：删除了被公式引用的单元格；把公式复制到含有引用自身的单元格中	应避免导致引用无效的操作；如果已经出现错误，先撤销，然后用正确的方法操作
#NULL!	使用了不正确的区域运算符；引用的单元格区域的交集为空	改正区域运算符使之正确；更改引用使之相交

2. 追踪单元格

在 Excel 中，当公式使用引用单元格或从属单元格时，特别是交叉引用关系很复杂的公式时，检查其准确性或查找其错误的根源会很困难。

为了方便检查公式，可以使用“追踪引用单元格”和“追踪从属单元格”命令，以图形的方式显示或追踪这些单元格与包含追踪箭头的公式之间的关系。单元格追踪器是一种分析数据流向、纠正错误的重要工具，可用来分析公式中用到的数据来源。

- 引用单元格：是被其他单元格中的公式引用的单元格，例如，单元格 D10 包含公式“=B5”，则单元格 B5 就是单元格 D10 的引用单元格。
- 从属单元格：包含引用其他单元格公式的单元格，例如，单元格 D10 包含公式“=B5”，则单元格 D10 就是单元格 B5 的从属单元格。

（1）追踪引用单元格

选择包含需要找到其引用单元格的公式的单元格，单击“公式”选项卡“公式审核”组中的“追踪引用单元格”按钮。如图 3-9 所示，H2 单元格所引用的区域是箭头与框标示出的 C2:G2 单元格区域。

若要移去引用单元格的追踪箭头，则单击图 3-10 所示的“删除箭头”按钮，在弹出的下拉列表中选择“删除引用单元格追踪箭头”命令。

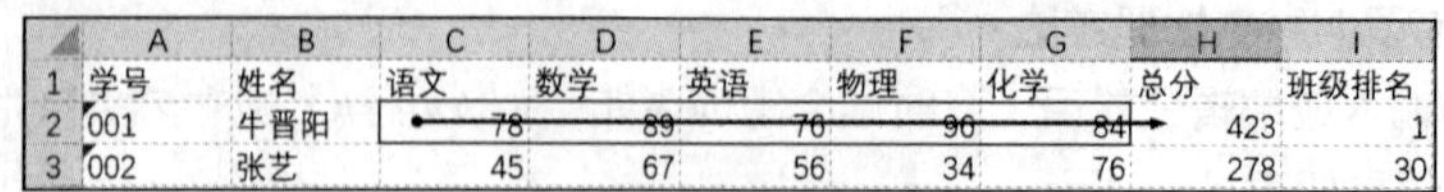

	A	B	C	D	E	F	G	H	I
1	学号	姓名	语文	数学	英语	物理	化学	总分	班级排名
2	001	牛晋阳	78	89	76	96	84	423	1
3	002	张艺	45	67	56	34	76	278	30

图 3-9　追踪引用单元格

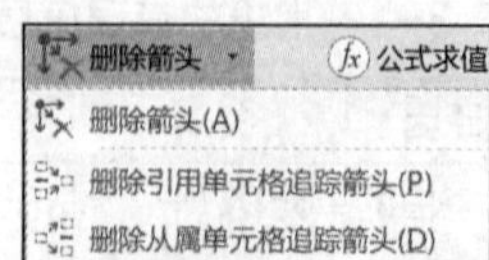

图 3-10　“删除箭头”下拉列表

（2）追踪从属单元格

选择要对其标识从属单元格的单元格，单击“公式”选项卡“公式审核”组中的“追踪从属单元格”按钮，可追踪显示引用了该单元格的单元格。

3.2 统计计算类函数

统计计算类函数在数据分析中十分有用，如可用来求平均值、最大值、最小值、中位数、众数等，在数据清洗阶段还能使用统计类函数删除重复数据。因此，本节主要讨论统计类函数与数学计算类函数的使用方法。

3.2.1 统计类函数

1. 平均值函数

平均值是表示一组数据集中趋势的量数，是反映数据集中趋势的一项指标。对于身高、体重、考试成绩等，人们都会将平均值作为参照标准进行比较。平均值主要有算术平均值、几何平均值、调和平均值等。

算术平均值又称加权平均值，是最常使用的平均值，其计算方法是把 n 个数据相加后除以 n，在 Excel 中用统计函数 AVERAGE 求出。

```
AVERAGE(Number1,Number2,...)
```

功能：返回参数的平均值（算术平均值）。

参数说明：Number1、Number2 等为需要计算平均值的 1～255 个参数；参数可以是数字，或者是包含数字的名称、数组或引用。

几何平均值又称比例中项，其计算方法是求 n 个数据连续乘积的 n 次方根，可以用统计函数 GEOMEAN 求出。

```
GEOMEAN(Number1,[Number2],...)
```

功能：返回正数数组或数值区域的几何平均数。

参数说明：Number1、Number2 等为需要计算几何平均数的 1～255 个参数；可以用单一数组或对某个数组的引用来代替用逗号分隔的参数。

调和平均值的计算方法是把 n 个数据的倒数和作为分母，把 n 作为分子来求比。可以用统计函数 HARMEAN 求出。

```
HARMEAN(Number1,[Number2],...)
```

功能：返回一组正数的调和平均数。

参数说明：Number1、Number2 等为需要计算调和平均数的 1～255 个参数；可以用单一数组或对某个数组的引用来代替用逗号分隔的参数。

【例 3-1】某企业 2018 年上半年每个月的成本如图 3-11 所示，现要求计算出该企业 2018 年上半年的成本算术平均值、几何平均值和调和平均值，操作步骤如下。

① 将光标定位于 D4 单元格，单击编辑栏“公式”选项卡最左侧的“插入函数”按钮 f_x ，弹出“插入函数”对话框，设置“或选择类别”为“统计”，在“选择函数”列表框中选择 GEOMEAN 函数，如图 3-12 所示，单击“确定”按钮，弹出图 3-13 所示的“函数参数”对话框。

② 将光标定位于 Number1 右侧的输入框中，按住鼠标左键选取 Excel 表中的 B2:B7 单元格

区域，再单击“确定”按钮，即计算得出上半年成本几何平均值。

③ 同理，分别将光标定位于 D2 单元格和 D6 单元格，计算上半年成本算术平均值和上半年成本调和平均值。

	A	B	C	D
1	月份	成本		
2	1	133456	上半年成本平均值	
3	2	135000		
4	3	125674	上半年成本几何平均值	
5	4	147896		
6	5	138102	上半年成本调和平均值	
7	6	139100		

图 3-11　某企业 2018 年上半年每个月成本明细

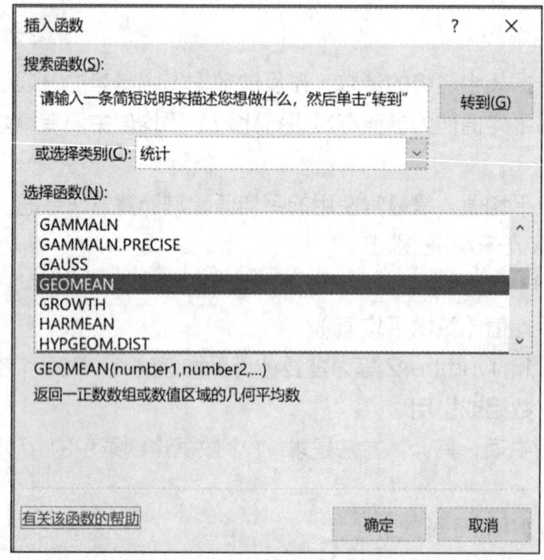

图 3-12　选择 GEOMEAN 函数

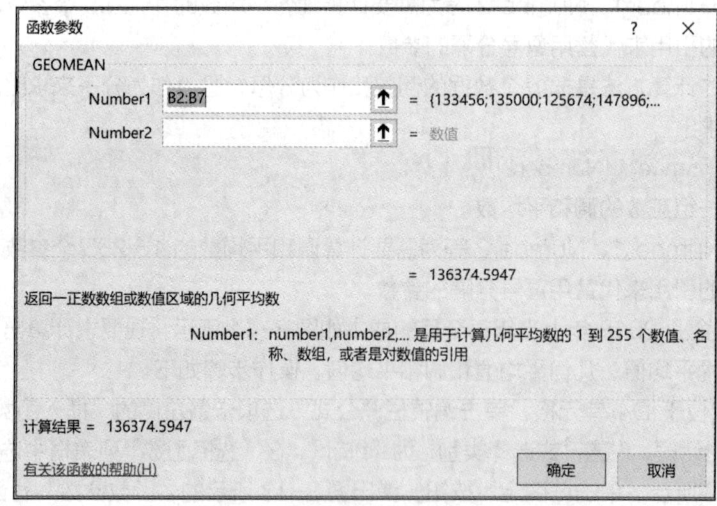

图 3-13　GEOMEAN 函数设置的“函数参数”对话框

📖多学一招：求某个区域内满足给定条件的单元格的平均值

在求平均值的过程中，有时会遇到要求计算满足给定条件的内容的平均值。如果只有一个条件，可以使用 AVERAGEIF 函数计算；如果涉及多个条件，则使用 AVERAGEIFS 函数计算。

AVERAGEIF(Range,Criteria,[Average_range])，其中参数 Range 必需，是指需要计算平均值的一个或多个单元格，可以包含数字或包含数字的名称、数组或引用。参数 Criteria 必需，形式可以为数字、表达式、单元格引用或文本的条件，用来限定计算平均值的单元格内容。例如，可以表示为 32、“32”、“>32”、“苹果”或 B4 等形式。参数 Average_range 可选，用来计算平均值的实际单元格组。如果省略，则使用 Range。

2. 计数函数

在数据分析过程中，经常需要统计选定区域内数值型单元格的数目、空白单元格的数目、非空单元格的数目及满足某条件的单元格数目，此时，可分别使用 COUNT 函数、COUNTBLANK 函数、COUNTA 函数及 COUNTIF 函数计算。

COUNT(Value1,Value2,...)

功能：返回包含数字及包含参数列表中的数字的单元格的个数。利用函数 COUNT 可以计算单元格区域或数字数组中数字字段的输入项个数。

参数说明：Value1、Value2 等为包含或引用各种类型数据的参数（个数范围为 1～30），但只有数字类型的数据才被计算。

📖多学一招：COUNT 函数使用时的注意事项

函数 COUNT 在计数时，会把数字、日期或以文本代表的数字计算在内，但是错误值或其他无法转换成数字的文字将被忽略。如果参数是一个数组或引用，那么只统计数组或引用中的数字，数组或引用中的空白单元格、逻辑值、文字或错误值都将被忽略；如果要统计逻辑值、文字或错误值，可使用函数 COUNTA。

COUNTBLANK(Range)

功能：用于计算单元格区域中的空白单元格的个数。

参数说明：参数 Range 必需，用于指定需要计算其中空白单元格个数的区域。

COUNTA(Value1,[Value2],...)

功能：计算范围中不为空的单元格的个数。

参数说明：参数 Value1 必需，表示要计数的值的第一个参数。

【例 3-2】请根据图 3-14 所示的学生成绩明细数据表，统计学生人数、语文科目参加考试人数及数学科目参加考试人数，操作步骤如下。

	A	B	C	D	E	F
1	姓名	语文成绩	数学成绩			
2	徐彦	88	69			
3	余鹏飞	82	90			
4	杨敏	75	85		学生人数:	
5	韩政	缺考	70		语文参考人数:	
6	陈礼华	90	缺考		数学参考人数:	
7	赵飞	80	88			
8	孙娟	66	78			
9	刘洁	缺考	90			
10	周冠英	98	78			
11	周婷	76	缺考			

图 3-14　学生成绩明细数据表

（1）将光标定位于 F4 单元格，鼠标单击编辑栏“公式”选项卡最左侧的“插入函数”按钮 f_x ，弹出“插入函数”对话框，将“或选择类别”设置为“统计”，选择 COUNTA 函数，如图 3-15 所示，单击“确定”按钮，弹出图 3-16 所示的“函数参数”对话框。

（2）将光标定位于 Value1 右侧的输入框中，选取 A2:A11 单元格区域，单击“确定”按钮即可。

（3）将光标定位于 F5 单元格，单击编辑栏“公式”选项卡最左侧的“插入函数”按钮 f_x ，弹出“插入函数”对话框，将“或选择类别”设置为“统计”，选择 COUNT 函数，单击“确定”按钮，弹出“函数参数”对话框。将光标定位于 Value1 右侧的输入框中，选取 B2:B11 单元格区域，单击“确定”按钮即可。

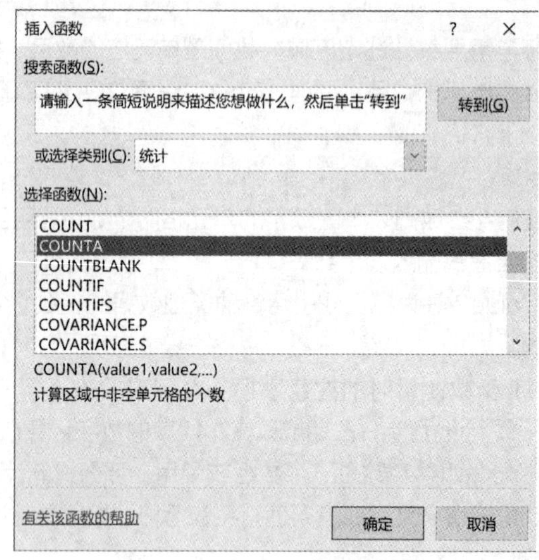

图 3-15　选择 COUNTA 函数

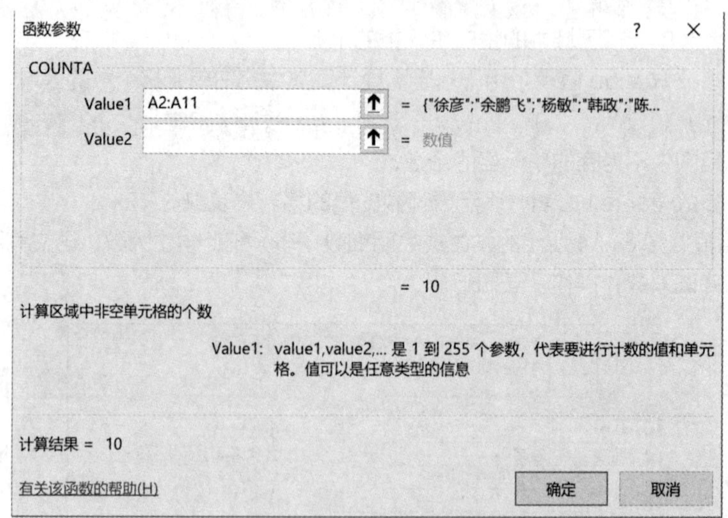

图 3-16　COUNTA 函数设置的“函数参数”对话框

COUNTIF(Range,Criteria)

功能：在数据分析过程中，计算单元格区域中满足给定条件的单元格的个数，可以使用 COUNTIF()函数实现。

参数说明：Range 为需要计算其中满足条件的单元格数目的单元格区域；Criteria 为确定哪些单元格将被计算在内的条件，其形式可以为数字、表达式或文本。

【例 3-3】图 3-17 所示是会员数据明细表。一般数据库中的数据均有一个主键，即不允许重复的键，计算主键的重复次数，如果大于 1 即为重复。本例操作步骤如下。

	A	B	C	D	E	F	G
1	会员编号	性别	生日	省份	城市	购买金额	购买总次数
2	DM181031	女	1956/1/2	江苏	无锡	1766.1	23
3	DM181032	女	1969/2/1	河南	郑州	11160.2335	23
4	DM181037	男	1987/3/2	浙江	宁波	21140.56	56
5	DM181038	女	1989/5/6	辽宁	沈阳	278.56	30
6	DM181039	男	1976/6/1	湖北	武汉	1894.848	14
7	DM181032	女	1990/1/4	河北	石家庄	2484.7455	23
8	DM181031	女	1976/11/2	河南	郑州	3812.73	34
9	DM181037	男	1987/4/1	广东	汕头	984108.15	56
10	DM181038	女	1988/6/5	内蒙古	呼和浩特	1186.06	13
11	DM181031	女	1987/12/1	江苏	南京	1764.9	10

图 3-17　会员数据明细表

（1）在 A 列与 B 列中间插入一列，名称为“重复次数”。

（2）将光标定位于 B2 单元格，单击编辑栏“公式”选项卡最左侧的“插入函数”按钮 f_x ，弹出“插入函数”对话框，将“或选择类别”设置为“统计”，选择 COUNTIF 函数，如图 3-18 所示，单击“确定”按钮，弹出图 3-19 所示的“函数参数”对话框。

（3）将光标定位于 Range 右侧的输入框中，选取 A2:A11 单元格区域，由于此区域在公式复制过程中不变，故行号前添加$符号，将相对地址改为混合地址。将光标定位于 Criteria 右侧的输入框中，选取 A2 单元格，单击“确定”按钮，B2 单元格中的数值显示 3。

（4）单击 B2 单元格，将鼠标指针移动到 B2 单元格右下角，此时鼠标指针变为一个实心的十字形箭头，双击此箭头，后续的单元格自动按此公式进行计算。

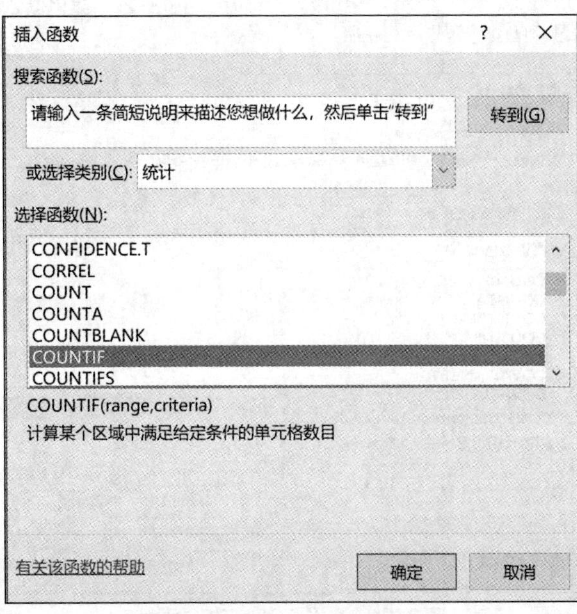

图 3-18　选择 COUNTIF 函数

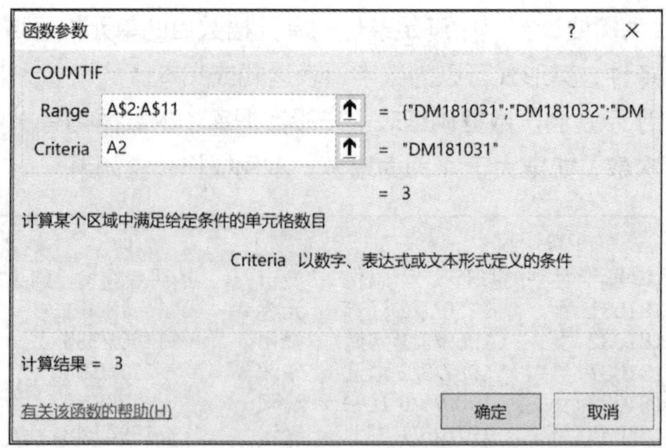

图 3-19　COUNTIF 函数设置的“函数参数”对话框

COUNTIFS(Criteria_range1,Criteria1,[Criteria_range2,Criteria2],...)

功能：统计一组给定条件所指定的单元格数。

参数说明：参数 Criteria_range1 必需，表示计算第一个关联条件的区域；参数 Criteria1 必需，表示条件，条件的形式可为数字、表达式、单元格引用或文本。例如，条件可以表示为 32、“>32”、B4、“apples”或“32”。

【例 3-4】图 3-20 是某单位 2018 年 1 月的销售明细数据，现要求统计教学部男员工的销售记录个数，操作步骤如下。

（1）将光标定位于工作表的空白单元格，单击编辑栏“公式”选项卡最左侧的“插入函数”按钮 f_x ，弹出“插入函数”对话框，将“或选择类别”设置为“统计”，选择 COUNTIFS 函数，如图 3-21 所示，单击“确定”按钮，弹出图 3-22 所示的“函数参数”对话框。

1月销售数据

姓名	性别	部门	销售额
徐伟	男	教学部	2000
戴良	男	研发部	1800
张红	女	教学部	3000
顾珍	女	研发部	3500
徐伟	男	教学部	2000
戴良	男	研发部	1800
张红	女	教学部	3000
顾珍	女	研发部	3500
徐伟	男	教学部	2000
戴良	男	研发部	1800
张红	女	教学部	3000
顾珍	女	研发部	3500

图 3-20　某单位 2018 年 1 月的销售明细数据

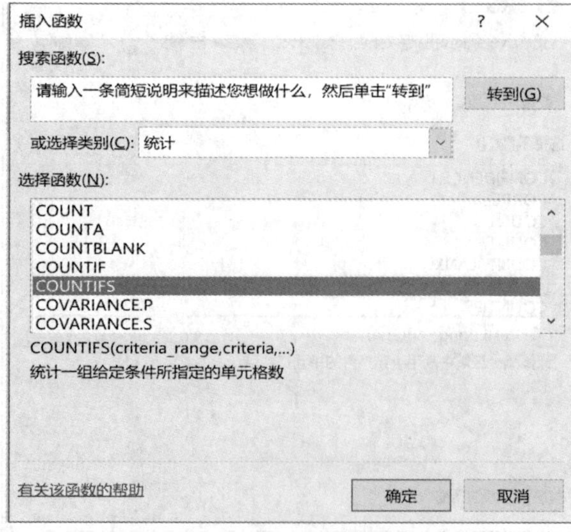

图 3-21　选择 COUNTIFS 函数

（2）将光标定位于 Criteria_range1 右侧的输入框中，选取第一个条件区域 C3:C14；将光标定位于 Criteria1 右侧的输入框中，输入第一个条件“教学部”；将光标定位于 Criteria_range2 右侧的输入框中，选取第二个条件区域 B3:B14；将光标定位于 Criteria2 右侧的输入框中，输入第二个条件“男”。最后单击“确定”按钮即可。

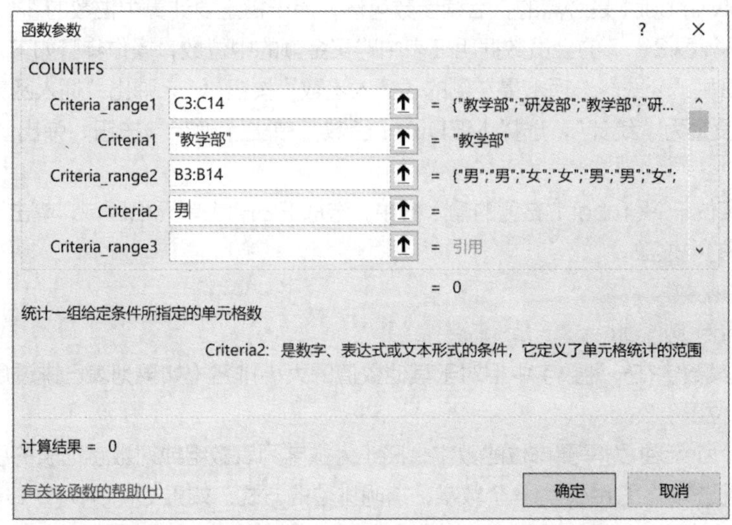

图 3-22 COUNTIFS 函数设置的“函数参数”对话框

3. 其他统计类函数

（1）最大值函数 MAX 和最小值函数 MIN

MAX(Number1,Number2,...)

功能：返回一组值中的最大值。

参数说明：Number1、Number2 等为要从中找出最大值的 1～30 个数字参数。

MIN(Number1,Number2,...)

功能：返回一组值中的最小值。

参数说明：Number1、Number2 等为要从中找出最小值的 1～30 个数字参数。

📖多学一招：MAX、MIN 函数使用时的注意事项

用户可以将参数指定为数字、空白单元格、逻辑值或数字的文本表达式。如果参数为错误值或不能转换成数字的文本，将产生错误；如果参数是数组或引用，则函数 MAX、MIN 仅使用其中的数字，空白单元格、逻辑值、文本或错误值将被忽略；如果逻辑值和文本字符串不能忽略，可使用 MAXA、MINA 函数；如果参数中不含数字，则函数返回“0”。

【例 3-5】计算例 3-3 中图 3-17 所示的会员数据明细表中购买金额的最大值与最小值，操作步骤如下。

① 单击编辑栏“公式”选项卡最左侧的“插入函数”按钮 f_x ，弹出“插入函数”对话框，将“或选择类别”设置为“统计”，选择 MAX 函数，单击“确定”按钮，弹出“函数参数”对话框。

② 将光标定位于 Number1 右侧的输入框中，选取 F2:F11 单元格区域，单击“确定”按钮即可求出购买金额的最大值。

③ 运用 MIN 函数计算购买金额的最小值，操作步骤与上述步骤相似。

（2）MEDIAN 函数

MEDIAN(Number1,Number2,...)

功能：返回给定数值集合的中位数。中位数是在一组数据中居于中间的数，即在这组数据中，有一半的数据比它大，有一半的数据比它小。如果一组数是偶数个，取中间两数的平均值。

参数说明：Number1 是必需的，后续参数可选，用于指定要计算中位数的 1～255 个数字。

【例 3-6】计算图 3-17 的会员数据明细表中购买金额的中位数，操作步骤如下。

① 单击编辑栏“公式”选项卡最左侧的“插入函数”按钮 *fx* ，弹出“插入函数”对话框，将“或选择类别”设置为“统计”，选择 MEDIAN 函数，单击“确定”按钮，弹出“函数参数”对话框。

② 将光标定位于 Number1 右侧的输入框中，选取 F2:F11 单元格区域，单击“确定”按钮即可求出购买金额的中位数。

（3）RANK 函数

RANK(Number,Ref,Order)

功能：返回某数字在一列数字中相对于其他数值的大小排名（如果列表已排过序，则数字的排位就是它当前的位置）。

参数说明：Number 为需要排位的数字；Ref 为数字列表数组或对数字列表的引用，Ref 中的非数值型参数将被忽略；Order 为一个数字，指明排位的方式。如果 Order 为 0（零）或省略，则 Microsoft Excel 对数字的排位是基于 Ref 的按照降序排列的列表；如果 Order 不为 0（零），则 Microsoft Excel 对数字的排位是基于 Ref 的按照升序排列的列表。

【例 3-7】计算图 3-23 所示的学生成绩明细表中每位学生的成绩在年级中的排名，操作步骤如下。

	A	B	C	D	E	F
1	班级1	成绩	班级2	成绩	1班年级排名	2班年级排名
2	徐彦	54	张钰波	78		
3	余鹏飞	65	崔璀	79		
4	杨敏	87	杨娟	85		
5	韩政	98	赵鹏	84		
6	陈礼华	86	周蕾	93		
7	赵飞	66	赵腾	71		
8	孙娟	43	王日	84		
9	刘洁	99	宋全峰	82		
10	周冠英	97	臧晓晶	90		
11	周婷	75	钱永峰	96		

图 3-23　学生成绩明细表

① 将光标定位于工作表的 E2 单元格，单击编辑栏“公式”选项卡最左侧的“插入函数”按钮 *fx* ，弹出“插入函数”对话框，将“或选择类别”设置为“统计”，选择 RANK 函数，单击“确定”按钮，弹出图 3-24 所示的“函数参数”对话框。

② 将光标定位于 Number 右侧的输入框中，选取 B2 单元格。

③ 将光标定位于 Ref 右侧的输入框中，按住 Ctrl 键的同时选取 B2:B11 单元格区域与 D2:D11 单元格区域。为保证复制公式时此区域地址不变化，需要使用绝对地址，因此在行、列号前均加上$，并在区域外添加英文状态下的括号。

④ 将光标定位于 Order 右侧的输入框中，输入 0 或省略，默认情况下为降序，单击“确定”按钮即可。

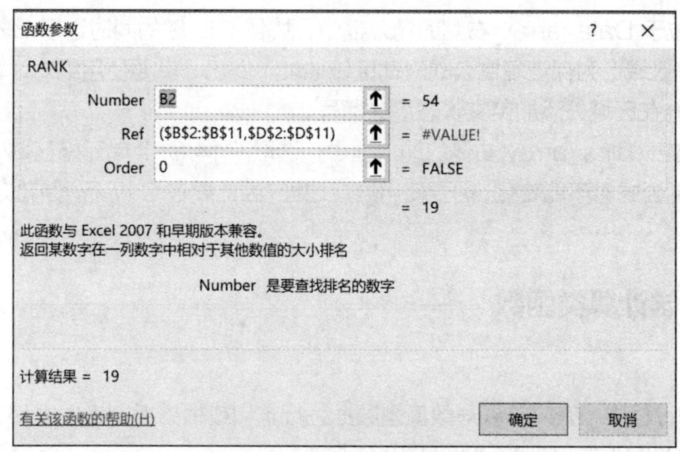

图 3-24　RANK 函数设置的“函数参数”对话框

（4）FREQUENCY 函数

FREQUENCY(Data_array,Bins_array)

功能：以一列垂直数组返回一组数据的频率分布。

参数说明：Data_array 表示要对其频率进行计数的一组数值或对这组数值的引用。如果 Data_array 中不包含任何数值，则 FREQUENCY 函数返回一个零数组。

Bins_array 表示要将 Data_array 中的值插入到的间隔数组或对间隔的引用。如果 Bins_array 中不包含任何数值，则 FREQUENCY 函数返回 Data_array 中的元素个数。

【例 3-8】请分别统计图 3-23 的学生成绩明细表中学生成绩的分段人数，结果如图 3-25 所示，操作步骤如下。

成绩	分段点	人数
成绩<=60（不合格）	60	2
60<成绩<=80（合格）	80	6
80<成绩<=90（良好）	90	7
成绩>90（优秀）	100	5

图 3-25　分段统计结果

① 选取 D14:D17 单元格区域，单击编辑栏“公式”选项卡最左侧的“插入函数”按钮 f_x ，弹出“插入函数”对话框，将“或选择类别”设置为“统计”，选择 FREQUENCY 函数，单击“确定”按钮，弹出图 3-26 所示的“函数参数”对话框。

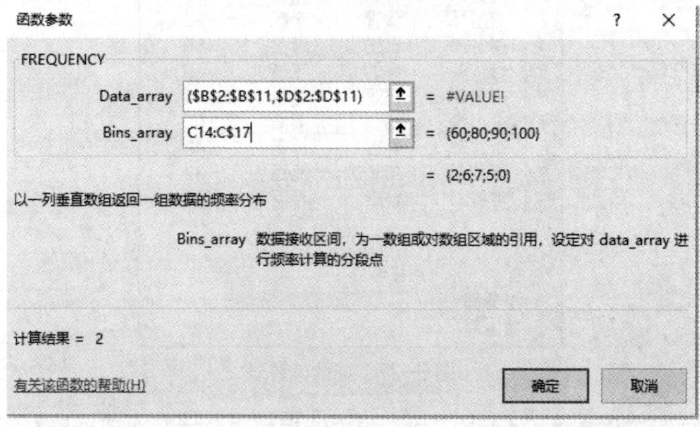

图 3-26　FREQUENCY 函数设置的“函数参数”对话框

② 将光标定位于 Data_array 右侧的输入框中，按住 Ctrl 键的同时选取 B2:B11 单元格区域和 D2:D11 单元格区域。为保证复制公式时此区域地址不变化，需要使用绝对地址，因此要在行、列号前均加上$，并在区域外添加英文状态下的括号。

③ 将光标定位于 Bins_array 右侧的输入框中，选取 C14:C17 单元格区域。接收区间的结束单元格 C17 在复制公式时不能变化，需要使用混合地址，因此要在 C17 行号前加上$。最后单击“确定”按钮即可。

3.2.2 数学计算类函数

1. 求和函数

在数据分析的过程中，有时需要对数值型数据进行求和或根据指定条件求和等，此时可以使用 SUM、SUMIF、SUMIFS、SUMPRODUCT 函数。

SUM(Number1,Number2,...)

功能：返回某一单元格区域中的所有数字之和。

参数说明：Number1、Number2 等为 1～30 个需要求和的参数，可以是一个具体的数值、一个单元格或单元格区域。

SUMIF(Range,Criteria,Sum_range)

功能：对范围中符合指定条件的数值求和。

参数说明：Range 必需，为根据条件进行计算的单元格区域；Criteria 必需，用于确定对哪些单元格求和的条件，其形式可以为数字、表达式、单元格引用、文本或函数；Sum_range 指定要求和的实际单元格，若省略，则对在 Range 参数中指定的单元格求和。

SUMIFS(Sum_range,Criteria_range1,Criteria1,[Criteria_range2,Criteria2],...)

功能：用于计算满足多个条件的全部参数的总量。

参数说明：参数 Sum_range 必需，指定要求和的单元格区域；参数 Criteria_range1 必需，指定第一个条件区域；参数 Criteria1 必需，定义将计算 Criteria_range1 中的哪些单元格的和的条件。

【例 3-9】要求计算图 3-27 所示的成绩信息表中指定部门的总成绩，操作步骤如下。

	A	B	C	D
1	部门	职务	姓名	成绩
2	财务部	部长	张红	88
3	储运部	保管	李花	98
4	财务部	出纳	唐兰	66
5	储运部	保管	张梅	77
6	安监部	巡逻	冬冬	44
7	生产科	科长	阳阳	65
8	销售部	经理	徐平	43
9	采购部	部长	豆豆	32
10	客服部	经理	毛毛	23
11				
12				
13	部门	总成绩		
14	财务部			
15	储运部			

图 3-27 成绩信息表

（1）将光标定位于工作表的 B14 单元格，单击编辑栏“公式”选项卡最左侧的“插入函数”按

钮 *fx* ，弹出“插入函数”对话框，将“或选择类别”设置为“数学与三角函数”，选择 SUMIF 函数，如图 3-28 所示，单击“确定”按钮，弹出图 3-29 所示的“函数参数”对话框。

（2）将光标定位于 Range 右侧的输入框中，选取条件区域 A2:A10。为确保向下复制公式时，条件区域始终定位于 A2:A10，因此需要将该地址改为混合地址 A$2:A$10。将光标定位于 Criteria 右侧的输入框中，选取条件单元格 A14。将光标定位于 Sum_range 右侧的输入框中，选取求和区域 D2:D10，同样，需要将该区域地址修改为混合地址 D$2:D$10，单击“确定”按钮即可。

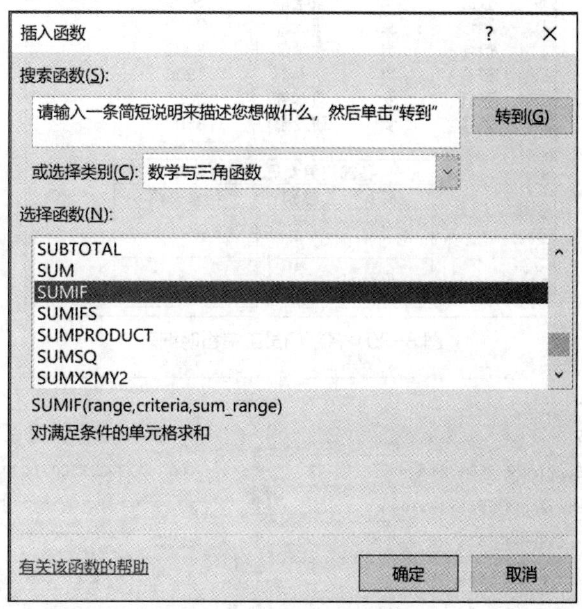

图 3-28 选择 SUMIF 函数

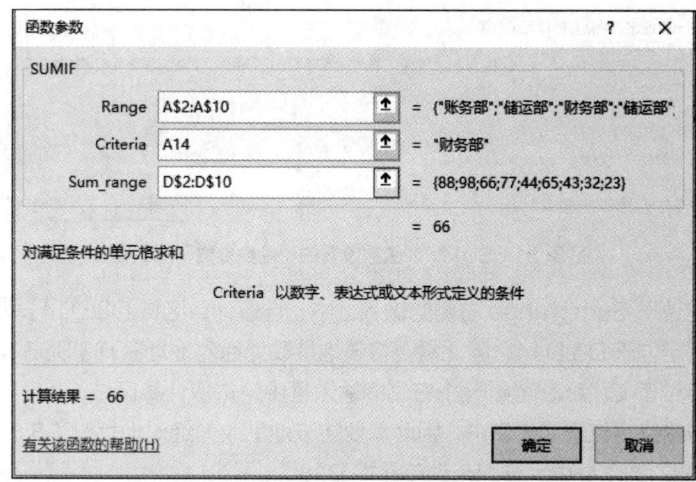

图 3-29 SUMIF 函数设置的“函数参数”对话框

【例 3-10】要求计算图 3-30 所示的表中各部门男女员工的销售总额，操作步骤如下。

（1）将光标定位于工作表的 D18 单元格，单击编辑栏“公式”选项卡最左侧的“插入函数”按钮 *fx* ，弹出“插入函数”对话框，将“或选择类别”设置为“数学与三角函数”，选择 SUMIFS 函数，单击“确定”按钮，弹出图 3-31 所示的“函数参数”对话框。

	A	B	C	D	E
1	1月销售数据				
2	姓名	性别	部门	销售额	
3	徐伟	男	教学部	2000	
4	戴良	男	研发部	1800	
5	张红	女	教学部	3000	
6	顾珍	女	研发部	3500	
7	徐伟	男	教学部	2000	
8	戴良	男	研发部	1800	
9	张红	女	教学部	3000	
10	顾珍	女	研发部	3500	
11	徐伟	男	教学部	2000	
12	戴良	男	研发部	1800	
13	张红	女	教学部	3000	
14	顾珍	女	研发部	3500	
15					
16		各部门男女员工销售总额			
17		部门	性别	销售总额	
18		教学部	男		
19			女		
20		研发部	男		
21			女		

图 3-30　各部门员工销售明细表

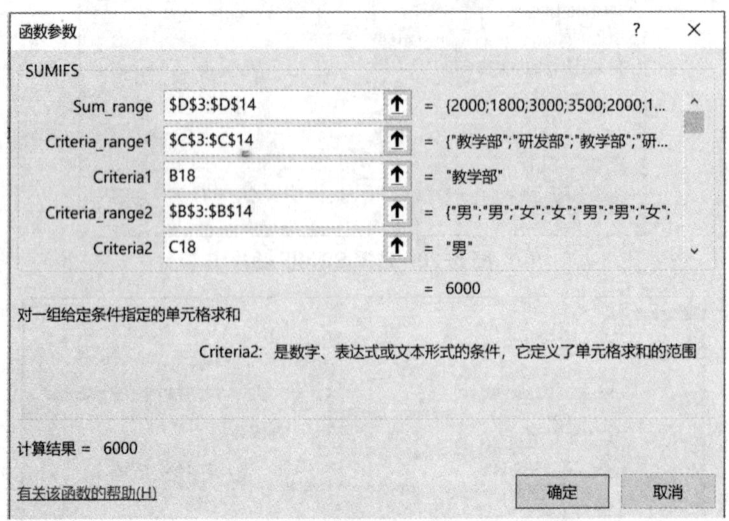

图 3-31　SUMIFS 函数设置的“函数参数”对话框

（2）将光标定位于 Sum_range 右侧的输入框中，选取计算区域 D3:D14。为确保向下复制公式时条件区域始终定位于 D3:D14，因此需要将该地址改为绝对地址$D$3:$D$14。

（3）将光标定位于 Criteria_range1 右侧的输入框中，选取计算区域 C3:C14。为确保向下复制公式时条件区域始终定位于 C3:C14，因此需要将该地址改为绝对地址$C$3:$C$14。将光标定位于 Criteria1 右侧的输入框中，选取条件单元格 B18。

（4）将光标定位于 Criteria_range2 右侧的输入框中，选取计算区域 B3:B14。为确保向下复制公式时条件区域始终定位于 B3:B14，因此需要将该地址改为绝对地址$B$3:$B$14。将光标定位于 Criteria2 右侧的输入框中，选取条件单元格 C18，单击“确定”按钮即可。

SUMPRODUCT(Array1,[Array2],[Array3],...)

功能：在给定的几组数组中将数组间对应的元素相乘，并返回乘积之和。

参数说明：Array1 指定包含构成计算对象的值的数组或单元格区域。

📖多学一招：函数使用时的注意事项

（1）数组参数必须具有相同的维数，否则函数 SUMPRODUCT 将返回错误值#VALUE!。

（2）数据区域引用时不能整列引用，如 A:A、B:B。

（3）SUMPRODUCT 函数将非数值型的数组元素作为 0 处理。

（4）数据区域不大时可以用 SUMPRODUCT 函数，否则运算速度会变慢。

【例 3-11】要求使用 SUMPRODUCT 函数计算图 3-30 所示的信息表中各部门男女员工的人数及销售总额，操作步骤如下。

（1）将光标定位于工作表的 D18 单元格，单击编辑栏“公式”选项卡最左侧的“插入函数”按钮 f_x，弹出“插入函数”对话框，将“或选择类别”设置为“数学与三角函数”，选择 SUMPRODUCT 函数，单击“确定”按钮，弹出图 3-32 所示的“函数参数”对话框。

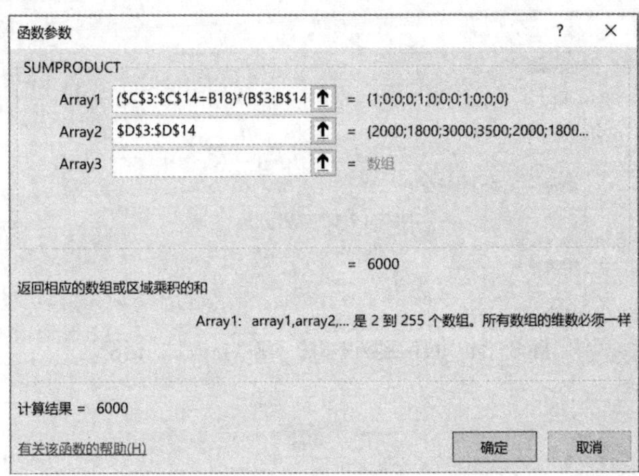

图 3-32 SUMPRODUCT 函数设置的“函数参数”对话框

（2）将光标定位于 Array1 右侧的输入框中，输入公式($C$3:$C$14=B18)*(B$3:B$14=C18)。

（3）将光标定位于 Array2 右侧的输入框中，选取计算区域 D3:D14，设置为绝对地址，单击“确定”按钮，鼠标向下拖曳复制公式，即可计算各部门男女员工的销售总额。

（4）计算各部门男女员工的人数，只需要在 Array1 右侧的输入框中输入公式($C$3:$C$14=B18)*($B$3:$B$14=C18)，单击“确定”按钮即可。

📖多学一招：函数使用时的注意事项

（1）指定条件时可以使用通配符。如=SUMIF(B:B,“*亚”,E:E)，只要包含字符“亚”，就对 E 列对应单元格中的数值进行求和汇总。

（2）求和区域和条件区域要大小一致，并且两者的起始位置须保持一致。

2. 其他数学函数

（1）INT 函数

INT(Number)

功能：将 Number 数值向下舍入为最接近的整数。

参数说明：Number 指定数值或数值所在的单元格引用。需要进行向下舍入取整的实数，参数只能指定一个，且不能指定单元格区域。

【例 3-12】计算发放职工工资时的备钞张数，如图 3-33 所示。操作步骤如下。

	A	B	C	D	E	F	G	H
1	金额	100	50	20	10	5	2	1
2	3179							
3	2718							
4	2373							
5	8274							

图 3-33　职工工资备钞张数

① 将光标定位于 B2 单元格中，单击编辑栏“公式”选项卡最左侧的“插入函数”按钮 *fx* ，弹出“插入函数”对话框，将“或选择类别”设置为“数学与三角函数”，选择 INT 函数，单击“确定”按钮，弹出图 3-34 所示的“函数参数”对话框。

② 将光标定位于 Number 右侧的输入框中，输入 A2/B$1，单击“确定”按钮即可计算出 100 元的备钞张数。

③ 计算 50 元的备钞张数，操作与之相似，只需在 Number 右侧输入框中输入(A2-B2*B$1)/C$1 即可。

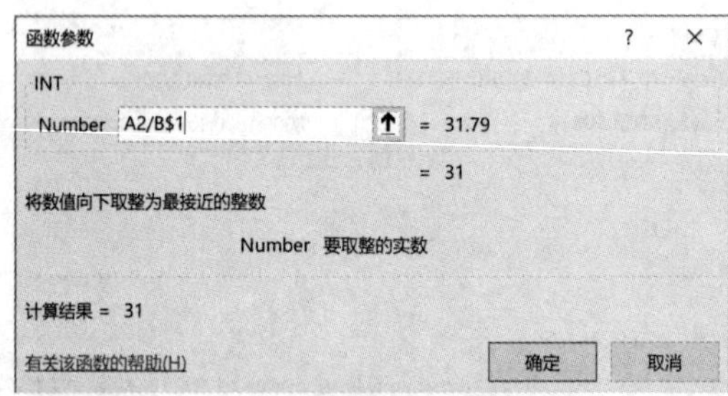

图 3-34　INT 函数设置的“函数参数”对话框

（2）MOD 函数

MOD(Number,Divisor)

功能：返回两数相除的余数，结果的正负号与除数相同。

参数说明：Number 是被除数，Divisor 是除数。

【例 3-13】为图 3-30 所示的各部门员工销售明细表的奇偶行设置不同的底纹颜色，操作步骤如下。

① 选取 A3:D14 单元格区域，选择“开始”→“条件格式”→“新建规则”选项，弹出图 3-35 所示的“新建格式规则”对话框。

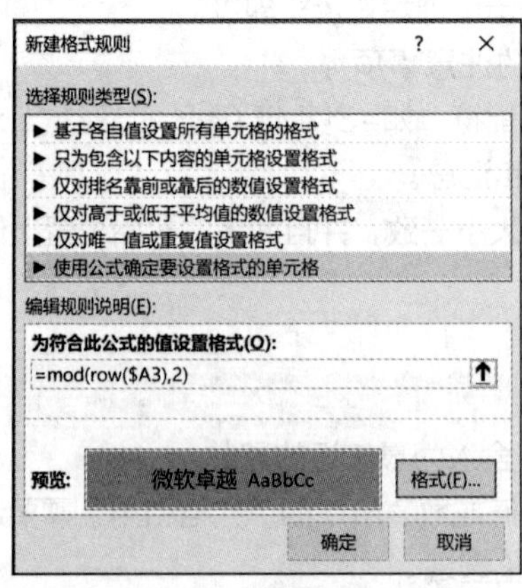

图 3-35　“新建格式规则”对话框

② 选择规则类型“使用公式确定要设置格式的单元格”，在“为符合此公式的值设置格式”下面的输入框中输入公式“=mod(row($A3),2)”，单击“格式”按钮设置底纹颜色，然后单击“确定”按钮，则为奇数行的单元格设置了相应的底纹。

3.3 文本类函数

Excel 提供了很多文本类函数，如求字符串长度函数、截取子字符串函数、连接字符串函数等。通过这些函数可以实现数据抽取、字段合并、数据转换等功能。本节主要介绍字符串截取类函数、字符串查找替换类函数及文本转换类函数的使用。

3.3.1 字符串截取类函数

有时需要提取特定的几个字符或提取其中的第几个字符，并且没有特定的分隔符，此时就需要借助 Excel 的 LEN、LENB、LEFT、RIGHT 或 MID 等文本函数来实现。

LEN(Text)

功能：返回文本字符串中的字符数。

参数说明：Text 是要查找其长度的文本。空格将作为字符进行计数。

如 LEN(345 克)，返回 4。

LENB(Text)

功能：返回文本字符串中用于代表字符的字节数。

参数说明：Text 是要查找其长度的文本。

如 LENB(345 克)，返回 5。

LEFT(Text,Num_chars)

功能：LEFT 基于所指定的字符数返回文本字符串中的第一个或前几个字符。

参数说明：Text 指定包含要提取字符的文本字符串。

Num_chars 指定要由 LEFT 函数所提取的字符数。如果 Num_chars 大于文本长度，则 LEFT 函数返回所有文本。Num_chars 必须大于或等于 0。如果省略 Num_chars，则假定其为 1。

RIGHT(Text,Num_chars)

功能：根据所指定的字符数返回文本字符串中的最后一个或多个字符。

参数说明：Text 指定包含要提取字符的文本字符串。

Num_chars 指定希望 RIGHT 函数提取的字符数。如果 Num_chars 大于文本长度，则 RIGHT 函数返回所有文本。Num_chars 必须大于或等于 0。如果省略 Num_chars，则假定其为 1。

【例 3-14】从图 3-36 所示的信息表的 A 列相应单元格中分别截取数字和单位。

	A	B	C
1	文本	数字	单位
2	28克		
3	369克		
4	56789吨		

图 3-36 信息表

操作步骤分两大步：第一步，截取数字；第二步，截取单位。

（1）截取数字

① 将光标定位于 B2 单元格，单击编辑栏“公式”选项卡最左侧的“插入函数”按钮 f_x ，弹

出“插入函数”对话框，将“或选择类别”设置为“文本”，选择 LEFT 函数，单击“确定”按钮，弹出图 3-37 所示的“函数参数”对话框。

② 将光标定位于 Text 右侧的输入框中，选取 A2 单元格。

③ 将光标定位于 Num_chars 右侧的输入框中，输入 len(A2)*2-lenb(A2)，单击“确定”按钮即可。

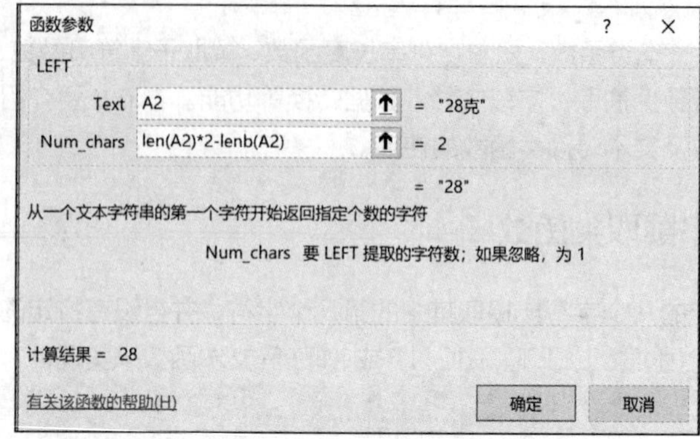

图 3-37　LEFT 函数设置的“函数参数”对话框

（2）截取单位

① 将光标定位于 B2 单元格，单击编辑栏“公式”选项卡最左侧的“插入函数”按钮 f_x ，弹出“插入函数”对话框，将“或选择类别”设置为“文本”，选择 RIGHT 函数，单击“确定”按钮，弹出图 3-38 所示的“函数参数”对话框。

② 将光标定位于 Text 右侧的输入框中，选取 A2 单元格。

③ 将光标定位于 Num_chars 右侧的输入框中，输入 LENB(A2)-LEN(A2)，单击“确定”按钮即可。

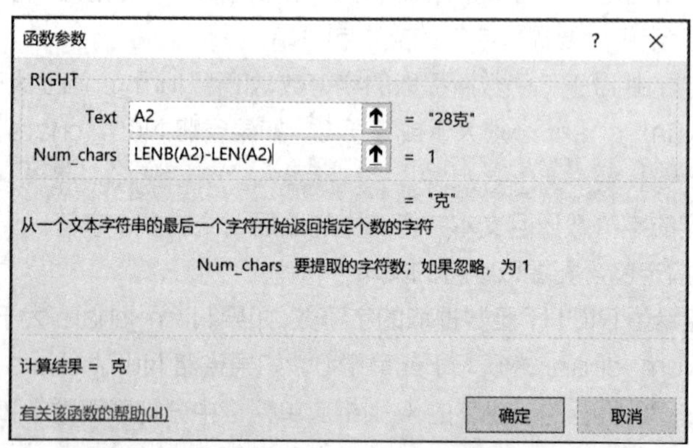

图 3-38　RIGHT 函数设置的“函数参数”对话框

MID(Text,Start_num,Num_chars)

功能：返回文本字符串中从指定位置开始的特定数目的字符，该数目由用户指定。

参数说明：Text 指定包含要提取字符的文本字符串；Start_num 指定文本中要提取的第一个字符的位置，文本中第一个字符的 Start_num 为 1，以此类推；Num_chars 指定希望 MID 函数从文本中返回字符的个数。

【例 3-15】从图 3-39 所示的员工信息表的身份证号中提取员工的生日，以“****年**月**日”

的形式存放，操作步骤如下。

	A	B	C
1	姓名	身份证号	生日
2	张良	371421197205164000	
3	徐琴	35264119801211508x	
4	王伟	265894198902241006	

图 3-39 员工信息表

（1）将光标定位于 C2 单元格，单击编辑栏“公式”选项卡最左侧的“插入函数”按钮 f_x ，弹出“插入函数”对话框，将“或选择类别”设置为“文本”，选择 MID 函数，单击“确定”按钮，弹出图 3-40 所示的“函数参数”对话框。

（2）将光标定位于 Text 右侧的输入框中，选取 B2 单元格。

（3）将光标定位于 Start_num 右侧的输入框中，输入身份证号中出生年份起始位置 7。

（4）将光标定位于 Num_chars 右侧的输入框中，输入年份的长度 4，单击“确定”按钮，即可截取身份证号中出生日期的年份。

（5）将截取的年、月、日用字符串连接符“&”连接，即完整的公式为=MID(B2,7,4) & "年" & MID(B2,11,2) & "月" & MID(B2,13,2) & "日"。

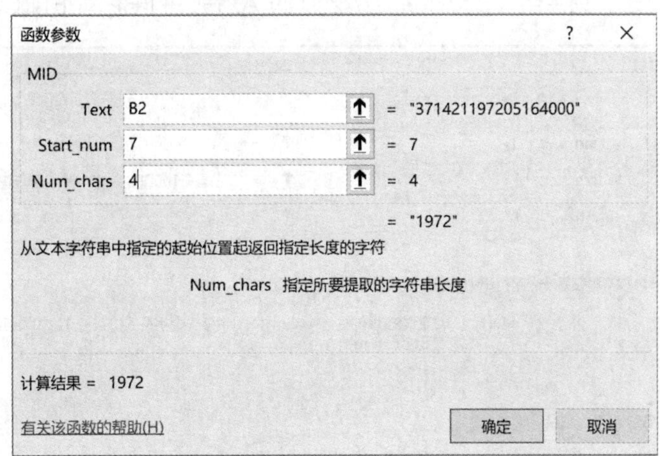

图 3-40 MID 函数设置的“函数参数”对话框

3.3.2 字符串查找替换类函数

1. FIND 函数

FIND(Find_text,Within_text,Start_num)

功能：用于查找其他文本字符串 Within_text 内的文本字符串 Find_text，并从 Within_text 的首字符开始返回 Find_text 的起始位置编号。

参数说明：Find_text 是要查找的文本；Within_text 是包含要查找文本的文本；Start_num 指定开始进行查找的字符。Within_text 中的首字符是编号为 1 的字符。如果忽略 Start_num，则默认其为 1。

【例 3-16】请从图 3-41 所示员工联系信息表的“员工联系地址信息”列中截取“姓名”“邮政编码”和“联系地址”，操作步骤如下。

	A	B	C	D
1	员工联系地址信息	姓名	邮政编码	联系地址
2	王霄鹏|100083|北京市海淀区学院路			
3	欧阳普钟|210000|上海市			
4	何菲|055150|河北省邢台市			
5	刘丽丽|100711|北京市东城区东西西大街			
6				

图 3-41　员工联系信息表

（1）将光标定位于 B2 单元格，单击编辑栏“公式”选项卡最左侧的“插入函数”按钮 fx ，弹出“插入函数”对话框，将“或选择类别”设置为“文本”，选择 FIND 函数，单击“确定”按钮，弹出图 3-42 所示的“函数参数”对话框。

（2）将光标定位于 Find_text 右侧的输入框中，输入“|”。由于姓名、邮政编码与联系地址之间均用“|”分隔，因此需要查找“|”在“员工联系地址信息”中的位置。

（3）将光标定位于 Start_num 右侧的输入框中，输入 1，若省略，则默认为 1，单击“确定”按钮，即可求出“|”在字符串中的位置。

（4）截取姓名，只需用公式=LEFT(A2，FIND("|",A2,1)-1)即可。

（5）截取邮政编码，只需用公式=MID(A2,FIND("|",A2,1)+1,6)即可。

（6）截取联系地址，只需用公式=RIGHT(A2,LEN(A2)-LEN(B2)-LEN(C2)-2)即可。

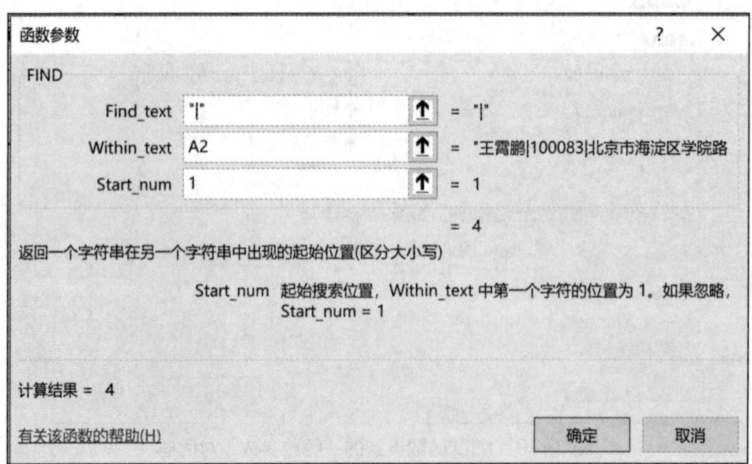

图 3-42　FIND 函数设置的“函数参数”对话框

2. REPLACE 函数

REPLACE(Old_text,Start_num,Num_chars,New_text)

功能：使用其他文本字符串并根据所指定的字符数替换某文本字符串中的部分文本。

参数说明：Old_text 是要替换其部分字符的文本；Start_num 是要用 New_text 替换的 Old_text 中字符的开始位置；Num_chars 是希望 REPLACE 使用 New_text 替换 Old_text 中字符的个数；New_text 是要用于替换 Old_text 中字符的文本。

【例 3-17】请隐藏图 3-39 所示的员工信息表中身份证号中的出生日期，用“****”代替，操作步骤如下。

（1）单击编辑栏“公式”选项卡最左侧的“插入函数”按钮 fx ，弹出“插入函数”对话框，将“或选择类别”设置为“文本”，选择 REPLACE 函数，单击“确定”按钮，弹出图 3-43 所示的“函数参数”对话框。

（2）将光标定位于 Old_text 右侧的输入框中，选取 B2 单元格。

（3）将光标定位于 Start_num 右侧的输入框中，输入 7，确定开始替换字符串的位置。

（4）将光标定位于 Num_chars 右侧的输入框中，输入 8，确定被替换字符串的个数。

（5）将光标定位于 New_text 右侧的输入框中，输入“****”，表示身份证号中 8 位代表出生日期的字符将用“****”代替，单击“确定”按钮即可。

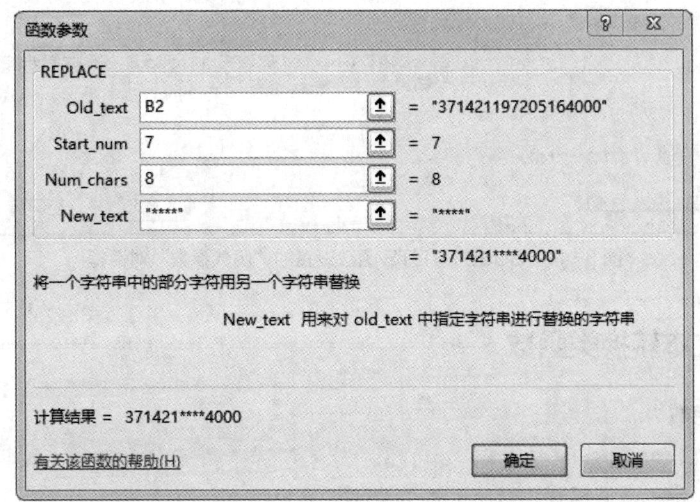

图 3-43 REPLACE 函数设置的“函数参数”对话框

3. SUBSTITUTE 函数

SUBSTITUTE(Text,Old_text,New_text,Instance_num)

功能：在文本字符串中用 New_text 替代 Old_text。如果需要在某一文本字符串中替换指定的文本，可使用函数 SUBSTITUTE。

参数说明：Text 为需要替换其中字符的文本，或对含有文本的单元格的引用；Old_text 为需要替换的旧文本；New_text 为用于替换 Old_text 的文本；Instance_num 为一数值，用来指定用 New_text 替换第几次出现的 Old_text。如果指定了 Instance_num，则只有满足要求的 Old_text 被替换，否则将用 New_text 替换 Text 中出现的所有 Old_text。

【例 3-18】请使用 SUBSTITUTE 函数隐藏图 3-39 所示的员工信息表中身份证号中的出生日期，用“****”代替，操作步骤如下。

（1）单击编辑栏“公式”选项卡最左侧的“插入函数”按钮 *fx* ，弹出“插入函数”对话框，将“或选择类别”设置为“文本”，选择 SUBSTITUTE 函数，单击“确定”按钮，弹出图 3-44 所示的“函数参数”对话框。

（2）将光标定位于 Text 右侧的输入框中，选取 B2 单元格。

（3）将光标定位于 Old_text 右侧的输入框中，输入 mid(B2,7,8)，确定需要被替换的字符串。

（4）将光标定位于 New_text 右侧的输入框中，输入“****”，表示身份证号中 8 位代表出生日期的字符将用“****”代替。

（5）将光标定位于 Instance_num 右侧的输入框中，输入 1 或省略，单击“确定”按钮即可。

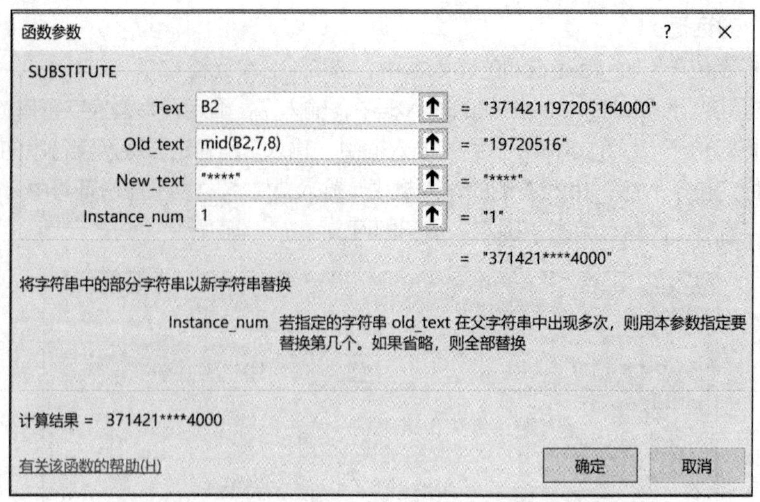

图 3-44　SUBSTITUTE 函数设置的“函数参数”对话框

3.3.3　文本转换类函数

1. TEXT 函数

TEXT(Value,Format_text)

功能：根据指定的数值格式将数字转换为文本。

参数说明：Value 可以为数值、计算结果为数值的公式，或对包含数值的单元格的引用；Format_text 为“设置单元格格式”对话框中“数字”选项卡“分类”列表框中的文本形式的数字格式。

【例 3-19】根据图 3-45 所示的信息表中的收入和支出数据进行盈亏平衡判断。收入大于支出设置为盈利，收入小于支出设置为亏损，收入等于支出设置为平衡，结果如图 3-45 所示，操作步骤如下。

	A	B	C
1	收入（单位：万）	支出（单位：万）	收益情况
2	6.74	6.42	盈利0.32万
3	7.61	7.88	亏损0.27万
4	6.94	6.51	盈利0.43万
5	7.13	7.96	亏损0.83万
6	6.99	6.99	平衡
7	7.67	6.46	盈利1.21万
8	7.61	6.5	盈利1.11万
9	6.15	6.65	亏损0.50万

图 3-45　收入支出信息表

（1）将光标定位于 C2 单元格，单击编辑栏“公式”选项卡最左侧的“插入函数”按钮 f_x ，弹出“插入函数”对话框，将“或选择类别”设置为“文本”，选择 TEXT 函数，单击“确定”按钮，弹出图 3-46 所示的“函数参数”对话框。

（2）将光标定位于 Value 右侧的输入框中，输入 A2-B2，确定盈亏的数值。

（3）将光标定位于 Format_text 右侧的输入框中，输入“盈利 0.00 万；亏损 0.00 万；平衡;”，单击“确定”按钮，即可完成“收益情况”的判断。其中，函数参数 Format_text 的常用参数代码如表 3-2 所示。

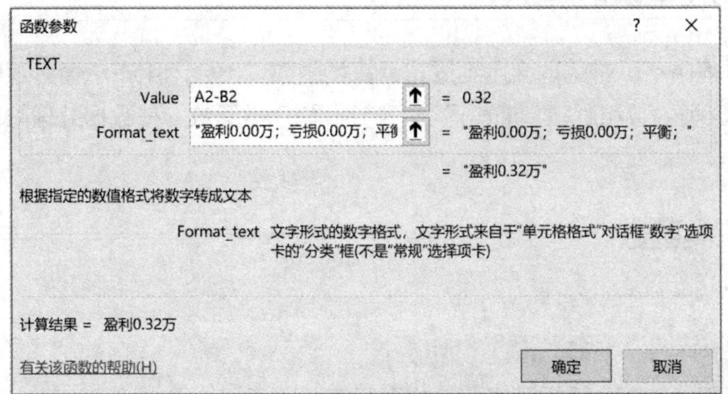

图 3-46　TEXT 函数设置的“函数参数”对话框

表 3-2　Format_text 的常用参数代码

Format_text	value	Text(A,B) 函数返回值	说明
G/通用格式	10	10	常规格式
“000.0”	10.25	010.3	小数点前面不够 3 位以 0 补齐，保留一位小数，不足一位以 0 补齐
####	10	10	没用的 0 一律不显示
00.##	1.253	01.25	小数点前不足两位以 0 补齐；保留两位小数，不足两位不补齐
正数；负数；零	1	正数	大于 0，显示为“正数”
	0	零	等于 0，显示为“零”
	-1	负数	小于 0，显示为“负数”
0000-00-00	19820506	1982-05-06	按所示形式表示日期
0000 年 00 月 00 日		1982 年 05 月 06 日	
aaaa	2014/3/1	星期六	显示为中文星期几的全称
aaa		六	显示为中文星期几的简称
dddd	2007/12/31	Monday	显示为英文星期几的全称
[>=90]优秀；[>=60]及格；不及格	90	优秀	大于等于 90，显示为“优秀”
	60	及格	大于等于 60，小于 90，显示为“及格”
	59	不及格	小于 60，显示为“不及格”
[DBNum1][$-804]G/通用格式	125	一百二十五	中文小写数字
[DBNum2][$-804]G/通用格式		壹佰贰拾伍元整	中文大写数字，并加入“元整”字尾
[DBNum3][$-804]G/通用格式		1 百 2 十 5	中文小写数字与阿拉伯数字混合
[>20][DBNum1];[DBNum1]d	19	十九	19 显示为十九而不是一十九
0.00,k	12536	12.54K	以千为单位
#!.0000 万元		1.2536 万元	以万元为单位，保留 4 位小数
#!.0,万元		1.3 万元	以万元为单位，保留一位小数

3.4 逻辑运算类函数

在数据分析过程中不可避免地会用到逻辑运算类函数，也会运用布尔值。逻辑运算类函数主要包括 IF 类函数、IS 类函数和逻辑判断类函数。特别是 IF 类函数，在数据处理阶段和数据分析阶段运用比较广泛。

3.4.1 IF 类函数

1. IF 函数

IF(Logical_test,Value_if_true,Value_if_false)

功能：执行真假值判断，根据逻辑计算的真假值返回不同结果。

参数说明：

Logical_test 表示计算结果为 TRUE 或 FALSE 的任意值或表达式。本参数可使用任何比较运算符。

Value_if_true 表示 Logical_test 为 TRUE 时返回的值。如果 Logical_test 为 TRUE，而 Value_if_true 为空，则本参数返回 0（零）。如果要显示 TRUE，则可对本参数使用逻辑值 TRUE。Value_if_true 也可以是其他公式。

Value_if_false 表示 Logical_test 为 FALSE 时返回的值。如果 Logical_test 为 FALSE 且忽略了 Value_if_false（即 Value_if_true 后没有逗号），则会返回逻辑值 FALSE。如果 Logical_test 为 FALSE 且 Value_if_false 为空（即 Value_if_true 后有逗号，并紧跟着右括号），则本参数返回 0（零）。Value_if_false 也可以是其他公式。

【例 3-20】图 3-47 所示为不同产品的上年和本年的销售量数据，现要求计算各个产品的同比增长率。若无“上年销售量”，则是本年新增产品；若无“本年销售量”，则是本年停产产品。操作步骤如下。

（1）将光标定位于工作表的 D2 单元格，单击编辑栏“公式”选项卡最左侧的“插入函数”按钮 *fx* ，弹出“插入函数”对话框，将“或选择类别”设置为“逻辑”，选择 IF 函数，单击“确定”按钮，弹出图 3-48 所示的“函数参数”对话框。

	A	B	C	D
1	产品	上年销售量	本年销售量	同比增长率
2	产品A	5435	6324	
3	产品B	3254	2876	
4	产品C	354		
5	产品D	6545	7678	
6	产品E		1765	

图 3-47 产品上年和本年销售量数据表

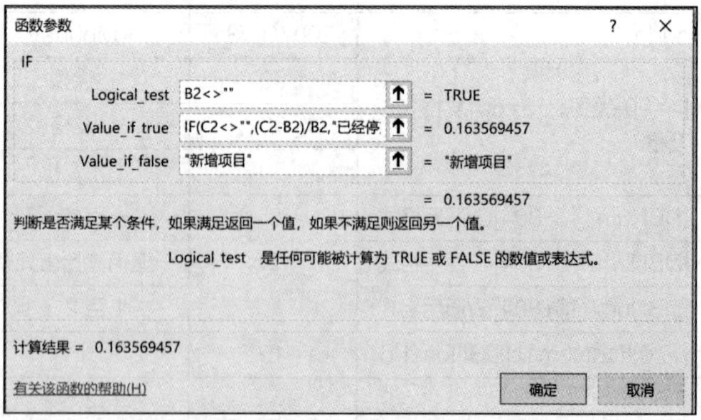

函数参数 ? ×
IF
Logical_test B2<>"" = TRUE
Value_if_true IF(C2<>"",(C2-B2)/B2,"已经停 = 0.163569457
Value_if_false "新增项目" = "新增项目"
= 0.163569457
判断是否满足某个条件，如果满足返回一个值，如果不满足则返回另一个值。
Logical_test 是任何可能被计算为 TRUE 或 FALSE 的数值或表达式。
计算结果 = 0.163569457
有关该函数的帮助(H) 确定 取消

图 3-48 IF 函数设置的“函数参数”对话框

（2）将光标定位于 Logical_test 右侧的输入框，输入 B2<>""。

（3）将光标定位于 Value_if_true 右侧的输入框，输入 IF(C2<>"",(C2-B2)/B2,"已经停产")。

（4）将光标定位于 Value_if_false 右侧的输入框，输入"新增项目"，单击“确定”按钮即可。

2. IFNA 函数

IFNA(Value,Value_if_na)

功能：如果表达式解析为#N/A，则返回 Value_if_na 指定的值，否则返回表达式的结果。

参数说明：

Value 用于检查错误值#N/A 的参数。

Value_if_na 表示公式计算结果为错误值#N/A 时要返回的值。

3. IFERROR 函数

IFERROR(Value,Value_if_error)

功能：如果 Value 是一个错误的表达式，则返回 Value_if_error 的值，否则返回表达式自身的值。

参数说明：

Value 用于检查是否存在错误的参数。

Value_if_error 表示公式的计算结果错误时返回的值。计算结果错误主要有以下类型：#N/A、#VALUE!、#REF!、#DIV/0!、#NUM!、#NAME? 和 #NULL!。

3.4.2 IS 类函数

IS 类函数用于检验数值的类型，并根据参数取值返回 TRUE 或 FALSE。例如，要判断某个单元格的数据是否为数字，可以使用 ISNUMBER 函数；要判断公式是否为错误值，可以使用 ISERROR 函数。

有以下 11 个 IS 类函数。

ISBLANK(Value)：检查是否引用了空白单元格。

ISERR(Value)：检查一个值是否为#N/A 以外的错误，如#VALUE!、#REF!、#DIV/0!、#NUM!、#NAME?、#NULL!等。

ISERROR(Value)：检查一个值是否为错误值，如#N/A、#VALUE!、#REF!、#DIV/0!、#NUM!、#NAME?、#NULL!等。

ISLOGICAL(Value)：检查一个值是否是逻辑值，如 TRUE 或 FALSE。

ISNA(Value)：检查一个值是否为#N/A。

ISNONTEXT(Value)：检查一个值是否不是文本。

ISNUMBER(Value)：检查一个值是否是数值。

ISREF(Value)：检查一个值是否为引用。

ISTEXT(Value)：检查一个值是否为文本。

ISEVEN(Number)：若 Number 值是偶数，则返回 TRUE。

ISODD(Number)：若 Number 值是奇数，则返回 TRUE。

现有图 3-49 所示的各销售人员销售产品数据表，请结合使用 SUMPRODUCT 和 IS 类函数统计其中的空白单元格个数、数值单元格个数、逻辑值单元格个数及错误值单元格个数，公式及返回值如表 3-3 所示。

	A	B	C
1	销售人员	A产品	B产品
2	张良	3000	
3	徐波		5000
4	李伟	1000	
5	张琴		
6	李红	TRUE	
7	唐辰	FALSE	#DIV/0!

图 3-49　销售人员销售产品数据表

表 3-3　公式及返回值

公式	返回值	说明
=SUMPRODUCT(ISBLANK($B$2:$C$7)*1)	6	数据表中空白单元格个数
=SUMPRODUCT(ISNUMBER($B$2:$C$7)*1)	3	数据表中数值单元格个数
=SUMPRODUCT(ISLOGICAL($B$2:$C$7)*1)	2	数据表中逻辑值单元格个数
=SUMPRODUCT(ISERROR($B$2:$C$7)*1)	1	数据表中错误值单元格个数

3.4.3　逻辑判断类函数

逻辑判断类函数主要包括 AND 函数、OR 函数、NOT 函数、TRUE 函数、FALSE 函数等。

1. AND 函数

```
AND(Logical1,Logical2,...)
```

功能：检查是否所有的参数均为 TRUE。如果所有参数均为 TRUE，则返回 TRUE，否则返回 FALSE。

参数说明：Logical 参数必须是逻辑值 TRUE 或 FALSE，或者是包含逻辑值的数组或引用。如果数组或引用参数中包含文本或空白单元格，则这些值将被忽略；如果指定的单元格区域内包括非逻辑值，则 AND 函数将返回错误值#VALUE!。

【例 3-21】请根据图 3-50 所示的学生成绩表中 3 门科目的成绩判定成绩等级。若 3 门成绩均大于等于 60，则等级为“及格”，否则等级为“补考”。操作步骤如下。

	A	B	C	D	E
1	姓名	语文	数学	英语	成绩等级
2	周学宗	100	94	60	
3	邹银一	92	43	97	
4	舒志豪	59	90	91	
5	熊继超	99	76	90	
6	马明才	97	100	50	

图 3-50　学生成绩表

（1）将光标定位于 E2 单元格，单击编辑栏“公式”选项卡最左侧的“插入函数”按钮 fx ，弹出“插入函数”对话框，将“或选择类别“设置为“逻辑”，选择 AND 函数，单击“确定”按钮，弹出图 3-51 所示的“函数参数”对话框。

（2）将光标定位于 Logical1 右侧的输入框中，输入表达式 B2>=60。

（3）将光标定位于 Logical2 右侧的输入框中，输入表达式 C2>=60。

（4）将光标定位于 Logical3 右侧的输入框中，输入表达式 D2>=60，单击“确定”按钮，此时在编辑栏中显示 E2 单元格的公式 fx =AND(B2>=60,C2>=60,D2>=60) ，选中该公式中除等号以外的部分，右键单击，选择“剪切”命令。

（5）单击编辑栏“公式”选项卡最左侧的“插入函数”按钮 fx ，弹出“插入函数”对话框，将“或选择类别“设置为“逻辑”，选择 IF 函数，单击“确定”按钮，弹出图 3-52 所示的“函数参数”对话框。

（6）将光标定位于 Logical_test 右侧的输入框中，按 Ctrl+V 组合键，粘贴公式。

（7）将光标定位于 Value_if_true 右侧的输入框中，输入"及格"。

（8）将光标定位于 Value_if_false 右侧的输入框中，输入"补考"，单击“确定”按钮即可。

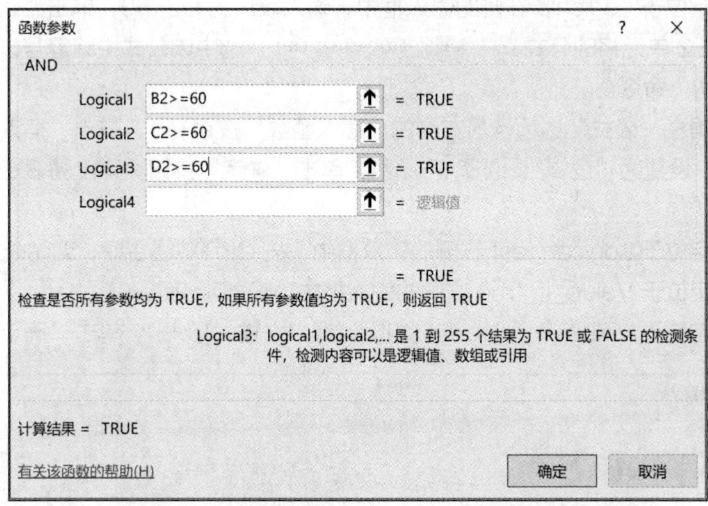

图 3-51　AND 函数设置的“函数参数”对话框

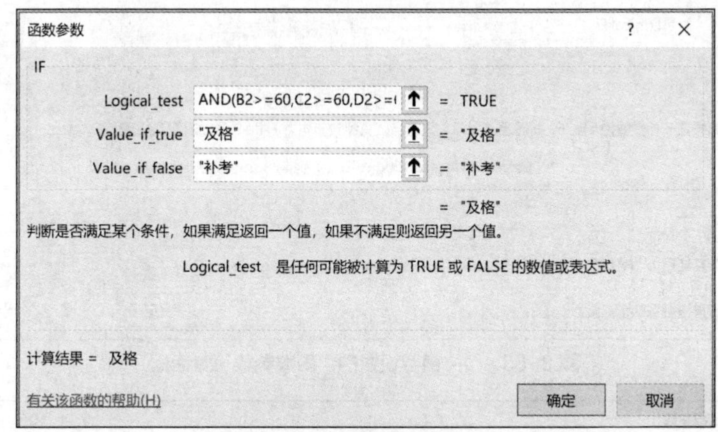

图 3-52　IF 函数设置的“函数参数”对话框

2. OR 函数

OR(Logical1,Logical2,...)

功能：如果任一参数值为 TRUE，则返回 TRUE。只有当所有参数值均为 FALSE 时，才返回 FALSE。

参数说明：Logical 参数必须能计算为逻辑值，如 TRUE 或 FALSE，或者为包含逻辑值的数组或引用。如果数组或引用参数中包含文本或空白单元格，则这些值将被忽略；如果指定的区域中不包含逻辑值，函数 OR 返回错误值#VALUE!。用户可以使用 OR 数组公式来检验数组中是否包含特定的数值。若要输入数组公式，可按 Ctrl+Shift+Enter 组合键。

【例 3-22】请使用 IF 函数和 OR 函数组合完成例 3-21，操作步骤如下。

（1）将光标定位于 E2 单元格，单击编辑栏“公式”选项卡最左侧的“插入函数”按钮 f_x ，弹出“插入函数”对话框，将“或选择类别”设置为“逻辑”，选择 OR 函数，单击“确定”按钮，弹出图 3-53 所示的“函数参数”对话框。

（2）将光标定位于 Logical1 右侧的输入框中，输入表达式 B2<60。

（3）将光标定位于 Logical2 右侧的输入框中，输入表达式 C2<60。

（4）将光标定位于 Logical3 右侧的输入框中，输入表达式 D2<60，单击“确定”按钮，此时在编辑栏中显示 E2 单元格的公式 fx =OR(B2<60,C2<60,D2<60) 。选中该公式中除等号以外的部分，右键单击，选择“剪切”命令。

（5）单击编辑栏“公式”选项卡最左侧的“插入函数”按钮 fx ，弹出“插入函数”对话框，将“或选择类别”设置为“逻辑”，选择 IF 函数，单击“确定”按钮，弹出图 3-54 所示的“函数参数”对话框。

（6）将光标定位于 Logical_test 右侧的输入框中，按 Ctrl+V 组合键，粘贴公式。

（7）将光标定位于 Value_if_true 右侧的输入框中，输入"补考"。

（8）将光标定位于 Value_if_false 右侧的输入框中，输入"及格"，单击“确定”按钮即可。

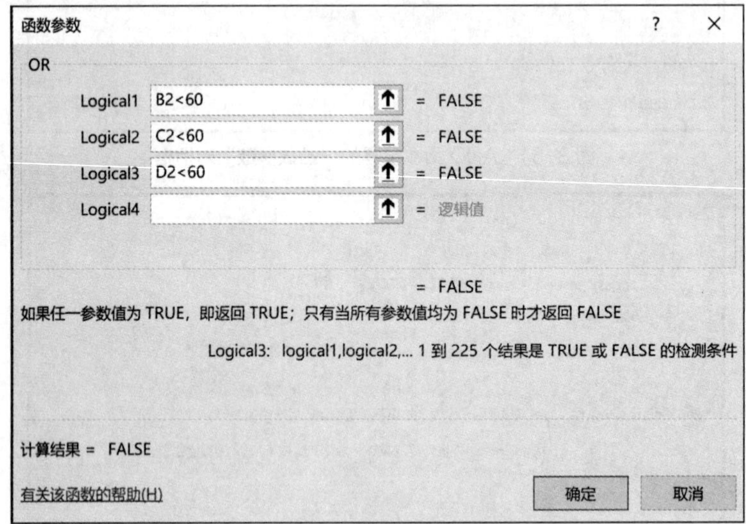

图 3-53 OR 函数设置的“函数参数”对话框

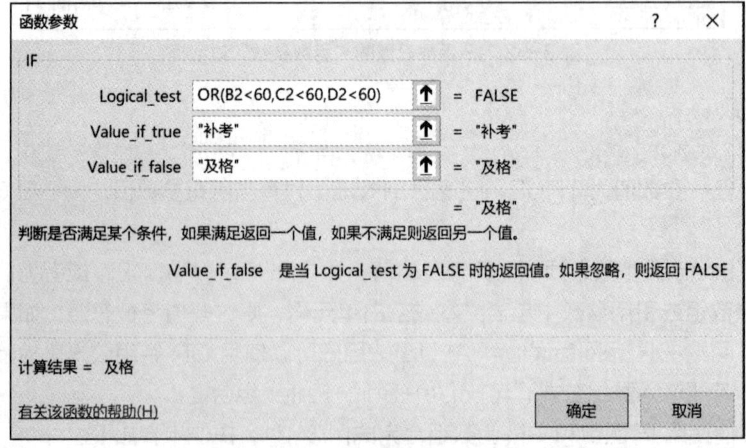

图 3-54 IF 函数参数设置

3. NOT 函数

NOT(Logical)

功能：对参数的逻辑值求反，参数为 TRUE 时返回 FALSE，参数为 FALSE 时返回 TRUE。

参数说明：Logical 是一个可以计算出 TRUE 或 FALSE 的逻辑值或逻辑表达式。

3.5 关联匹配类函数

在数据分析的过程中，经常要进行多表关联或行列对比，此时需要使用关联匹配类函数，主要包括 VLOOKUP、LOOKUP 等关联类函数，以及 INDEX、MATCH、COLUMN、ROW 等查询类函数。

3.5.1 关联类函数

1. VLOOKUP 函数

VLOOKUP(Lookup_value,Table_array,Col_index_num,Range_lookup)

功能：在表格或数值数组的首列查找指定的数值，并由此返回表格或数组当前行中指定列处的数值。当比较值位于数据表首列时，可以使用 VLOOKUP 函数代替 HLOOKUP 函数。VLOOKUP 中的 V 代表垂直，HLOOKUP 中的 H 代表水平。

参数说明：

Lookup_value 为需要在数据表第一列中查找的数值。Lookup_value 可以为数值、引用或文本字符串。

Table_array 为需要在其中查找数据的数据表。可以使用对区域或区域名称的引用，如数据库或数据清单。

Col_index_num 为 Table_array 中待返回的匹配值的列序号。Col_index_num 为 1 时，返回 Table_array 第一列中的数值；Col_index_num 为 2 时，返回 Table_array 第二列中的数值，以此类推。如果 Col_index_num 小于 1，则函数 VLOOKUP 返回错误值#VALUE!；如果 Col_index_num 大于 Table_array 的列数，则函数 VLOOKUP 返回错误值#REF!。

Range_lookup 为一逻辑值，指明函数 VLOOKUP 返回时是精确匹配还是近似匹配。如果为 TRUE（可用 1 代替）或省略，则返回近似匹配值；如果找不到精确匹配值，则返回小于 Lookup_value 的最大数值；如果 Range_lookup 为 FALSE（可用 0 代替），则函数 VLOOKUP 将返回精确匹配值；如果找不到，则返回错误值#N/A。精确查找适用于文本，也适用于数值，但对数值查找时必须注意格式一致，否则会出错。

📖多学一招：VLOOKUP 函数使用时的注意事项

（1）如果 Range_lookup 为 TRUE，则 Table_array 第一列中的数值必须按升序排列，否则函数 VLOOKUP 不能返回正确的数值；如果 Range_lookup 为 FALSE，则 Table_array 不必进行排序。

（2）Table_array 的第一列中的数值可以为文本、数字或逻辑值，文本不区分大小写。

【例 3-23】请根据图 3-55 所示的图书编号对照表中“图书编号”与“图书名称”的对应关系，使用 VLOOKUP 函数自动填充图 3-56 所示的“图书销售订单明细表”中的“图书名称”，操作步骤如下。

（1）将光标定位于 E3 单元格，单击编辑栏“公式”选项卡最左侧的“插入函数”按钮 *fx*，弹出“插入函数”对话框，将“或选择类别”设置为“查找与引用”，选择 VLOOKUP 函数，单击“确定”按钮，弹出图 3-57 所示的“函数参数”对话框。

图书编号对照表

图书编号	图书名称	定价
BK-83021	《计算机基础及MS Office应用》	¥ 36.00
BK-83022	《计算机基础及Photoshop应用》	¥ 34.00
BK-83023	《C语言程序设计》	¥ 42.00
BK-83024	《VB语言程序设计》	¥ 38.00
BK-83025	《Java语言程序设计》	¥ 39.00
BK-83026	《Access数据库程序设计》	¥ 41.00
BK-83027	《MySQL数据库程序设计》	¥ 40.00
BK-83028	《MS Office高级应用》	¥ 39.00
BK-83029	《网络技术》	¥ 43.00
BK-83030	《数据库技术》	¥ 41.00
BK-83031	《软件测试技术》	¥ 36.00
BK-83032	《信息安全技术》	¥ 39.00
BK-83033	《嵌入式系统开发技术》	¥ 44.00
BK-83034	《操作系统原理》	¥ 39.00
BK-83035	《计算机组成与接口》	¥ 40.00
BK-83036	《数据库原理》	¥ 37.00
BK-83037	《软件工程》	¥ 43.00

图 3-55　图书编号对照表

销售订单明细表

订单编号	日期	书店名称	图书编号	图书名称
BTW-08001	2011年1月2日	鼎盛书店	BK-83021	
BTW-08002	2011年1月4日	博达书店	BK-83033	
BTW-08003	2011年1月4日	博达书店	BK-83034	
BTW-08004	2011年1月5日	博达书店	BK-83027	
BTW-08005	2011年1月6日	鼎盛书店	BK-83028	
BTW-08006	2011年1月9日	鼎盛书店	BK-83029	
BTW-08007	2011年1月9日	博达书店	BK-83030	
BTW-08008	2011年1月10日	鼎盛书店	BK-83031	
BTW-08009	2011年1月10日	博达书店	BK-83035	
BTW-08010	2011年1月11日	隆华书店	BK-83022	
BTW-08011	2011年1月11日	鼎盛书店	BK-83023	
BTW-08012	2011年1月12日	隆华书店	BK-83032	
BTW-08013	2011年1月12日	鼎盛书店	BK-83036	
BTW-08014	2011年1月13日	隆华书店	BK-83024	
BTW-08015	2011年1月15日	鼎盛书店	BK-83025	
BTW-08016	2011年1月16日	鼎盛书店	BK-83026	
BTW-08017	2011年1月16日	鼎盛书店	BK-83037	
BTW-08018	2011年1月17日	鼎盛书店	BK-83021	

订单明细表　编号对照　统计报告

图 3-56　图书销售订单明细表

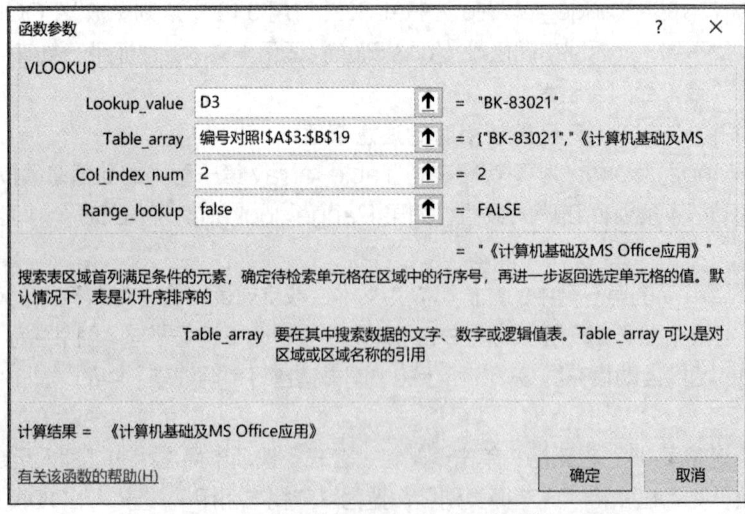

图 3-57　VLOOKUP 函数设置的“函数参数”对话框

（2）将光标定位于 Lookup_value 右侧的输入框中，选取 D3 单元格。

（3）将光标定位于 Table_array 右侧的输入框中，选取“编号对照”工作表中的 A3:B19 单元格区域。为确保复制公式时 Table_array 区域不变，将 A3:B19 单元格区域由相对地址变为绝对地址$A$3:$B$19。

（4）将光标定位于 Col_index_num 右侧的输入框中，输入 2，返回 Table_array 中第 2 列的值。

（5）将光标定位于 Range_lookup 右侧的输入框中，输入 false 或默认，设置为精确匹配，单击“确定”按钮即可。

2. LOOKUP 函数

LOOKUP 函数有两种使用方式：向量形式和数组形式。

向量形式：

```
LOOKUP(Lookup_value,Lookup_vector,Result_vector)
```

功能：从单行或单列中查找一个值。

参数说明：

Lookup_value 为 LOOKUP 函数在第一个向量中所要查找的数值，Lookup_value 可以为数值、文本、逻辑值，或包含数值的名称或引用。

Lookup_vector 为只包含一行或一列的区域，其值可以为文本、数值或逻辑值。Lookup_vector 中的值必须按升序排列：…，-2，-1，0，1，2，…；A~Z；FALSE，TRUE。否则，LOOKUP 函数可能无法返回正确的值。文本不区分大小写。

Result_vector 为只包含一行或一列的区域，其大小必须与 Lookup_vector 相同。

数组形式：

```
LOOKUP(Lookup_value,Array)
```

功能：从数组中查找一个值。

参数说明：

Lookup_value 参数含义同上。

Array 为包含文本、数值或逻辑值的单元格区域，它的值用于与 Lookup_value 进行比较。

🕮多学一招：LOOKUP 函数使用时的注意事项

（1）通常情况下，最好使用 HLOOKUP 函数或 VLOOKUP 函数来替代 LOOKUP 函数的数组形式。

（2）如果 LOOKUP 函数找不到 Lookup_value，则该函数会与 Lookup_vector 中小于或等于 Lookup_value 的最大值进行匹配。

（3）如果 Lookup_value 小于 Lookup_vector 中的最小值，则 LOOKUP 函数会返回#N/A 错误值。

【例 3-24】 图 3-58 所示为员工部门和职务信息表，现需要根据 E4 单元格中的姓名查找相应的部门信息，操作步骤如下。

（1）将该信息表以“员工姓名”为主要关键字进行升序排序。

（2）将光标定位于 F4 单元格，单击编辑栏“公式”选项卡最左侧的“插入函数”按钮 *fx* ，弹出“插入函数”对话框，将“或选择类别”设置为“查找与引用”，选择 LOOKUP 函数，单击“确定”按钮，弹出图 3-59 所示的“函数参数”对话框。

	A	B	C	D	E	F	G
1	部门	员工姓名	职务				
2	法务部	李良	法律顾问				
3	财务部	张伟	财务总监		姓名	部门	
4	安监部	唐辉	部长				
5	质检部	李琴	质检员				
6	生产部	钱平	技术部长				
7	仓储部	张红	保管员				
8	供应部	王晖	发货员				
9	采购部	赵刚	部长				
10	销售部	陆亚	业务经理				
11							

图 3-58　员工部门和职务信息表

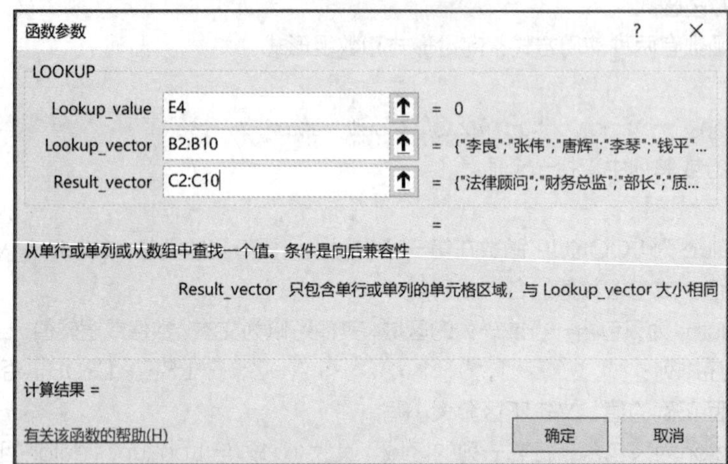

图 3-59　LOOKUP 函数设置的“函数参数”对话框

（3）将光标定位于 Lookup_value 右侧的输入框中，选取 E4 单元格。

（4）将光标定位于 Lookup_vector 右侧的输入框中，选取 B2:B10 单元格区域。

（5）将光标定位于 Result_vector 右侧的输入框中，选取 C2:C10 单元格区域，单击“确定”按钮，即可根据 E4 单元格中的姓名查找对应的部门信息。

📖多学一招：LOOKUP 函数的万能查找

要想使用 LOOKUP 函数实现正确的查找，首先要对查找值所在的范围（LOOKUP 函数的第二个参数）进行升序排序，如果不想排序，则可以通过 LOOKUP 函数的万能查找实现。在目标单元格中输入公式“=LOOKUP(1,0/(条件),目标区域或数组)”，如上例，则输入公式“=LOOKUP(1,0/(B2:B10=E4), C2:C10)，即可实现根据姓名查找相应的职务信息的功能。

3.5.2　查询类函数

1. 行列函数

COLUMN([Reference])

功能：返回指定单元格引用的列号。

参数说明：Reference 是返回其列号的单元格或单元格区域。若省略 Reference，则假定是对函数 COLUMN 所在单元格的引用。

ROW([Reference])

功能：返回一个引用的行号。

参数说明：Reference 为需要得到其行号的单元格或单元格区域。若省略 Reference，则假定是对函数 ROW 所在单元格的引用。

【例 3-25】 图 3-60 所示为某单位员工销售信息表，现要求根据姓名查询“订单数量”“客户名称”“班组”“生产月份”等信息，操作步骤如下。

（1）为 A9 单元格设置数据有效性：将光标定位于 A9 单元格，单击“数据”选项卡中的“数据验证”按钮，弹出图 3-61 所示的“数据验证”对话框，设置验证条件“允许”为“序列”，将光标定位于“来源”下方的输入框中，选取 A2:A5 单元格区域，单击“确定”按钮，即完成 A9 单元格的数据有效性设置。

（2）将光标定位于 B9 单元格，单击编辑栏“公式”选项卡最左侧的“插入函数”按钮 f_x ，弹出“插入函数”对话框，将“或选择类别”设置为“查找与引用”，选择 VLOOKUP 函数，单击“确定”按钮，弹出图 3-62 所示的“函数参数”对话框。

（3）将光标定位于 Lookup_value 右侧的输入框中，选取 A9 单元格。

（4）将光标定位于 Table_array 右侧的输入框中，选取 A2:E5 单元格区域。为确保复制公式时 Table_array 区域不变，将 A2:E5 单元格区域由相对地址变为绝对地址$A$2:$E$5。

（5）将光标定位于 Col_index_num 右侧的输入框中，输入 COLUMN()，返回 Table_array 中当前单元格的列号。

（6）将光标定位于 Range_lookup 右侧的输入框中，输入 FALSE 或默认，设置为精确匹配，单击“确定”按钮即可。

	A	B	C	D	E	F
1	姓名	订单数量	客户名称	班组	生产月份	
2	张良	2000	华为	一组	8月	
3	李伟	1500	方正	一组	9月	
4	武美	8000	清华同方	一组	9月	
5	白齐	5400	中兴	二组	10月	
6						
7						
8	姓名	订单数量	客户名称	班组	生产月份	
9						

图 3-60　员工销售信息表

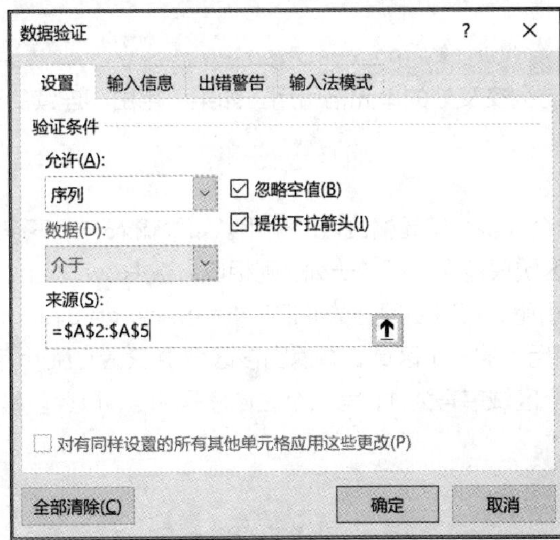

图 3-61　“数据验证”对话框

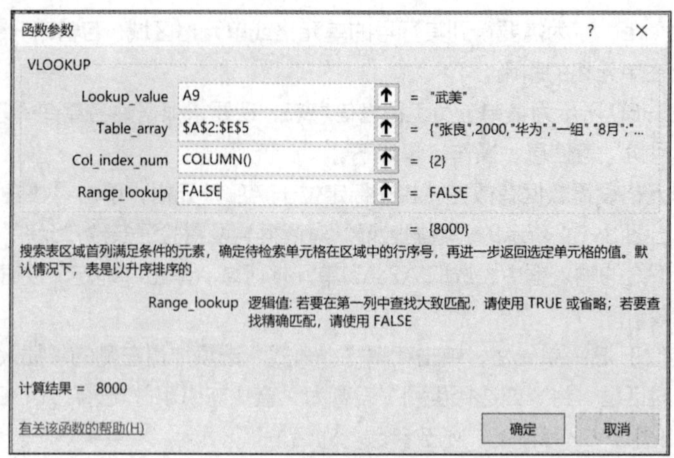

图 3-62 VLOOKUP 函数设置的“函数参数”对话框

2. INDEX 函数

INDEX 函数有两种使用方式：数组形式和引用形式。

数组形式：

```
INDEX(Array,Row_num,Column_num)
```

功能：返回表格或数组中的元素值，此元素值由行号和列号的索引值给定。

参数说明：

Array 为单元格区域或数组常量，如果数组只包含一行或一列，则相对应的参数 Row_num 或 Column_num 可选；如果数组有多行和多列，但只使用 Row_num 或 Column_num，则函数 INDEX 返回数组中的整行或整列，且返回值也为数组。

Row_num 为某行的行序号，函数从该行返回数值。如果省略 Row_num，则必须有 Column_num。

Column_num 为某列的列序号，函数从该列返回数值。如果省略 Column_num，则必须有 Row_num。

引用形式：

```
INDEX(Reference,Row_num,Column_num,Area_num)
```

功能：返回指定的行与列交叉处的单元格引用。如果引用由不连续的选定区域组成，可以选择某一选定区域。

参数说明：

Reference 表示对一个或多个单元格区域的引用。如果输入一个不连续的区域，必须用括号括起来。如果引用中的每个区域只包含一行或一列，则相应参数 Row_num 或 Column_num 分别为可选项；如果是对单行的引用，可以使用函数 INDEX(Reference,Column_num)。

Area_num 为选择引用中的一个区域，并返回该区域中 Row_num 和 Column_num 的交叉区域。选中或输入的第一个区域序号为 1，第二个区域序号为 2，以此类推。如果省略 Area_num，则函数 INDEX 使用区域 1。

3. MATCH 函数

```
MATCH(Lookup_value,Lookup_array,[Match_type])
```

功能：返回符合特定值特定顺序的项在数组中的相对位置。

参数说明：

Lookup_value 为需要在数据表中查找的值，可以为数值、文本、逻辑值，或对数值、文本、逻辑值的单元格引用。

Lookup_array 为可能包含所要查找的数值的连续单元格区域。

Match_type 为数字-1、0 或 1，其含义如表 3-4 所示。

表 3-4　Match_type 参数设置值的含义

Match_type	含义
1	MATCH 函数查找小于或等于 Lookup_value 的最大值。Lookup_array 参数中的值必须按升序排列
0	MATCH 函数查找完全等于 Lookup_value 的第一个值。Lookup_array 参数中的值可按任何顺序排列
-1	MATCH 函数查找大于或等于 Lookup_value 的最小值。Lookup_array 参数中的值必须按降序排列

【例 3-26】使用 INDEX 函数和 MATCH 函数实现例 3-25，操作步骤如下。

（1）为 A9 单元格设置数据有效性，同例 3-25 中的操作。

（2）将光标定位于 B9 单元格，单击编辑栏“公式”选项卡最左侧的“插入函数”按钮 fx ，弹出“插入函数”对话框，将“或选择类别”设置为“查找与引用”，选择 MATCH 函数，单击“确定”按钮，弹出图 3-63 所示的“函数参数”对话框。

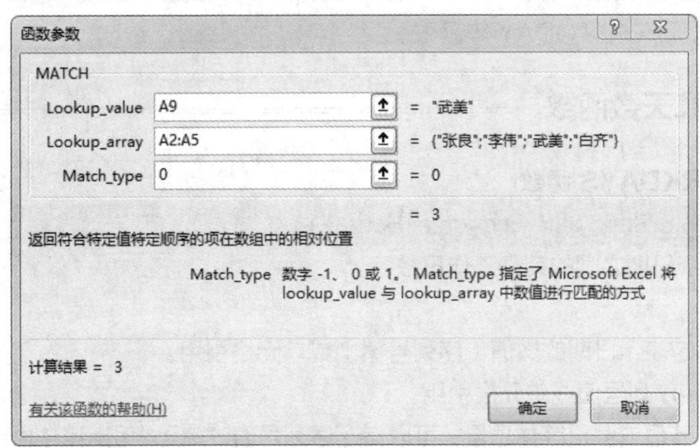

图 3-63　MATCH 函数设置的“函数参数”对话框

（3）将光标定位于 Lookup_value 右侧的输入框中，选取 A9 单元格。

（4）将光标定位于 Lookup_array 右侧的输入框中，选取查找区域为 A2:A5。

（5）将光标定位于 Match_type 右侧的输入框中，输入 0，指定为精确匹配，单击“确定”按钮。

（6）在编辑栏中显示 B9 单元格中的公式 fx =MATCH(A9,A2:A5,0)，选中该公式中除等号以外的部分，右键单击，选择“剪切”命令。

（7）单击编辑栏“公式”选项卡最左侧的“插入函数”按钮 fx ，弹出“插入函数”对话框，将“或选择类别”设置为“查找与引用”，选择 INDEX 函数，单击“确定”按钮，弹出图 3-64 所示的“函数参数”对话框。

（8）将光标定位于 Array 右侧的输入框中，选取单元格区域 B2:B5。

（9）将光标定位于 Row_num 右侧的输入框中，按 Ctrl+V 组合键，粘贴剪切的 MATCH 公式。

（10）Column_num 参数省略，单击“确定”按钮即可。

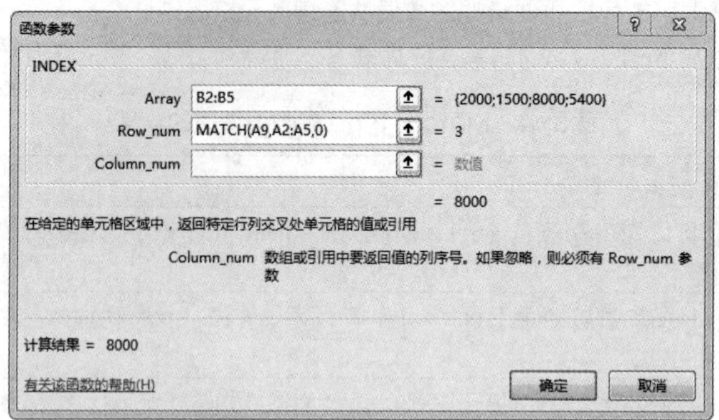

图 3-64　INDEX 函数设置的“函数参数”对话框

3.6　日期与时间函数

在 Excel 数据处理的过程中，经常会遇到时间或日期的处理，如提取出生年月日、计算工龄、计算员工的加班考勤记录等，这些都依赖于 Excel 中的日期时间函数。本节主要讲解用于计算天数的 NETWORKDAYS 函数，计算天数、月数或年数的 DATEDIF 函数，以及用于年月日判断的 YEAR、MONTH、DAY、TODAY 等函数。

3.6.1　计算天数函数

1. NETWORKDAYS 函数

NETWORKDAYS(Start_date,End_date,[Holidays])

功能：返回两个日期之间的完整工作日数。

参数说明：

Start_date 指定表示日期的数值（序列号值）或单元格引用。

End_date 指定序列号值或单元格引用。

Holidays 指定节日或假日等休息日，可以指定序列号值、单元格引用和数组常量。此参数可以省略，当省略此参数时，返回除了周六、日之外的指定期间内的天数。

【例 3-27】请计算图 3-65 所示的工作时间表中的工作日天数和周末天数，操作步骤如下。

	A	B	C	D
1	开始日期	结束日期	工作日天数	周末天数
2	2018年7月1日	2018年7月10日		
3	2018年1月14日	2018年2月13日		
4	2018年3月2日	2018年4月20日		
5	2018年4月10日	2018年5月23日		
6	2018年2月18日	2018年4月5日		
7	2018年1月16日	2018年3月22日		
8	2018年3月24日	2018年6月10日		
9	2018年4月2日	2018年6月8日		
10	2018年1月24日	2018年3月9日		
11	2018年4月7日	2018年5月14日		
12	2018年2月21日	2018年3月28日		

图 3-65　工作时间表

（1）将光标定位于 C2 单元格，单击编辑栏“公式”选项卡最左侧的“插入函数”按钮 fx ，弹出“插入函数”对话框，将“或选择类别”设置为“日期与时间”，选择 NETWORKDAYS 函数，单击“确定”按钮，弹出图 3-66 所示的“函数参数”对话框。

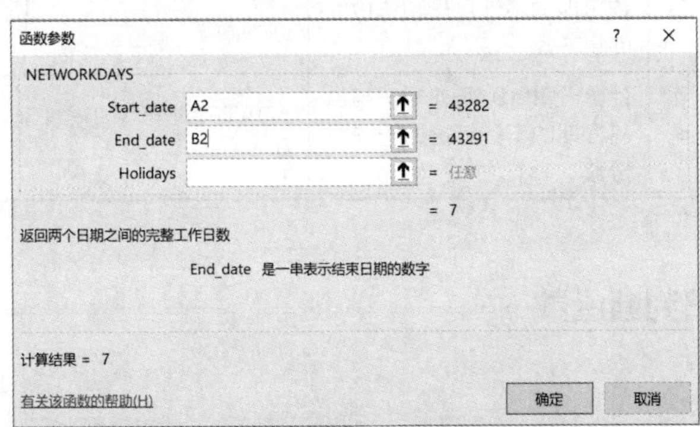

图 3-66 NETWORKDAYS 函数设置的“函数参数”对话框

（2）将光标定位于 Start_date 右侧的输入框中，选取单元格 A2。

（3）将光标定位于 End_date 右侧的输入框中，选取单元格 B2，单击“确定”按钮即可。

（4）将光标定位于 D2 单元格，输入公式=B2-A2-C2+1 即可完成“周末天数”的计算。

📖多学一招：用 NETWORKDAYS.INTL 函数计算工作日天数

NETWORKDAYS 函数在计算工作日天数时默认周六和周日为周末，若某单位的周末不是周六和周日，此时可以使用 NETWORKDAYS.INTL 函数计算工作日天数。

NETWORKDAYS.INTL(Start_date,End_date,[Weekend],[Holidays])的参数 Weekend 用于指定周末的数字或字符串。

2. DATEDIF 函数

DATEDIF(Start_date,End_date,Unit)

功能：计算两个日期之间的天数、月数或年数。

参数说明：

Start_date 表示起始日期。

End_date 表示结束日期。

Unit 为所需信息的返回时间单位代码，如表 3-5 所示。

表 3-5 Unit 返回时间单位代码

序号	参数	示例	公式	返回结果
1	Y：计算两个日期间隔的年数	计算出生日期为 1975-1-30 的人的年龄	=DATEDIF("1975-1-30",TODAY(),"Y")	43
2	M：计算两个日期间隔的月份数	计算日期 1975-1-30 与当前日期的间隔月份数	=DATEDIF("1975-1-30",TODAY(),"M")	522
3	D：计算两个日期间隔的天数	计算日期 1975-1-30 与当前日期的间隔天数	=DATEDIF("1975-1-30",TODAY(),"D")	15906
4	YD：忽略年数差，计算两个日期间隔的天数	计算日期 1975-1-30 与当前日期的不计年数的间隔天数	=DATEDIF("1975-1-30",TODAY(),"YD")	200

续表

序号	参数	示例	公式	返回结果
5	MD：忽略年数差和月份差，计算两个日期间隔的天数	计算日期 1975-1-30 与当前日期的不计月份和年份的间隔天数	=DATEDIF("1975-1-30",TODAY(),"MD")	19
6	YM：忽略相差年数，计算两个日期间隔的月份数	计算日期 1975-1-30 与当前日期的不计年份的间隔月份数	=DATEDIF("1975-1-30",TODAY(),"YM")	6

注：TODAY()= “2018-8-18”

3.6.2 年月日判断函数

1. TODAY 函数

TODAY()

功能：返回当前日期的序列号。TODAY 无参数。

2. YEAR 函数

YEAR(Serial_number)

功能：返回对应于某个日期的年份，为 1900～9999 之间的整数。

参数说明：Serial_number 表示要查找的日期，必须是一个日期类型的数值。

示例：YEAR(DATE(2018,5,7))，返回结果是 2018。

3. MONTH 函数

MONTH(Serial_number)

功能：返回日期（以序列数表示）中的月份。月份是介于 1（一月）～12（十二月）之间的整数。

参数说明：Serial_number 表示要查找的日期，必须是一个日期类型的数值。

示例：MONTH(DATE(2018,5,7))，返回结果是 5。

4. DAY 函数

DAY(Serial_number)

功能：返回以序列数表示的某日期的天数。天数是介于 1～31 之间的整数。

参数说明：Serial_number 表示要查找的日期，必须是一个日期类型的数值。

示例：DAY(DATE(2018,5,7))，返回结果是 7。

3.7 课堂实操训练

【训练目标】

根据图 3-67 所示的“2018 年第一学期成绩表”中的数据，为每位同学计算“英语折合分”“总分”“总评”，计算每门科目的“最高分”“总人数”“不及格人数”。

【训练内容】

（1）使用公式法计算英语折合分（笔试占 60%，听力占 40%）。

（2）使用函数计算“最高分”“总人数”“总分”。

（3）混合使用公式和函数计算“不及格人数”和“总评”（是否为优秀学生）。

【训练步骤】

（1）选中单元格 I3，在编辑栏中输入公式=D3*60%+E3*40%，按 Enter 键。

（2）选中单元格 J3，单击编辑栏“公式”选项卡最左侧的“插入函数”按钮 *fx*，在弹出的“插入函数”对话框中选择 SUM 函数，单击“确定”按钮，弹出“函数参数”对话框。将光标定位于 Number1 文本框中，选取单元格区域 F3:I3，单击“确定”按钮。

	A	B	C	D	E	F	G	H	I	J	K
1	2018年第一学期成绩表										
2	学号	班级	姓名	英语	听力	生理	解剖	病理	英语折合分	总分	总评
3	201601010001	1班	王小萌	88	78	69	89	86			
4	201601010002	1班	王英平	82	90	90	89	79			
5	201601010003	1班	胡龙	75	81	85	82	90			
6	201601010004	2班	田丽丽	68	70	70	78	83			
7	201601010005	2班	马力涛	90	75	89	89	76			
8	201601010006	2班	张丽华	80	68	88	90	78			
9	201601010007	3班	赵炎	66	50	78	90	83			
10	201601010008	3班	冯红	98	79	90	88	79			
11	201601010009	3班	赫志伟	70	68	78	90	85			
12	2016010100010	3班	岳明	70	83	76	79	80			
13	最高分										
14	总人数										
15	不及格人数										

图 3-67　2018 年第一学期成绩表

（3）选中单元格 D13，单击编辑栏“公式”选项卡最左侧的“插入函数”按钮 *fx*，在弹出的“插入函数”对话框中选择 MAX 函数，单击“确定”按钮，弹出“函数参数”对话框。将光标定位于 Number1 文本框中，选取单元格区域 D3:D12，单击“确定”按钮。

（4）选中单元格 C14，单击编辑栏“公式”选项卡最左侧的“插入函数”按钮 *fx*，在弹出的“插入函数”对话框中选择 COUNT 函数，单击“确定”按钮，弹出“函数参数”对话框。将光标定位于 Value1 文本框中，选取单元格区域“D3:D12”，单击“确定”按钮。

（5）选中单元格 D15，单击编辑栏“公式”选项卡最左侧的“插入函数”按钮 *fx*，在弹出的“插入函数”对话框中选择 COUNTIF 函数，单击“确定”按钮，弹出“函数参数”对话框，将光标定位于 Range 右侧的输入框中，选取单元格区域 D3:D12，在 Criteria 右侧的输入框中输入条件<60，单击“确定”按钮。拖动实心十字箭头填充 E15:I15 单元格区域。

（6）选中单元格 K3，单击编辑栏“公式”选项卡最左侧的“插入函数”按钮 *fx*，在弹出的“插入函数”对话框中选择 IF 函数，单击“确定”按钮，弹出“函数参数”对话框，在 Logical_test 右侧的输入框中输入第一个学生的总分值（用单元格名称 J3 表示）应满足的条件“J3>=425”，在 Value_if_true 右侧的输入框中输入条件成立时的结果“优秀”；在 Value_if_false 右侧的输入框中输入一个空格，单击“确定”按钮。拖动实心十字箭头填充 K4:K12 单元格区域。

3.8 本章小结

本章主要讲解了 Excel 中的公式与函数，包括统计类函数、数学计算类函数、逻辑运算类函数、关联匹配类函数、文本类函数及日期时间函数。

3.9 拓展实操训练

【训练目标】

根据学生学科成绩，计算每位同学的总分和名次，以及每门科目的平均分、班级最高分和班级最低分，并运用适当的函数完成“成绩统计表”；计算“销售数据表”中的单月销售量和双月销售量。

【训练内容】

（1）将图 3-68 所示的学生成绩输入 Excel 表格中，然后按要求完成任务。

	A	B	C	D	E	F	G	H	I	J	K
1	高考成绩统计表										
2	学号	姓名	性别	出生日期	数学	语文	英语	物理	化学	总分	名次
3	01001	徐彦	男	1985/7/27	81	87	99	100	85		
4	01002	余鹏飞	男	1985/5/23	100	99	99	85	100		
5	01003	杨敏	女	1985/3/1	96	87	93	80	85		
6	01004	韩政	男	1985/2/10	91	58	88	95	70		
7	01005	陈礼华	男	1985/4/8	100	86	99	75	85		
8	01006	赵飞	男	1985/8/7	77	94	89	100	95		
9	01007	孙娟	女	1985/3/2	85	68	85	75	70		
10	01008	刘洁	女	1985/4/22	82	86	82	90	85		
11	01009	周冠英	男	1985/12/5	98	93	88	90	95		
12	01010	周婷	女	1985/12/3	94	94	94	80	95		
13	01011	赵晨	男	1985/2/4	94	86	96	70	100		
14	01012	苗春晓	女	1985/1/1	76	40	53	85	34		
15	01013	周浩	女	1985/3/7	98	73	89	85	90		
16	01014	张钰波	男	1985/11/4	87	82	85	95	95		
17	01015	崔璀	女	1985/5/30	93	97	96	80	95		
18	01016	杨娟	女	1985/1/4	100	97	91	95	100		
19	01017	赵鹏	男	1985/7/8	71	94	77	95	90		
20	01018	周蕾	男	1985/6/9	78	78	52	75	95		
21	01019	赵腾	男	1985/9/6	86	76	98	95	100		
22	01020	王日	男	1985/10/2	55	56	74	80	75		
23	01021	宋全峰	男	1985/6/3	85	88	93	95	100		
24	01022	臧晓晶	男	1985/3/5	69	76	96	43	95		
25	01023	钱永峰	男	1985/2/21	63	87	43	90	56		
26	平均分										
27	班级最高分										
28	班级最低分										

图 3-68　高考成绩统计表

① 计算每位学生的总分。

② 计算每门科目的平均分、班级最高分及班级最低分。

③ 根据以上学生成绩数据，完成图 3-69 所示的成绩统计表。

	A	B	C	D	E	F
1	成绩统计表					
2	课程	数学	语文	英语	物理	化学
3	班级平均分					
4	班级最高分					
5	班级最低分					
6	参考人数					
7	90-100(人)					
8	80-89(人)					
9	70-79(人)					
10	60-69(人)					
11	59以下(人)					
12	及格率					
13	优秀率					

图 3-69　成绩统计表

（2）结合 SUM 函数、IF 函数、MOD 函数、ROW 函数及数组公式，计算图 3-70 所示的“单月销售量”和“双月销售量”。

	A	B	C	D	E
1	**销售日期**	**销售品牌**	**销量**	单月销售量	
2	2017年1月	华为	129	双月销售量	
3	2017年2月	华为	134		
4	2017年3月	华为	324		
5	2017年4月	华为	678		
6	2017年5月	中兴	432		
7	2017年6月	中兴	123		
8	2017年7月	中兴	145		
9	2017年8月	中兴	213		
10	2017年9月	中兴	209		
11	2017年10月	中兴	534		
12	2017年11月	中兴	843		
13	2017年12月	中兴	173		

图 3-70　销售数据表

第 4 章 Excel数据加工与处理

04

学习目标

① 掌握数据审核的方法，能对数据进行有效性验证、能处理重复值数据、缺失数据等
② 能对数据进行排序、筛选、分类汇总，有效地分析与处理数据
③ 能生成数据透视表，从不同维度分析数据

对数据进行分析之前，必须确保收集的数据可靠、有效。为此，必须对数据进行整理与加工，使之能有效地显示和提供所包含的统计信息。对于数据的整理与加工，常用的操作有审核、清理、排序、筛选、分组、合并等。

4.1 数据审核

数据加工与处理的第一步是确保数据可靠、有效。为此，需要对收集的数据进行审核。全面的数据审核可分为 3 类，即有效性审核、一致性审核与分布性审核。

有效性审核主要是检查数据的有效性。如收集的数据中被调查者回答语句的语法是否正确，调查问卷中的各项数据是否是按规定填写的，调查问卷中的回答是否有缺失等各种错误。

一致性审核主要是检查数据之间的一致性问题。一致性审核是基于不同问题或同一问题的不同部分之间的结构关系、逻辑性和合法性来进行的。

分布性审核主要是试图通过数据的分布来辨识记录是否远远脱离分布的正常范围，即是否为离群值。分布性审核主要是用来发现和确认可疑的数据记录的。

4.1.1 数据有效性验证

Excel 中的数据验证功能为数据提供数据区间、数据类型等简单审核。例如，对员工基本资料表中的出生年月进行简单审核，审核条件为：在册员工出生年月在“1958-1-1”至“1999-12-31”之间。操作步骤如下。

（1）选中需要验证的数据区域，选择“数据”→“数据工具”→“数据验证”选项，弹出“数据验证”对话框，如图 4-1 所示。

（2）选择“数据”→“数据工具”→“数据验证”→“圈释无效数据”选项，如图 4-2 所示，结果如图 4-3 所示，可将不符合要求的数据显示出来。

（3）在数据输入前，也可以先对单元格内容的取值范围进行设置，同时可以设置“输入信息”“出错警告”等信息，如图 4-4、图 4-5 所示。设置完成后，再次输入数据时会出现标签提示，如输入的数据不合理可弹出警告等。

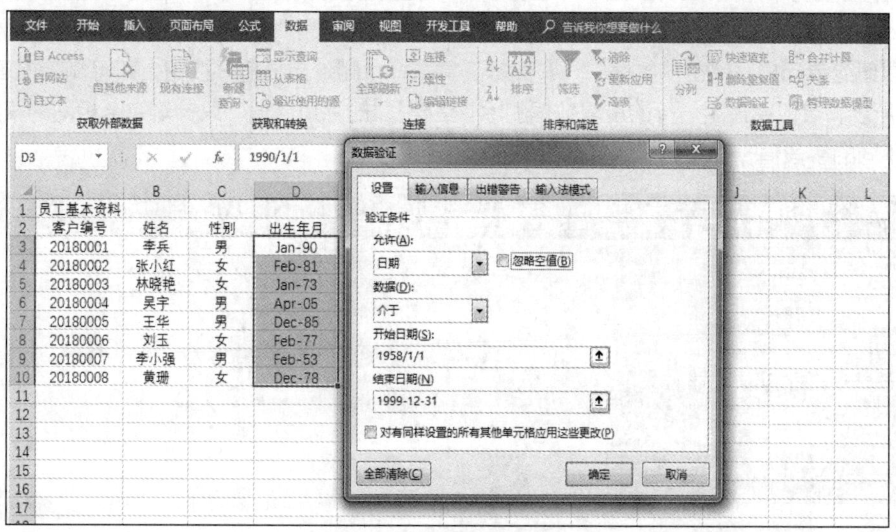

图 4-1 “数据验证”对话框

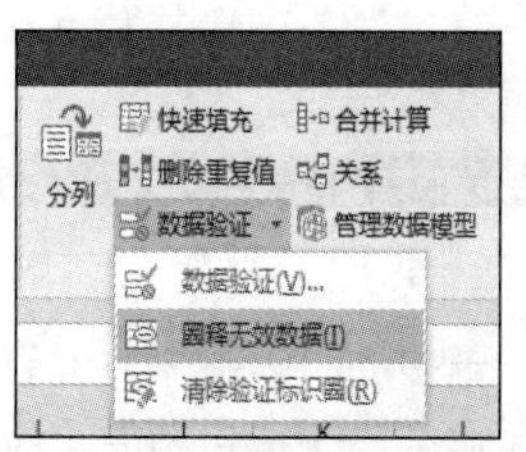

图 4-2 “圈释无效数据”设置

员工基本资料			
客户编号	姓名	性别	出生年月
20180001	李兵	男	Jan-90
20180002	张小红	女	Feb-81
20180003	林晓艳	女	Jan-73
20180004	吴宇	男	Apr-05
20180005	王华	男	Dec-85
20180006	刘玉	女	Feb-77
20180007	李小强	男	Feb-53
20180008	黄珊	女	Dec-78

图 4-3 数据验证结果

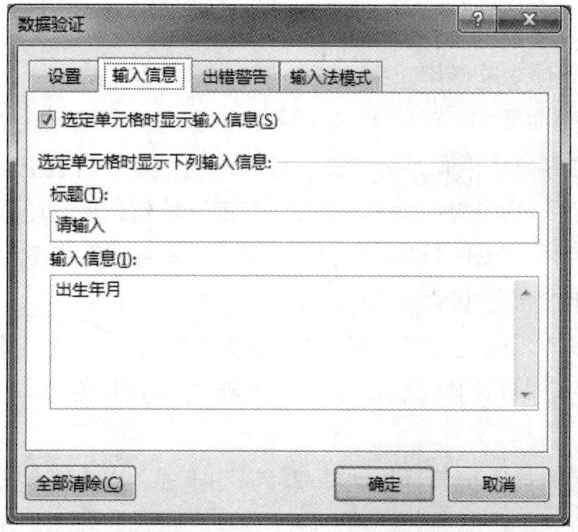

图 4-4 “输入信息”选项卡

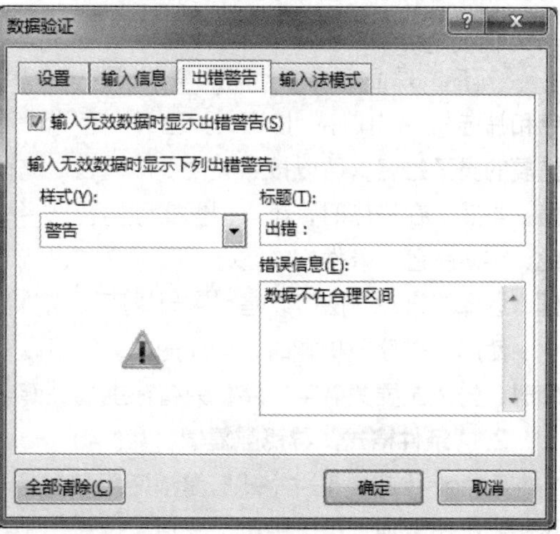

图 4-5 “出错警告”选项卡

4.1.2 处理重复值数据

在进行数据分析与处理时，数据表中可能存在一些重复冗余的数据，那么对这类数据如何处理呢？

Excel 中提供了“删除重复值”功能，该功能可以将所选区域中存在的重复值删除。选中需要删除重复值的单元格，单击“数据”→“数据工具”→“删除重复值”按钮，即可删除重复值。如图 4-6 所示，可以将最后一行的重复数据删除。注意：“删除重复值”只针对完全相同的某些记录，只要有不同的字段值，都看作非重复数据。

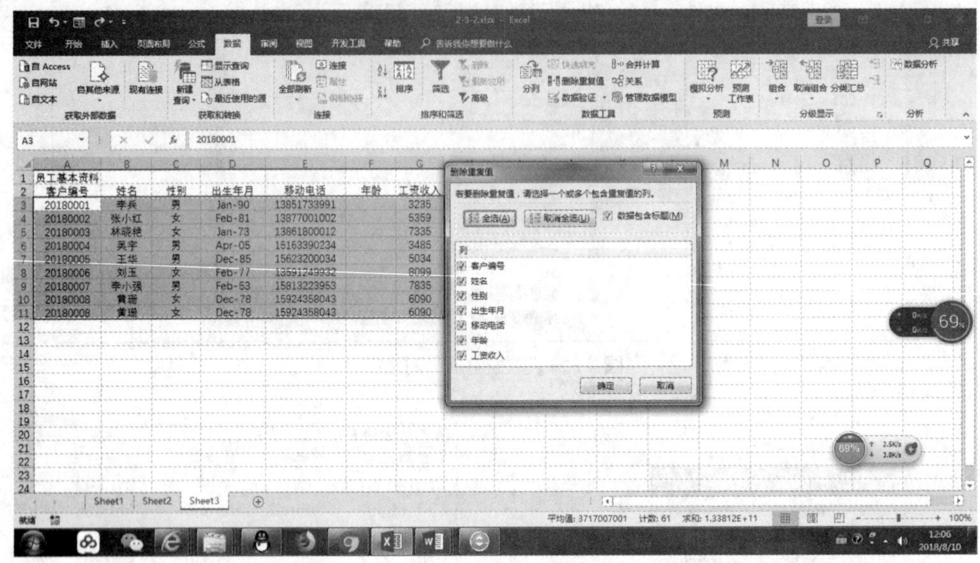

图 4-6 “删除重复值”设置

但是，在实际的数据处理中不是简单地删除重复值就了事，更多的时候是先将重复值找出来，再进一步处理。寻找重复值的方法有很多种，可以通过“排序”将关键字相同的记录放在一起，可以通过“条件格式”将重复的字段用特殊的格式标注，也可以通过“函数计算”来统计每个单元格内容出现的次数，以此标注重复值。

1. “排序”寻找重复值

“排序”是 Excel 中使用非常频繁的一个功能。该功能使用起来非常简单。单击“数据”→“排序和筛选”→“排序”按钮，弹出“排序”对话框，如图 4-7 所示。如果要找出员工基本资料表中重复的员工姓名，可以按照关键字“姓名”进行排序，将相同姓名的员工放在一起，以便辨别重复值。当然，在排序时，可以根据实际情况选择排序依据。排序依据可选择的有单元格值、单元格颜色、字体颜色、条件格式图标。在对文本进行排序时，单击“选项”按钮，弹出“排序选项”对话框，选择的排序方法可以是“字母排序”或“笔划排序”，如图 4-8 所示。

使用“排序”功能时，排序的关键字可以有多个，按主要关键字、次要关键字依次往下排。排序时，先按主要关键字排序，只有在主要关键字完全相同的情况下，才按照次要关键字排序。

2. “条件格式”寻找重复值

Excel 中的“条件格式”是指使用数据条、色阶或图标集轻松地浏览趋势和模式，以直观地显示和突出重要值。可以单击“开始”→“样式”→“条件格式”按钮，弹出菜单，选择“突出显示单元格规则”→“重复值”命令，如图 4-9 所示，会弹出“重复值”对话框，如图 4-10 所示，可以设置将重复值以特殊格式显示。

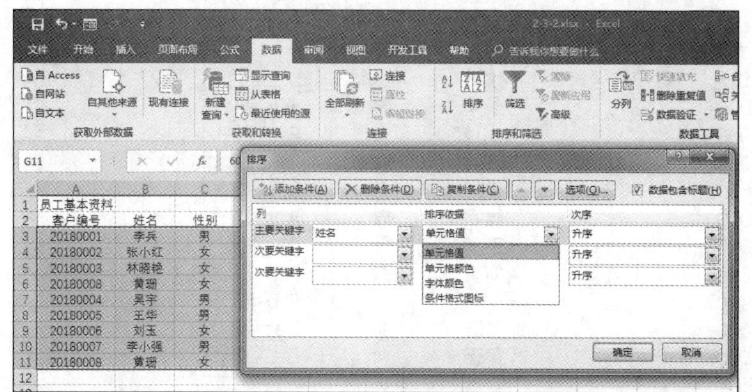

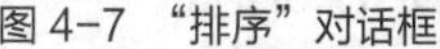
图 4-7 “排序”对话框

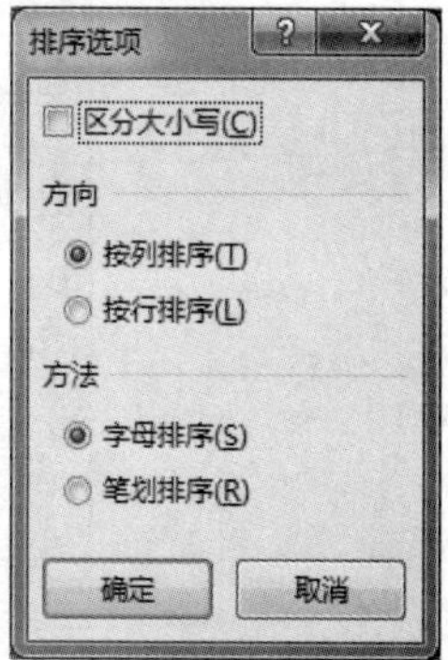

图 4-8 “排序选项”对话框

图 4-9 “重复值”命令

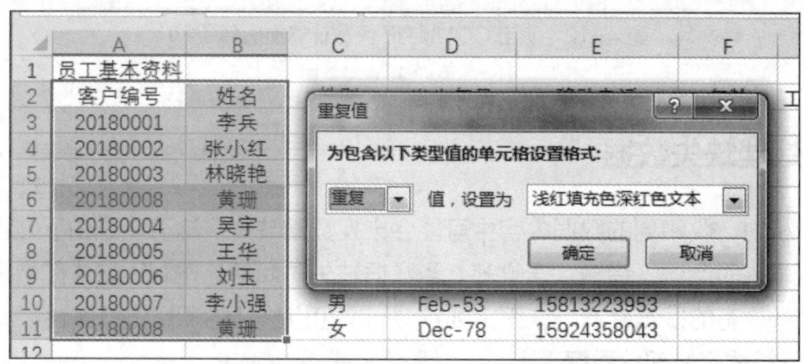

图 4-10 “重复值”对话框

3. “函数计算”寻找重复值

Excel 提供了大量的函数，巧用函数可以轻松解决很多问题。用户可用函数来计算重复值，COUNTIF 函数可以计算单元格内容出现的次数，因此，可以用该函数统计每个单元格内容出现的次数，如图 4-11 所示。计算客户编号中有无重复值，利用函数 COUNTIF($A$3:$A$12,A3)计算每个客户编号出现的次数，可知编号“20180008”出现了 3 次。

B3 =COUNTIF($A$3:$A$12,A3)

	A	B	C	D	E
1	员工基本资料				
2	客户编号	客户编号计数	姓名	性别	出生年月
3	20180001	1	李兵	男	Jan-90
4	20180002	1	张小红	女	Feb-81
5	20180003	1	林晓艳	女	Jan-73
6	20180008	3	黄珊	女	Dec-78
7	20180004	1	吴宇	男	Apr-05
8	20180005	1	王华	男	Dec-85
9	20180006	1	刘玉	女	Feb-77
10	20180007	1	李小强	男	Feb-53
11	20180008	3	黄珊	女	Dec-78
12	20180008	3	黄珊	女	Dec-78

图 4-11 使用 COUNTIF 函数计算重复值（1）

当然，要记录每个编号第几次出现，可利用函数 COUNTIF($A$3:A3,A3)，如图 4-12 所示。“20180008”出现 3 次，可以将出现次数大于 1 的数据删除。

B3 =COUNTIF($A$3:A3,A3)

	A	B	C	D	E
1	员工基本资料				
2	客户编号	客户编号计数	姓名	性别	出生年月
3	20180001	1	李兵	男	Jan-90
4	20180002	1	张小红	女	Feb-81
5	20180003	1	林晓艳	女	Jan-73
6	20180008	1	黄珊	女	Dec-78
7	20180004	1	吴宇	男	Apr-05
8	20180005	1	王华	男	Dec-85
9	20180006	1	刘玉	女	Feb-77
10	20180007	1	李小强	男	Feb-53
11	20180008	2	黄珊	女	Dec-78
12	20180008	3	黄珊	女	Dec-78

图 4-12 使用 COUNTIF 函数计算重复值（2）

4.1.3 处理缺失数据

在做数据分析时，收集到的数据内容中可能会出现数据缺失，这可能是由于在调查问卷时数据填写不清，或是输入时漏输、错输、误删等。当数据缺失时如何处理呢？缺失的数据有的可以采用技术方法进行修补，有的很难修补。这里主要针对一些可以修补的情况进行阐述。

1. 更改显示格式修复部分数据

很多时候，单元格数据有固定的格式及位数，在数据输入时如果不进行格式限定，会导致基础性错误。一方面，可以通过数据验证来修正数据的区间范围；另一方面，可以通过数据自定义的格式来修正数据的表示形式。这里重点讲解数据自定义格式。Excel 的“设置单元格格式”对话框中对数据进行了详细的分类，可以按数值、货币、会计专用、日期、时间、百分比等多种方式来显示数值，如果还不能满足用户的需求，可以自定义数字格式。自定义数字格式的格式串最多可由 4 个区段组成，各部分之间用分号隔开，如图 4-13 所示。

_ * #,##0_ ; _ * -#,##0_ ; _ * "-"_ ; _ @_

区段1 区段2 区段3 区段4

图 4-13 自定义格式的格式串组成

这 4 部分依次定义了正数、负数、零值和文本的格式，中间用英文分号分隔。当在单元格中输入数据时，系统会自动进行判断。如果输入的是正数，则应用正数格式；如果输入的是负数，则应用负数格式；如果输入的是 0，则应用零值格式；如果输入的是文本，则应用文本格式；如果当前格式段为空，则不显示该类型内容。

在实际使用中，自定义格式代码的 4 个区段不一定全部使用，有可能出现这 4 个区段使用一部分的情况，代码的结构如表 4-1 所示。

表 4-1 区段代码结构

区段数	代码结构
1	格式代码作用于所有类型的数值
2	第 1 区段作用于正数和零值，第 2 区段作用于负数
3	第 1 区段作用于正数，第 2 区段作用于负数，第 3 区段作用于零值
4	分别作用于正数、负数、零值和文本

在数字格式字符串中，“#”表示只显示有意义的数字；“,”为千分位分隔符；“0”表示数字占位符，如果单元格的内容大于占位符数量，则显示实际数字，如果小于占位符的数量，则用 0 补足；“*”表示重复下一个字符，直到充满列宽；“@”表示以文本形式显示。

2. 确定性插补数据

在实际处理缺失数据时，有时不像设置格式那么简单，如遇到整体单元格的内容空白、无效、不一致等问题，需要采用插补的方法来修复数据。

插补方法可分为两类，一是确定性插补，二是随机性插补。

确定性插补可采用的方法很多，一般可使用均值插补、推理插补、回归插补和热平台插补等方法。

（1）均值插补：用插补类的均值代替缺失值。

（2）推理插补：通过对已有数据进行推理，来确定插补的值。

（3）回归插补：使用辅助信息及其他记录中的有效数据建立一个回归模型，该模型表明两个或多个变量之间的关系。

（4）热平台插补：使用同一插补类中的供者记录的信息来代替一个相似的受者记录中缺失的或不一致的数据。

具体采用哪一种方法，需要根据实际的问题选择。例如，如图 4-14 所示，若需插补 E410 单元格的数据，可以通过表中各字段的关系推断出 E410=E409*(1+H410)，则利用公式很容易得出数据值约为 151.1484。

3. 随机性插补数据

有时，对一些缺失数据无法通过确定性插补的方法进行修复，而又不能过多地删除样本数据，这时可以通过指定一个随机因素生成一个插补值来修复缺失的数据。由于随机性插补包含随机因素，因此如果对同一组数据进行多次随机插补，每次插补的数据都会不相同。

例如，如图 4-15 所示，若需插补 E436 单元格的数据，即 2005 年江苏省大豆单位亩产，纵观江苏、安徽、山东 3 省的 2005 年数据可知，2005 年是减产的，安徽减产 24%左右，山东减产 8%左右。因此，可利用随机插补形式，即利用 E436=E435*(1-INT(RAND()*(24-8)+8)/100)得到一个接近值随机数。

	A	B	C	D	E	F	G	H	I	J	K	L
407												
408	序号	年份	省份	作物类型	单位亩产_公斤	种植面积_万亩	总产量_万吨	亩产的增长速度_%	面积的增长速度_%	产量的增长速度_%	面积占粮食比重_%	产量占粮食比重_%
409	11	2004	江苏	大豆	175.6007	324.6	57	0.120832	-0.10468	0.003521	0.045323	0.020148
410	42	2005	江苏	大豆		322.2	48.7	-0.13925	-0.00739	-0.14561	0.043752	0.017181
411	197	2006	江苏	大豆	167.0555	321.45	53.7	0.105242	-0.00233	0.102669	0.042988	0.017656
412	290	2007	江苏	大豆	168.8	334	56.4	0.010442	0.039042	0.050279	0.042692	0.018007
413	73	2004	江苏	稻谷	527.9316	3169.35	1673.2	0.037887	0.147754	0.191229	0.442529	0.591425
414	104	2005	江苏	稻谷	515.0048	3313.95	1706.7	-0.02449	0.045624	0.020022	0.450005	0.602096
415	228	2006	江苏	稻谷	534.8789	3351.6	1792.7	0.03859	0.011361	0.05039	0.448216	0.589432
416	321	2007	江苏	稻谷	526.9	3342.2	1761.1	-0.01492	-0.0028	-0.01763	0.427206	0.562257
417	135	2004	江苏	小麦	286.3269	2401.8	687.7	0.143387	-0.01191	0.129785	0.335358	0.243081
418	166	2005	江苏	小麦	288.3322	2526.6	728.5	0.007004	0.051961	0.059328	0.34309	0.257003
419	259	2006	江苏	小麦	314.2544	2602.35	817.8	0.089904	0.029981	0.122581	0.348017	0.268889
420	352	2007	江苏	小麦	318.4	3058.6	973.8	0.013192	0.175322	0.190756	0.390955	0.3109
421	380	2007	江苏	油菜籽	168	651.6	109.5	0.026527	-0.28623	-0.26709	0.083289	0.034959

图 4-14　确定性插补数据案例

	A	B	C	D	E	F	G	H	I
429									
430	序号	年份	省份	作物类型	单位亩产_公斤	种植面积_万亩	总产量_万吨	亩产的增长速度_%	面积的增长速度_%
431	13	2004	安徽	大豆	84.52502	1332.15	112.6	0.085324	0.038471
432	44	2005	安徽	大豆	64.55834	1375.5	88.8	-0.23622	0.032541
433	199	2006	安徽	大豆	86.53513	1444.5	125	0.340418	0.050164
434	292	2007	安徽	大豆	80.7	1407	113.6	-0.06743	-0.02596
435	11	2004	江苏	大豆	175.6007	324.6	57	0.120832	-0.10468
436	42	2005	江苏	大豆		322.2			-0.00739
437	197	2006	江苏	大豆	167.0555	321.45	53.7	0.105242	-0.00233
438	290	2007	江苏	大豆	168.8	334	56.4	0.010442	0.039042
439	16	2004	山东	大豆	198.1758	361.8	71.7	0.227323	-0.15576
440	47	2005	山东	大豆	181.8182	358.05	65.1	-0.08254	-0.01036
441	202	2006	山东	大豆	184.8214	336	62.1	0.016518	-0.06158
442	295	2007	山东	大豆	252.8	40.7	161	0.367807	-0.87887

图 4-15　随机性插补数据案例

4.1.4　处理离群值

何为离群值？所谓离群值，是指在数据中有一个或几个与其他数值相比差异较大的值。如比赛评分，有的评委故意打高分，也有的故意打低分，通常会去掉最高分、最低分，然后取平均值。这里的最高分、最低分是否算入总计内，对平均分有不小的影响，需要客观分析并做出处理。有时，如果这些值处理不当，可能会影响到数据分析的结果。

在进行数据预处理时，应该先检测离群值，再进行相应的处理。一般处理的方法如下。

（1）删除：最简单的方法就是掐头去尾，将离群值去掉。

（2）调整权数：降低离群值的权数，使它们的影响变小。

当然，在处理离群值时，也不能只是简单地删除，还应该认真检查原始数据，看能否从专业的角度加以合理解释。例如，若数据存在逻辑错误而原始记录又确实如此，又无法再找到该观察对象进行核实，则只能将该值删除；如果数据间无明显的逻辑错误，则可在离群值删除前后各做一次统计分析，若前后结果不矛盾，则该离群值可以予以保留。

以上阐述的是离群值的处理方法，那么在大量数据中如何发现离群值呢？这也是数据预处理的一个要点，相应的内容将在直方图、统计分组中详细介绍。

4.2 数据筛选

在大量的数据中寻找需要的信息可以使用筛选功能。数据筛选包含两方面内容：一是将不符合要求的数据或有明显错误的数据删除；二是将符合特定条件的数据筛选出来，将不符合特定条件的数据暂时隐藏。

Excel 提供了两种筛选形式：自动筛选和高级筛选。

4.2.1 自动筛选

自动筛选相对比较简单，可以筛选出满足某一条件或同时满足多个条件的数据。自动筛选的操作步骤如下。

（1）选中需要筛选的数据，单击“数据”→“排序和筛选”→“筛选”按钮，可看到数据表头字段名上出现下拉框，如图 4-16 所示。

员工基本资料					
客户编号	姓名	性别	出生年月	移动电话	工资收
20180001	李兵	男	Jan-90	13851733991	3235
20180002	张小红	女	Feb-81	13877001002	5359
20180003	林晓艳	女	Jan-73	13861800012	7335
20180004	吴宇	男	Apr-05	15163390234	3485
20180005	王华	男	Dec-85	15623200034	5034
20180006	李玉	女	Feb-77	13591249932	8099
20180007	李小强	男	Feb-53	15813223953	7835
20180008	黄珊	女	Dec-78	15924358043	6090

图 4-16　自动筛选

（2）如果筛选条件是“男性、姓李、80 后员工”，则单击“性别”下拉框，弹出下拉列表框，选择“男”，如图 4-17 所示；单击“姓名”下拉框，弹出下拉列表框，选择“文本筛选”→“开头是”选项，如图 4-18 所示，弹出“自定义自动筛选方式”对话框，设置开头是“李”即可，如图 4-19 所示；单击“出生年月”下拉框，弹出下拉列表框，选择“日期筛选”→“自定义筛选”选项，如图 4-20 所示，弹出“自定义自动筛选方式”对话框，选择“在以下日期之后或与之相同”选项，输入 1980-1-1，如图 4-21 所示。最终的筛选结果如图 4-22 所示。

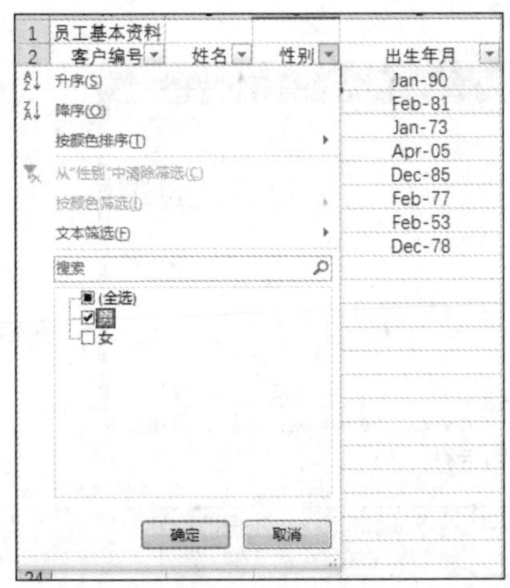

图 4-17　性别筛选设置

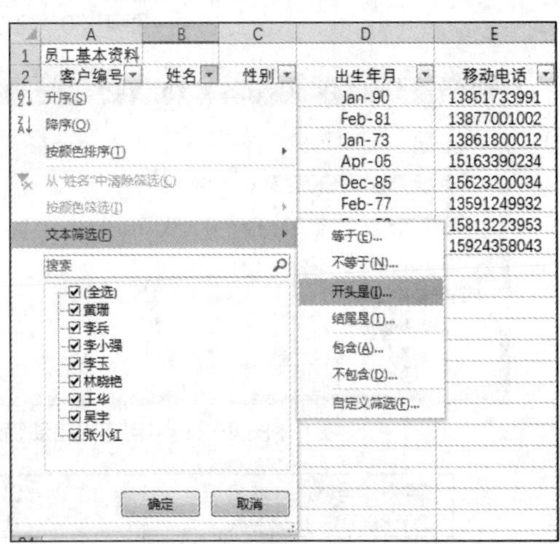

图 4-18　姓名筛选设置

图 4-19 “自定义自动筛选方式”对话框（1）

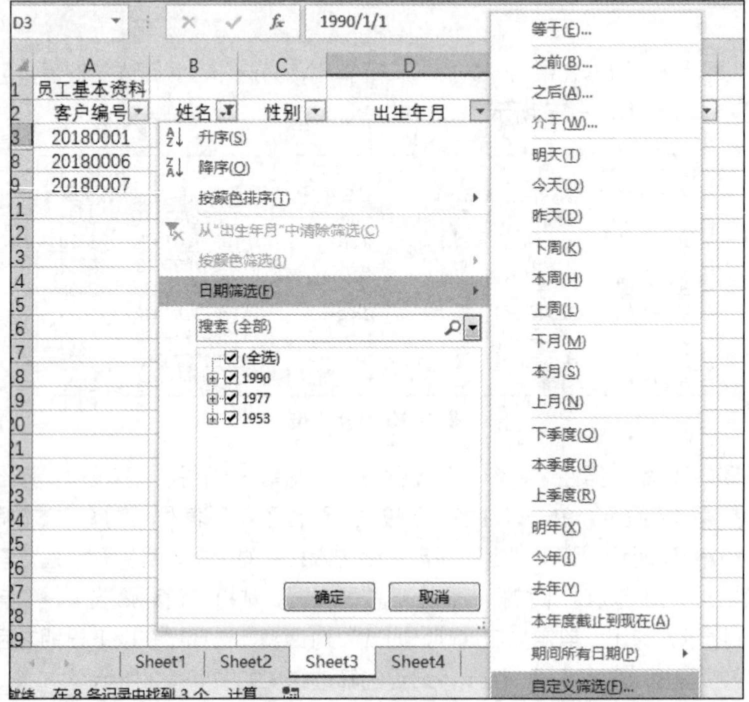

图 4-20 日期筛选设置

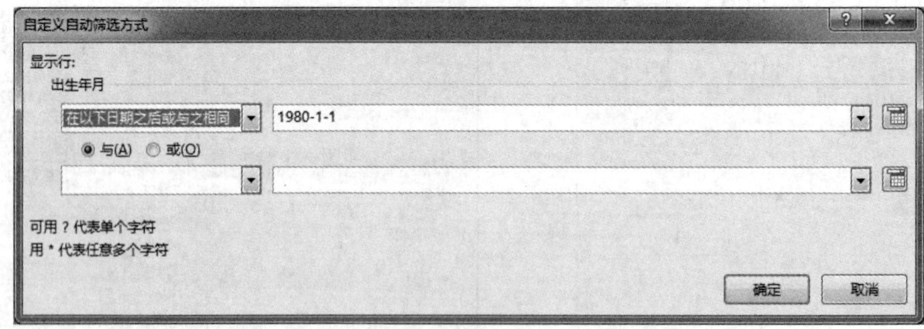

图 4-21 “自定义自动筛选方式”对话框（2）

客户编号	姓名	性别	出生年月	移动电话	工资收
20180001	李兵	男	Jan-90	13851733991	3235

图 4-22 自动筛选结果

📖多学一招：清除自动筛选

数据一旦经过自动筛选，原来有些数据就看不到了，如需还原至源数据状态，可以通过“清除”操作完成，即单击“数据”→“排序和筛选”→“清除”按钮。

4.2.2 高级筛选

自动筛选适合单一条件或多个条件的综合，但是如果遇到多条件之间是逻辑或的关系，自动筛选就无法完成了，这时，就可以使用高级筛选功能。高级筛选可以实现复杂条件的筛选。

高级筛选的操作要点是对“条件区域”的设置。条件区域的内容需要输入到工作表的某一区域中，根据输入条件所处的行列不同，构建复杂的条件表达式。

如果两个条件出现在同一行上，则指两个条件必须同时满足，这两个条件是“与”的关系，如图 4-23 所示，表示的条件为“性别为女且专业是电子商务”；如果两个条件在不同的行上，则指两个条件只需满足一个即可，这两个条件是“或”的关系，如图 4-24 所示，表示的条件为“性别为女或专业是电子商务”。对于多个条件也可以按这种规则进行组合。

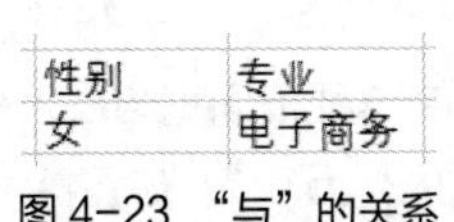

性别	专业
女	电子商务

图 4-23 “与”的关系

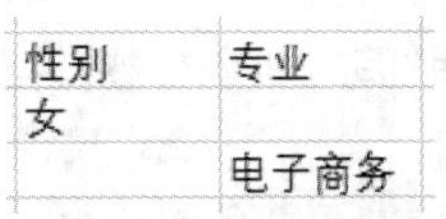

性别	专业
女	
	电子商务

图 4-24 “或”的关系

例如，需要筛选出所有女性员工或者 1986 年以后出生的员工，可以在表格空白区域形成图 4-25 所示的条件区域。

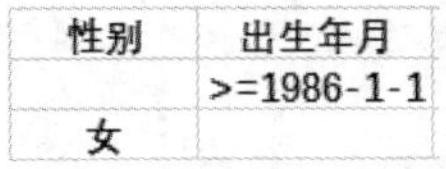

性别	出生年月
	>=1986-1-1
女	

图 4-25 高级筛选的条件区域

单击“数据”→“排序和筛选”→“高级”按钮，弹出“高级筛选”对话框，如图 4-26 所示，“方式”是指筛选的结果显示的位置，“列表区域”是指需要筛选的原数据表，“条件区域”是要求筛选的条件表达区域，“复制到”是指结果显示的位置。该案例显示的结果如图 4-27 所示。

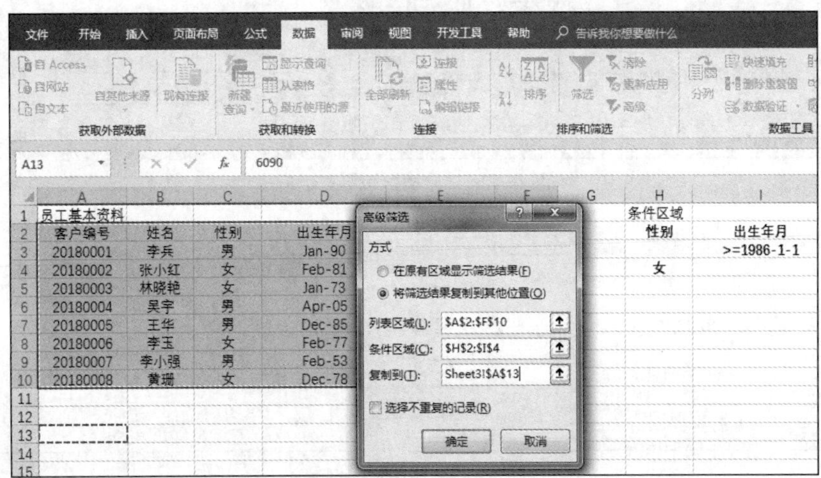

图 4-26 高级筛选设置

13	客户编号	姓名	性别	出生年月	移动电话	工资收入
14	20180001	李兵	男	Jan-90	13851733991	3235
15	20180002	张小红	女	Feb-81	13877001002	5359
16	20180003	林晓艳	女	Jan-73	13861800012	7335
17	20180004	吴宇	男	Apr-05	15163390234	3485
18	20180006	李玉	女	Feb-77	13591249932	8099
19	20180008	黄珊	女	Dec-78	15924358043	6090

图 4-27　高级筛选结果

4.3 分类汇总

分类汇总是 Excel 提供的分类、统计计算相关数据行的工具。通过分类汇总与总计可快速对相关数据行进行计算。在使用该功能的时候应注意，需要分类汇总的数据区域必须按分类的字段排序，将相关关键字排列在相邻行上，否则，在汇总时对同一个关键字将产生多个汇总数据，就达不到分类汇总的目的了。

例如，统计汇总近 4 年来每类农作物的总种植面积与总产量。首先，根据题意对数据按农作物进行排序，使得同一种农作物数据排在一起；接下来分类汇总，单击“数据”→“分级显示”→“分类汇总”按钮，弹出“分类汇总”对话框，要求汇总每类农作物的总种植面积与总产量，则分类字段为“作物类型”，汇总方式是“求和”，选定汇总项是“种植面积_万亩”“总产量_万吨”，如图 4-28 所示，替换当前分类汇总，结果显示在数据下方，统计结果如图 4-29 所示。统计结果最左边可见分类汇总分 3 级，图 4-29 所示是 2 级，1 级只显示总的汇总结果，3 级显示全部的内容。

	A	B	C	D	E	F	G	L
1	序号	年份	省份	作物类型	单位亩产_公斤	种植面积_万亩	总产量_万吨	产量占粮食比重_%
2	1	2004	全国	大豆	120.9998	14383.5	1740.4	0.0371
3	2	2004	北京	大豆	147.0588	20.4	3	0.042735
4	3	2004	天津	大豆	102.3891	43.95	4.5	0.036645
5	4	2004	河北	大豆	107.668	411.45	44.3	0.017862
6	5	2004	山西	大豆	97.36052	316.35	30.8	0.029002
7	6	2004	内蒙古	大豆	91.29145	1129.35	103.1	0.068491
8	7	2004	辽宁	大豆	117.382	443.85	52.1	0.030291
9	8	2004	吉林	大豆	192.8123	788.85	152.1	0.060598
10	9	2004	黑龙江	大豆	119.7206	5333.25	638.5	0.212762
11	10	2004	上海	大豆	213.8365	7.95	1.7	0.015992
12	11	2004	江苏	大豆	175.6007	324.6	57	0.020148
13	12	2004	浙江	大豆	152.0869	174.9	26.6	0.03186
14	13	2004	安徽	大豆	84.52502	1332.15	112.6	0.04105
15	14	2004	福建	大豆	138.7632	132.6	18.4	0.024983
16	15	2004	江西	大豆	116.913	152.25	17.8	0.010704
17	16	2004	山东	大豆	198.1758	361.8	71.7	0.020388
18	17	2004	河南	大豆	132.0574	783.75	103.5	0.024296

分类汇总
分类字段(A):
作物类型
汇总方式(U):
求和
选定汇总项(D):
☐ 作物类型
☐ 单位亩产_公斤
☑ 种植面积_万亩
☑ 总产量_万吨
☐ 亩产的增长速度_%
☐ 面积的增长速度_%
☑ 替换当前分类汇总(C)
☐ 每组数据分页(P)
☑ 汇总结果显示在数据下方(S)
全部删除(R)　确定　取消

图 4-28　“分类汇总”对话框

1 2 3		A	B	C	D	E	F	G	H	I
	1	序号	年份	省份	作物类型	单位亩产_公斤	种植面积_万亩	总产量_万吨	亩产的增长速度_%	面积的增长速度_%
+	126				大豆 汇总		111274.2	12235.6		
+	251				稻谷 汇总		346319.8	145657		
+	376				小麦 汇总		273302.6	80632.1		
+	405				油菜籽 汇总		16926.7	2114.5		
−	406				总计		747823.2	240639		

图 4-29　分类汇总结果

以上是以“作物类型”为分类字段的分类汇总，如果要再细分，汇总出“每年每种农作物的总种植面积与总产量”，可以采用嵌套的分类汇总，此时需要在原先分类汇总的基础上进行二次分类汇总，在“分类汇总”对话框中，分类字段选择“年份”，取消选择“替换当前分类汇总”复选框，如图 4-30 所示，汇总结果如图 4-31 所示。此处经过两次分类汇总，分 4 级显示。

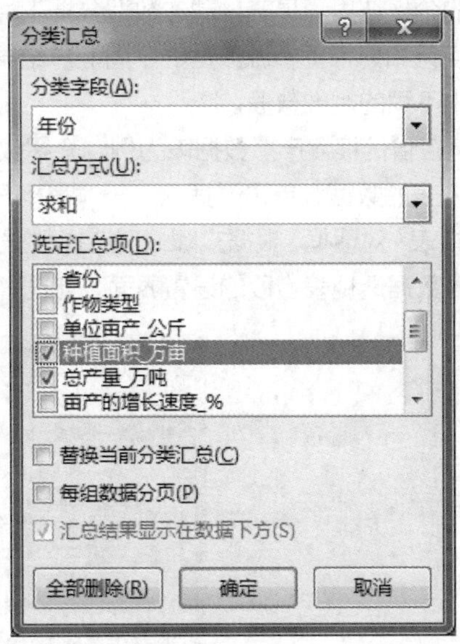

图 4-30　二次“分类汇总”设置

	A	B	C	D	E	F	G	H	I
1	序号	年份	省份	作物类型	单位亩产_公斤	种植面积_万亩	总产量_万吨	亩产的增长速度_%	面积的增长速度_%
33		2004 汇总				28766.9	3480.8		
65		2005 汇总				28772.7	3269.8		
97		2006 汇总				27685.05	3165.8		
129		2007 汇总				26049.5	2319.2		
130				大豆 汇总		111274.2	12235.6		
162		2004 汇总				85136.55	35817.7		
194		2005 汇总				86542.2	36118.4		
226		2006 汇总				87884.4	36514.2		
258		2007 汇总				86756.6	37206.9		
259				稻谷 汇总		346319.8	145657		
291		2004 汇总				64878.6	18390.4		
323		2005 汇总				68377.2	19489		
355		2006 汇总				68884.8	20892.8		
387		2007 汇总				71162	21859.9		
388				小麦 汇总		273302.6	80632.1		
417		2007 汇总				16926.7	2114.5		
418				油菜籽 汇总		16926.7	2114.5		
419				总计		747823.2	240639		

图 4-31　汇总结果

📖多学一招：分类汇总操作的注意事项

（1）在进行分类汇总操作时，一定要让源数据先按照分类字段排序，再分类汇总，这样才能达到分类汇总的目的。

（2）当需要根据多个分类字段进行分类汇总时，若要进行二次分类汇总，不能选择“替换当前分类汇总”复选框，之后便可在原来分类汇总的基础上继续分类汇总。

4.4 数据透视表

数据透视表是 Excel 提供的一种交互式报表，可以根据不同的分析目的组织和汇总数据，使用起来更加灵活，可以得到需要的分析结果，是一种动态数据分析工具。

在数据透视表中，可以交换行和列来查看源数据的不同汇总结果，以及显示不同页面的筛选数据，还可以根据需要显示区域中不同的明细数据。

接下来以 2004 到 2007 年各省份粮食产量数据表为例，介绍数据透视表如何创建。

（1）选择需要建立数据透视表的数据，单击“插入”→“表格”→“数据透视表”按钮，如图 4-32 所示，弹出“创建数据透视表”对话框，根据实际情况选择数据透视表放置的位置，如图 4-33 所示，单击“确定”按钮，进入数据透视表字段的设置界面，如图 4-34 所示。

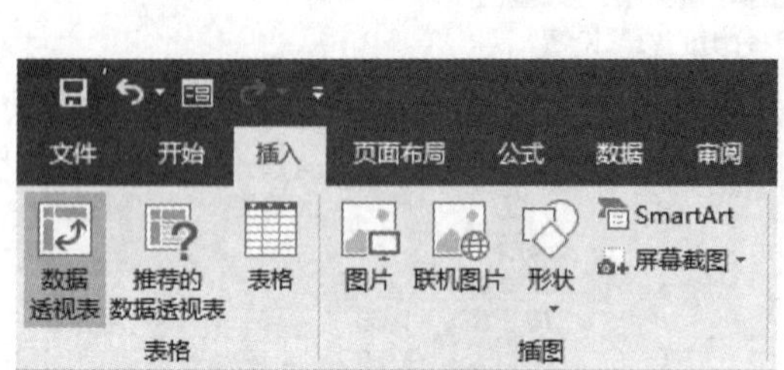

图 4-32　单击“数据透视表”按钮

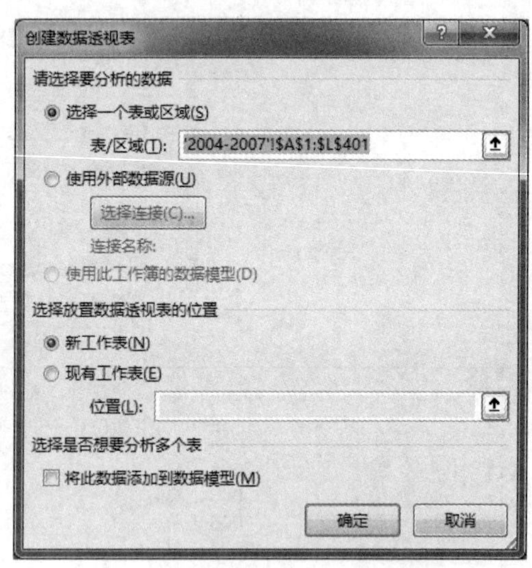

图 4-33　“创建数据透视表”对话框

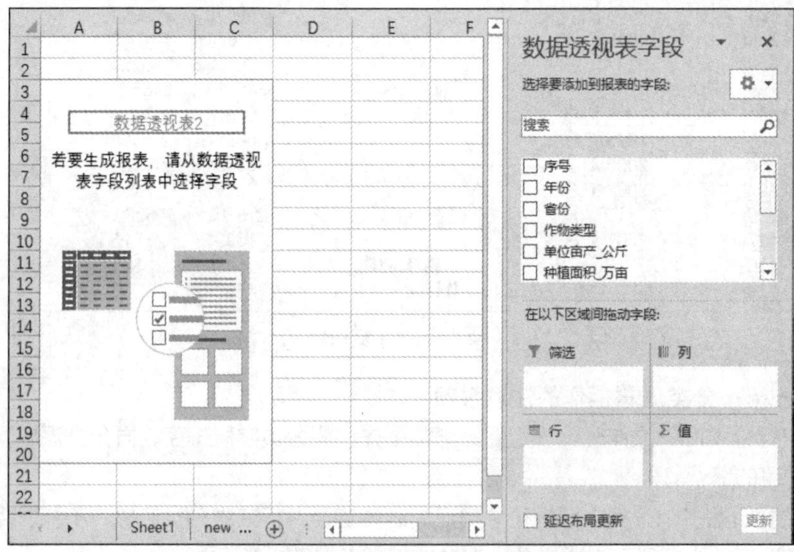

图 4-34　“数据透视表字段”设置界面

（2）在右侧的“数据透视表字段”面板中列出了源数据中每列的名称。选中各字段，默认文本字段出现在“行”标签中，数值出现在“值”字段中，用户可以直接拖动字段放置到“筛选”“列”“行”“值”等位置上。如图 4-35 所示，结果显示的是各省份每种农作物的种植面积与总产量。

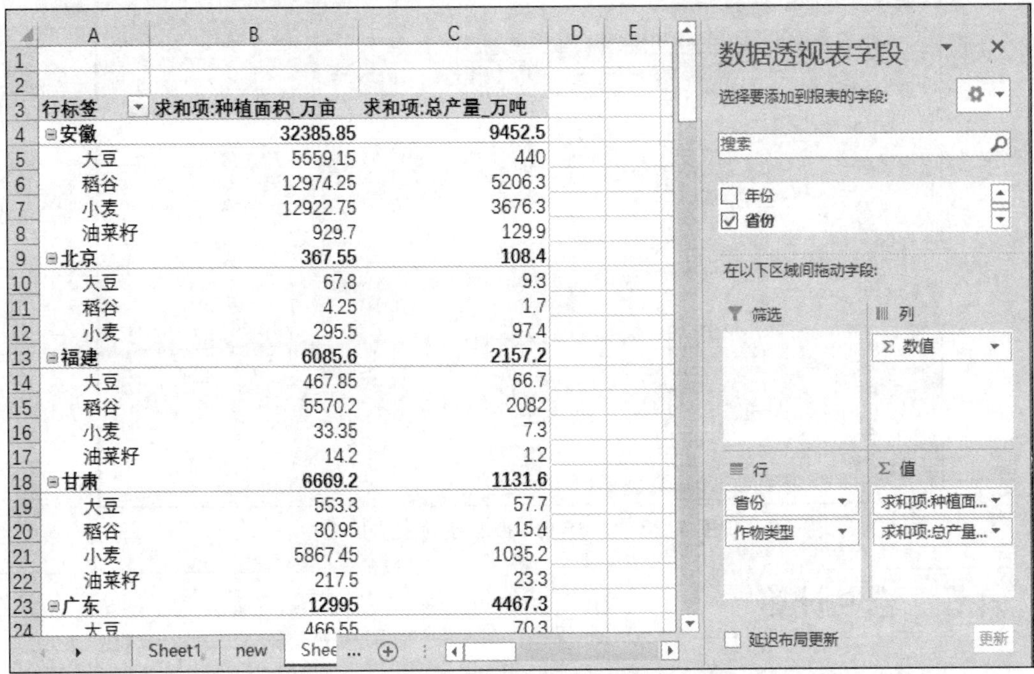

行标签	求和项:种植面积_万亩	求和项:总产量_万吨
安徽	32385.85	9452.5
大豆	5559.15	440
稻谷	12974.25	5206.3
小麦	12922.75	3676.3
油菜籽	929.7	129.9
北京	367.55	108.4
大豆	67.8	9.3
稻谷	4.25	1.7
小麦	295.5	97.4
福建	6085.6	2157.2
大豆	467.85	66.7
稻谷	5570.2	2082
小麦	33.35	7.3
油菜籽	14.2	1.2
甘肃	6669.2	1131.6
大豆	553.3	57.7
稻谷	30.95	15.4
小麦	5867.45	1035.2
油菜籽	217.5	23.3
广东	12995	4467.3
大豆	466.55	70.3

图 4-35　数据透视表设置

（3）“行”标签、“列”标签中的字段可以互换，“值”字段中可以切换值汇总的方式，如求和、计数、平均值、最大值等。在“值”字段处单击，在弹出菜单中选择“值字段设置”，弹出“值字段设置”对话框，如图 4-36 所示，可切换“值”字段的汇总方式，也可修改值显示方式，如图 4-37 所示。

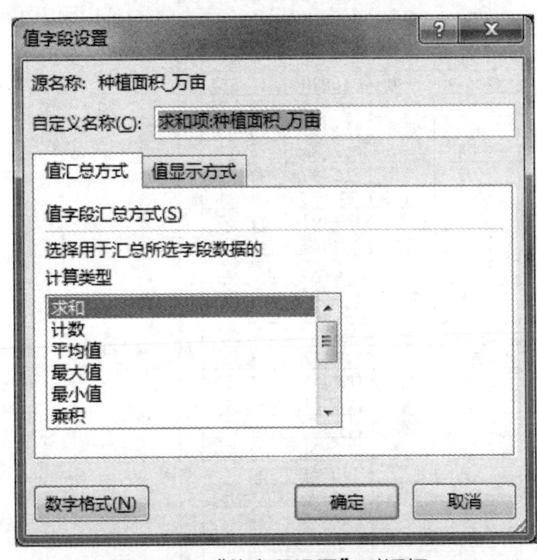

图 4-36　“值字段设置”对话框

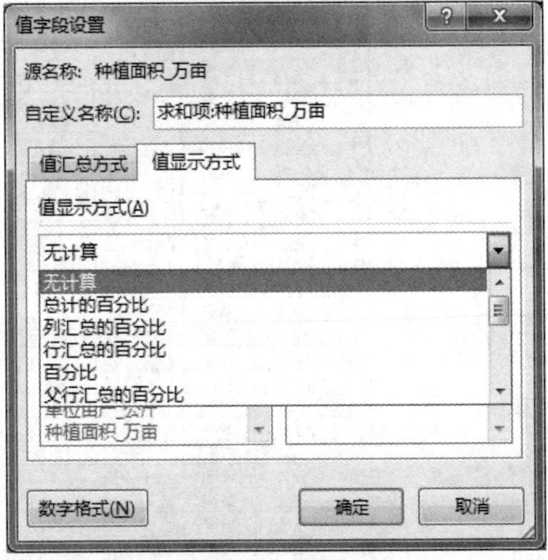

图 4-37　值显示方式

（4）“筛选”区域可以添加不同维度的数据透视，如需要每一年的各省份各农作物的数据，可以将“年份”拖动到“筛选”区域，如图 4-38 所示。

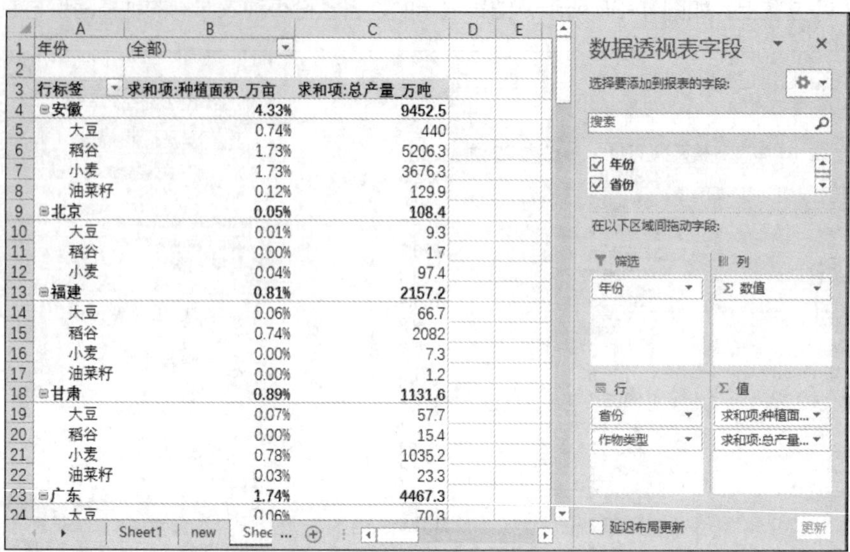

图 4-38　将“年份”拖动到“筛选”区域

4.5 合并计算

Excel 提供的合并计算功能可以汇总报表不同单元格区域中的数据，在单个输出区域中显示合并计算结果，能够帮助用户将指定的单元格区域中的数据按照项目的匹配对同类数据进行汇总。数据汇总的方式包括求和、计数、平均值、最大值、最小值等。

例如，两张表中的数据如图 4-39 所示，计算 2004、2005 年的单位亩产、种植面积的平均值，具体步骤如下。

	A	B	C	D	E	F	G	H	I
1	年份	省份	单位亩产_公斤	种植面积_万亩		年份	省份	单位亩产_公斤	种植面积_万亩
2	2004	全国	120.9998	14383.5		2005	安徽	64.55834	1375.5
3	2004	安徽	84.52502	1332.15		2005	全国	113.6355	14386.35
4	2004	天津	102.3891	43.95		2005	江苏	151.1484	322.2
5	2004	河北	107.668	411.45		2005	天津	92.45742	41.1
6	2004	山西	97.36052	316.35		2005	河北	110.8932	382.35
7	2004	内蒙古	91.29145	1129.35		2005	山西	79.5472	326.85
8	2004	辽宁	117.382	443.85		2005	内蒙古	109.4939	1195.5
9	2004	吉林	192.8123	788.85		2005	辽宁	100.9862	380.25
10	2004	黑龙江	119.7206	5333.25		2005	吉林	171.9493	757.2
11	2004	上海	213.8365	7.95		2005	黑龙江	118.2693	5322.6
12	2004	浙江	152.0869	174.9		2005	上海	241.3793	8.7
13	2004	福建	138.7632	132.6		2005	浙江	151.118	194.55
14	2004	江苏	175.6007	324.6		2005	北京	140.6728	16.35
15	2004	河南	132.0574	783.75		2005	福建	141.4141	128.7
16	2004	湖北	146.8988	275.7		2005	河南	72.58871	800.4
17	2004	湖南	141.4141	282.15		2005	湖北	161.9101	268.05
18	2004	广东	150	120.6		2005	湖南	142.5263	280.65
19	2004	广西	94.41409	329.4		2005	广东	150.358	125.7
20	2004	海南	129.3532	10		2005	广西	98.48136	325.95
21	2004	重庆	115.6677	142.65		2005	海南	123.4568	8.1
22	2004	四川	162.9335	301.35		2005	重庆	119.0716	148.65
23	2004	贵州	91.02467	196.65		2005	四川	164.8644	319.05

图 4-39 “合并计算”源数据

（1）选择合并计算结果显示位置，如单元格 L1。

（2）单击“数据”→“数据工具”→“合并计算”按钮，弹出“合并计算”对话框，如图 4-40 所示。

（3）在“函数”下拉列表中选择“平均值”，并添加“所有引用位置”，选择 2004 年与 2005 年两个区域的单位亩产与种植面积的数据后分别添加，如图 4-41 所示。

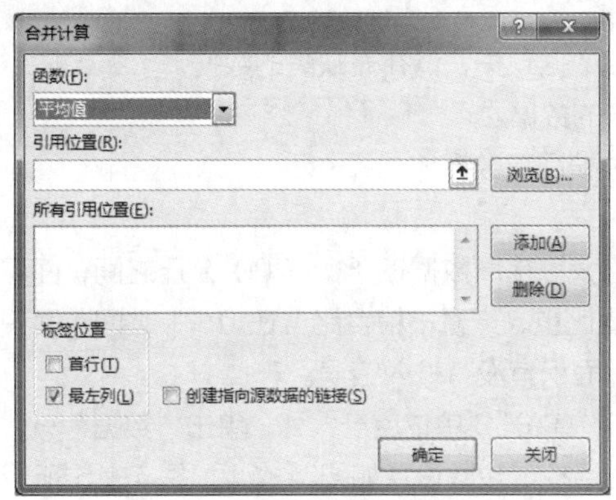

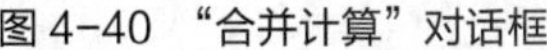
图 4-40 “合并计算”对话框

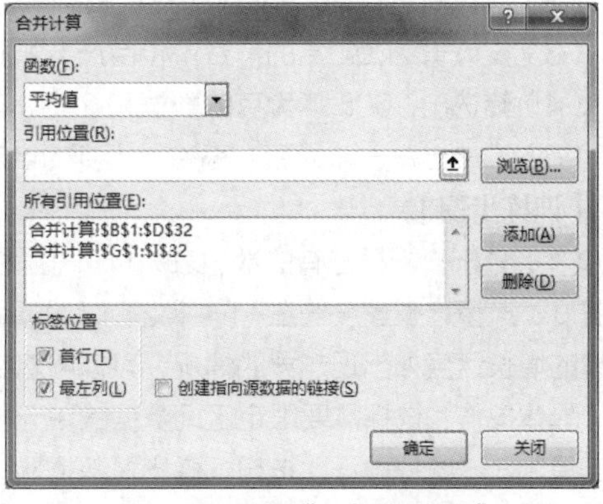

图 4-41 添加“所有引用位置”

（4）设置标签位置，如选择“最左列”“首行”复选框，则表示最左列、首行原样显示。

（5）合并计算的结果如图 4-42 所示，可修改 M1、N1 的字段名为“2004—2005 单位亩产_公斤”“2004—2005 种植面积_万亩”，如图 4-43 所示。

合并计算可以方便地对区域数据按项目进行匹配并计算，不需要依次去找离散的单个值计算，极大地提高了计算效率。

L	M	N
省份	单位亩产_公斤	种植面积_万亩
全国	117.31765	14384.925
安徽	74.54168	1353.825
天津	97.42326	42.525
河北	109.2806	396.9
山西	88.45386	321.6
内蒙古	100.39268	1162.425
辽宁	109.1841	412.05
吉林	182.3808	773.025
黑龙江	118.99495	5327.925
上海	227.6079	8.325
浙江	151.60245	184.725
福建	140.08865	130.65
江苏	163.37455	323.4
河南	102.32306	792.075
湖北	154.40445	271.875
湖南	141.9702	281.4

图 4-42 合并计算结果（1）

L	M	N
省份	2004-2005 单位亩产_公斤	2004-2005 种植面积_万亩
全国	117.31765	14384.925
安徽	74.54168	1353.825
天津	97.42326	42.525
河北	109.2806	396.9
山西	88.45386	321.6
内蒙古	100.39268	1162.425
辽宁	109.1841	412.05
吉林	182.3808	773.025
黑龙江	118.99495	5327.925
上海	227.6079	8.325
浙江	151.60245	184.725
福建	140.08865	130.65
江苏	163.37455	323.4
河南	102.32306	792.075
湖北	154.40445	271.875
湖南	141.9702	281.4

图 4-43 合并计算结果（2）

4.6 课堂实操训练

【训练目标】

对收集的数据进行审核、加工，形成有效数据，并能对数据进行简单的分析与处理，如分类汇总、形成数据透视表、进行合并计算等。

【训练内容】

根据 2004 到 2007 年全国各省份大豆、稻谷、小麦的亩产、种植面积等数据进行数据的加工与处理，形成统计分析数据。

（1）根据数据的特点对数据设置有效性验证，降低数据输入的错误率。

（2）查找重复数据，并进行去重。

（3）安徽省 2004 年的稻谷单位亩产、增长速度数据缺失，请补充缺失的数据。

（4）筛选出 2005 年大豆的数据和 2007 年小麦的数据。

（5）汇总出每一年大豆、稻谷、小麦的亩产、种植面积数据。

【训练步骤】

（1）分析：根据已有的数据表分析可知，各省份大豆亩产数据在 80～200 公斤之间，面积增长速度、产量增长速度约在-1～1 之间，面积占粮食比重、产量占粮食比重在 0～1 之间。面积、产量的增长速度如出现越界的情况，可以检查亩产、面积有没有输入错误。

具体操作：选择需要限定区间数据的单元格，如“省份”“单位亩产”列，单击“数据”→“数据工具”→“数据验证”按钮，弹出“数据验证”对话框，参数设置如图 4-44、图 4-45 所示，其他列数据设置类似。

图 4-44　数据验证（1）

图 4-45　数据验证（2）

（2）选中数据表，单击“数据”→“数据工具”→“删除重复值”按钮，弹出“删除重复值”对话框，如图 4-46 所示，设置相应属性后，单击“确定”按钮，弹出提示框，如图 4-47 所示。

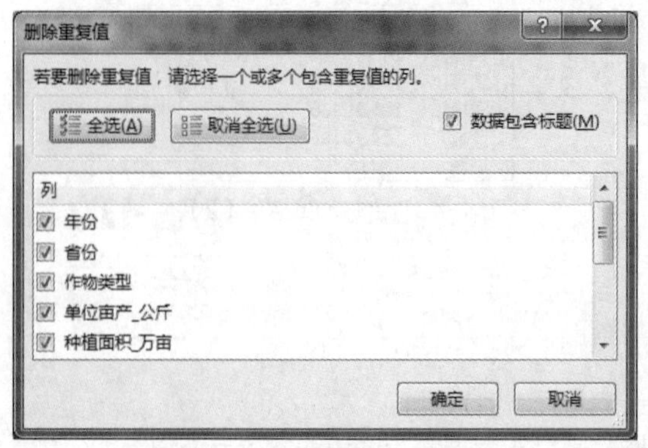

图 4-46　“删除重复值”对话框

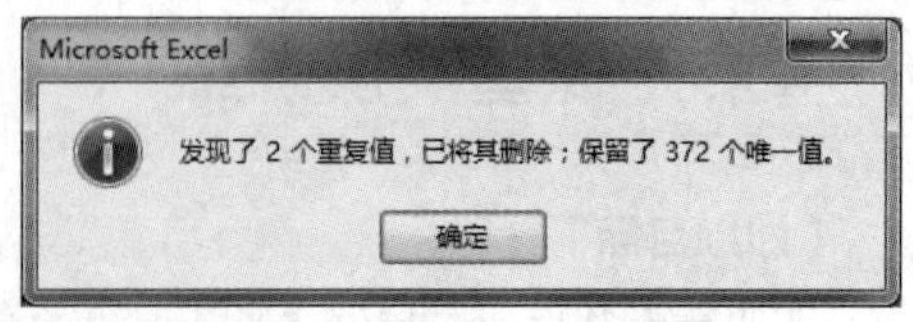

图 4-47　“删除重复值”提示框

（3）分析：2004 年安徽省稻谷“单位亩产_公斤”可以参考 2005、2006、2007 这 3 年的情况，采用均值插补的方式，输入公式=AVERAGE(D170,D201,232)得出相应的结果；也可以参考全国与安徽历年亩产数据，根据产量浮动区间，安徽比全国亩产低大约 0%～8%，可采用随机插补的方式进行填补。同样，亩产增长速度也可以得出。

（4）分析筛选条件：2005 年大豆的数据和 2007 年小麦的数据可表述为（“2005 年”与“大豆”）或（“2007 年”与“小麦”），整体属于“或”的关系，必须要用“高级筛选”。设置条件区域，如图 4-48 所示。单击“数据”→“排序和筛选”→“高级”按钮，弹出“高级筛选”对话框，设置“列表区域”“条件区域”“复制到”，如图 4-49 所示。单击“确定”按钮即可，结果显示在从 A378 开始的位置。

	L	M	N
1			
2		年份	作物类型
3		2005	大豆
4		2007	小麦

图 4-48　设置条件区域

图 4-49　“高级筛选”对话框

（5）汇总出每一年大豆、稻谷和小麦的亩产、种植面积的数据，该过程可以用嵌套的分类汇总或数据透视表完成。

以分类汇总为例，通过分析，分类的字段应该是“年份”和“作物类型”。因此，先将“年份”作为主要关键字、将“作物类型”作为次要关键字进行排序，如图 4-50 所示。接下来进行分类汇总，单击“数据”→“分级显示”→“分类汇总”按钮，弹出“分类汇总”对话框，先按“年份”进行一次分类汇总，设置如图 4-51 所示；再按“作物类型”进行二次分类汇总，设置如图 4-52 所示。最终结果如图 4-53 所示。

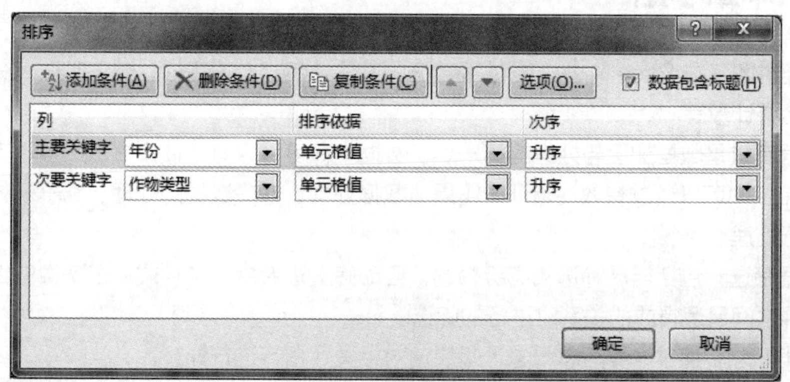

图 4-50　“排序”对话框

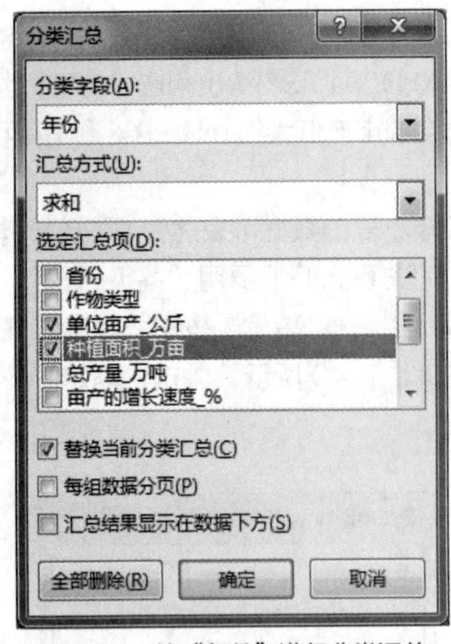

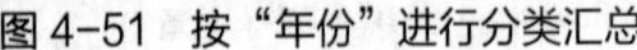
图 4-51　按“年份”进行分类汇总

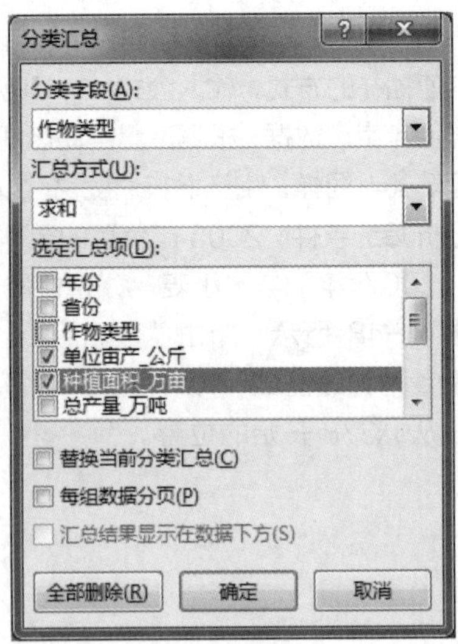

图 4-52　按“作物类型”进行分类汇总

	A	B	C	D	E	F	G	H	I	J	K
1	2004-2007年全国各省农作物收成情况汇总表										
2	年份	省份	作物类型	单位亩产_公斤	种植面积_万亩	总产量_万吨	亩产的增长速度_%	面积的增长速度_%	产量的增长速度_%	面积占粮食比重_%	产量占粮食比重_%
3	总计			100045.9	730896.5						
4	2004 汇总			24778.93	178782.1						
5			大豆 汇总	4045.564	28766.9						
37			稻谷 汇总	13404.64	85136.55						
69			小麦 汇总	7328.732	64878.6						
101	2005 汇总			24565.82	183692.1						
102			大豆 汇总	3826.275	28772.7						
134			稻谷 汇总	13445.77	86542.2						
166			小麦 汇总	7293.771	68377.2						
198	2006 汇总			24947.99	184454.3						
199			大豆 汇总	3766.783	27685.05						
231			稻谷 汇总	13500.19	87884.4						
263			小麦 汇总	7681.009	68884.8						
295	2007 汇总			25753.2	183968.1						
296			大豆 汇总	4353	26049.5						
328			稻谷 汇总	13756	86756.6						
360			小麦 汇总	7644.2	71162						
392											

图 4-53　分类汇总结果

4.7 本章小结

本章主要讲解了在 Excel 中加工与处理数据的方法，包括数据审核、数据筛选、分类汇总、数据透视表、合并计算等。

（1）数据审核是数据加工与处理的第一步。数据审核可分为有效性审核、一致性审核与分布性审核。在 Excel 中可以通过有效性验证、重复值数据处理、缺失数据的处理、离群值处理等多种方法对数据进行处理。

（2）数据筛选：包括自动筛选和高级筛选。自动筛选适合单一条件或多个条件的综合，高级筛选是多个条件之间是逻辑或的关系时进行的筛选。

（3）分类汇总：通过分类汇总与总计来快速对相关数据行进行计算。

（4）数据透视表：可以根据不同的分析目的排列、组织和汇总复杂数据，是一种动态数据分析工具。

（5）合并计算：可以汇总报表不同单元格区域中的数据，在单个输出区域中显示合并计算结果。

4.8 拓展实操训练

【训练目标】

对收集的数据进行审核、加工，形成有效数据，并能对数据进行简单的分析与处理，如分类汇总、形成数据透视表、进行合并计算等。

【训练内容】

根据 Airbnb 网上香港部分酒店的数据表，进行数据的加工与处理，形成统计分析数据。

（1）仔细核实数据，对单元格中的所有空格用“0”填充。

（2）查找重复数据，并进行去重。

（3）筛选出单价在 300 元以上的 Private room 类型的酒店，或是有访问人数的酒店。

（4）统计每个区域、每类房型的均价，形成数据表。

第 5 章 Excel统计分析

05

学习目标

① 掌握 Excel 数据分析工具库的安装与使用
② 能运用直方图对数据进行分组
③ 熟练使用抽样工具对数据进行抽样分析
④ 能运用描述性统计分析进行统计推断分析
⑤ 能运用相关分析、回归分析进行数据预测
⑥ 能运用移动平均、指数平滑等时间序列法进行预测

数据统计分析一般采用专业的统计软件来完成，如 SPSS、SAS 等，但这对于非专业的人来说相当困难。其实，Excel 自带简单易用的分析工具库，可以完成数据分析任务。

5.1 Excel 分析工具库

Excel 具有强大的表格处理能力，能进行数据分析与处理，前面已经介绍了常见的数据分析工具，如排序、筛选、分类汇总、数据透视表等。其实，Excel 也有专业的数据分析功能。接下来详细介绍 Excel 中的分析工具库。

5.1.1 分析工具库简介

通常大家在用 Excel 进行数据统计分析时，尤其是进行统计预测类分析时，经常会使用到一些函数，简单的如 SUM、AVERAGE，复杂的如 STDEV、CORREL、LINEST 等。这些统计函数在使用时通常需要设置很多参数，如果对统计理论不熟悉，参数设置时很容易出错。为方便进行统计分析，Excel 提供了一个数据分析加载工具——分析工具库。它操作简单，在进行复杂数据统计分析时可节省步骤。人们只需为每一个分析工具提供必要的数据和参数，该工具就会使用适当的统计函数，在输出表格中显示相应的结果。其中有些工具在生成输出表格时还能同时生成图表。

Excel 分析工具库有描述性统计、直方图、相关系数、移动平均、指数平滑、回归等 19 种统计分析方法。Excel 分析工具库与主流的专业统计分析软件 SPSS、SAS 等相比，具有以下优点。

（1）与 Excel 无缝结合，操作简单，容易上手。

（2）聚合多种统计函数，其中部分工具在生成输出结果表格的同时还能生成相应的图表，有助于对统计结果的理解。

（3）使用这个现成的数据分析工具，不仅可以提高分析效率，还能够大幅降低出错的概率。

当然，它也有不足之处，即数据处理量有限，并且只能进行简单的统计分析，如果是大型数据或复杂的统计分析，还需要使用专业的统计分析软件。

5.1.2 分析工具库的安装

一般情况下，Excel 是没有加载这个分析工具库的，需要我们自行加载安装。安装步骤如下。

（1）选择“文件”→“选项”命令，弹出“Excel 选项”对话框，如图 5-1 所示。

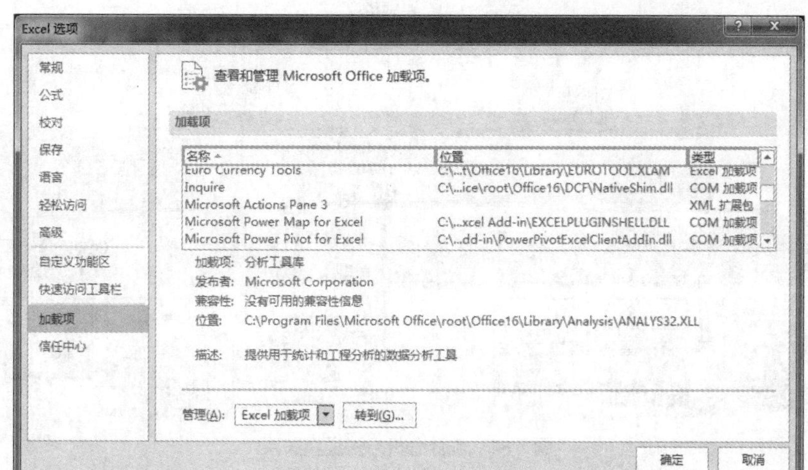

图 5-1 “Excel 选项”对话框

（2）在“加载项”界面中设置“管理”为“Excel 加载项”，单击“转到”按钮，弹出“加载项”对话框，如图 5-2 所示。

（3）选中“分析工具库”复选框，若要包含分析工具库中的 VBA 函数，则需要同时选中“分析工具库-VBA”复选框，单击“确定”按钮，即可完成加载安装。

（4）安装完成后，重启 Excel 软件，单击“数据”→“分析”→“数据分析”按钮，弹出“数据分析”对话框，如图 5-3 所示。

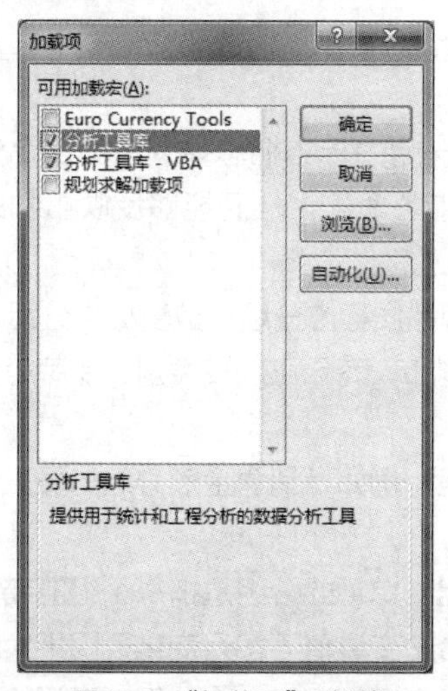

图 5-2 “加载项”对话框

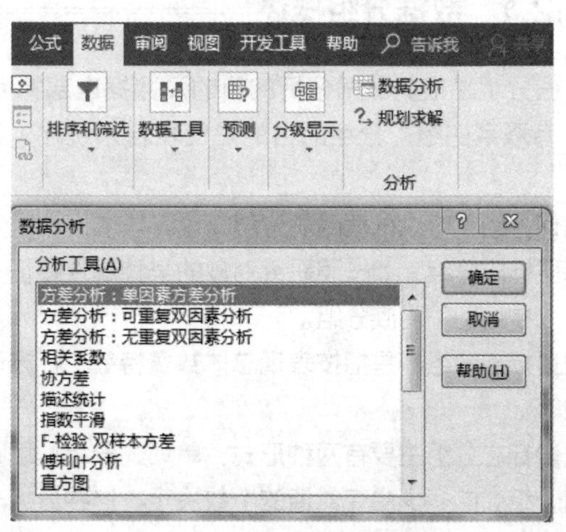

图 5-3 “数据分析”对话框

（5）在“数据分析”对话框中，选择需要的分析工具后单击“确定”按钮，即完成安装。

5.1.3 分析工具库中各种统计方法归纳

Excel 数据分析工具库里有多种统计分析方法，归纳起来主要有两大类：一类是描述性统计分析的方法，另一类是推断性预测分析的方法。各种统计分析方法归纳如图 5-4 所示。

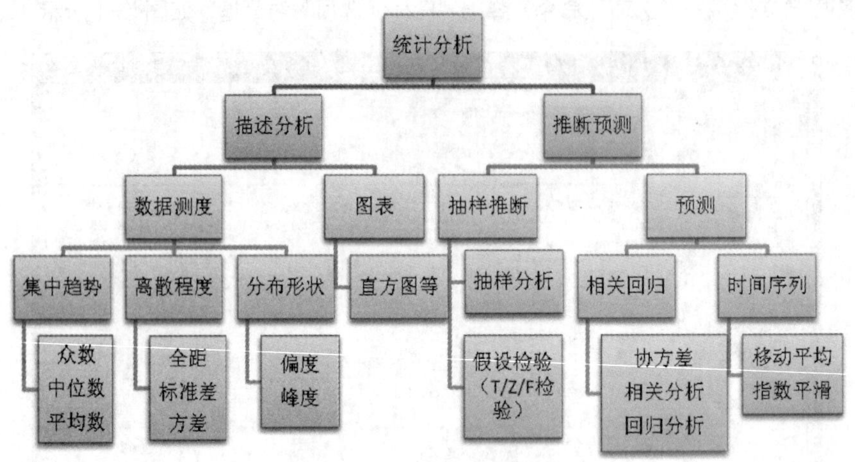

图 5-4 统计分析方法逻辑关系

5.2 直方图

直方图，又称质量分布图，它是表示资料变化情况的一种主要工具。用直方图可以解析出资料的规则性，比较直观地看出产品质量特性的分布状态，资料分布状况一目了然，便于判断其总体质量的分布情况。

在制作直方图时，会涉及统计学的概念，首先要对资料进行分组，因此如何合理分组是其中的关键问题。

5.2.1 数据分组概述

数据分组是根据数据分析的目的及数据内部特点，按照一定的标志把总体划分为多个性质不同但又有联系的组。分组的目的是使资料系统化、科学化和条理化，从而能够反映事物的总体特征。

如何分组？可以依据品质分组，也可以依据数量分组，即品质标志分组、数量标志分组。

品质标志分组，即按照研究对象的某种属性特征分组。例如，商品可以按类别、品牌等分组，员工可以按性别和民族分组。

数量标志分组，是指按表现总体数量特征的标志进行分组。例如，销售金额分组、员工年龄阶段分组等。

数量标志分组主要有两种形式：单项式分组、组距式分组。单项式分组是指每个组的变量值是一个值，组数的多少由变量值的个数决定，这种分组一般适合于变量值不多且变化范围不大的离散型变量；组距式分组就是把总体按数量标志分为几个区间，每个区间组成一个分组。区间的长度称为组距，如果各组组距相等，称为等距分组，如图 5-5 所示；如果各组组距不完全相等，称为不等距分组，如图 5-6 所示。

大豆亩产量区间（公斤）	省份数量
80-110	5
110-140	6
140-170	5
170-200	2
200-230	1

图 5-5　等距分组

大豆亩产量区间（公斤）	省份数量
80-100	3
100-140	8
140-200	7
200-220	1

图 5-6　不等距分组

5.2.2　快速统计分组——直方图

在进行数据分析时，如果用手动的方式对数据进行分组势必非常麻烦，Excel 提供了“直方图”工具，可以快速地对数据进行统计分组。接下来，以“某年全国部分省份大豆亩产数据”为例来说明采用直方图进行统计分组的步骤。

（1）源数据显示在 B17:C37 单元格区域，先设置统计分组的区间，在“直方图”中称为接收区域，为 E17:E22 单元格区域。

（2）单击“数据”→“分析”→“数据分析”按钮，弹出“数据分析”对话框，选择“直方图”选项，如图 5-7 所示。

（3）单击“确定”按钮，弹出“直方图”对话框，如图 5-8 所示。

（4）设置参数，如图 5-8 所示。输入区域是指需要分组的数据区域；接收区域是指分组区间设定区域；输出区域是指直方图的输出开始位置。直方图可以输出为柏拉图、累积百分率、图表输出 3 种类型。

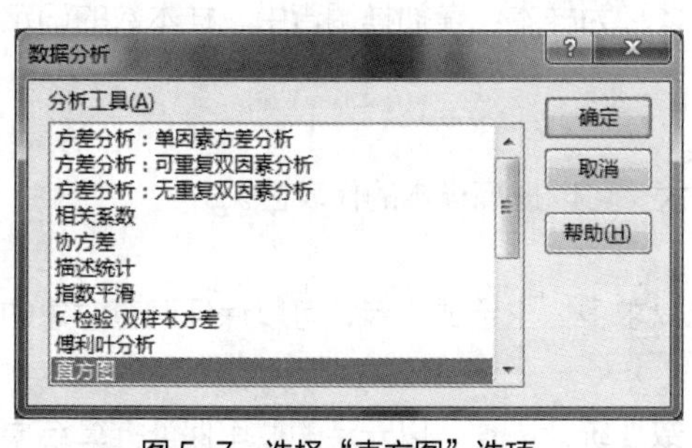

图 5-7　选择“直方图”选项

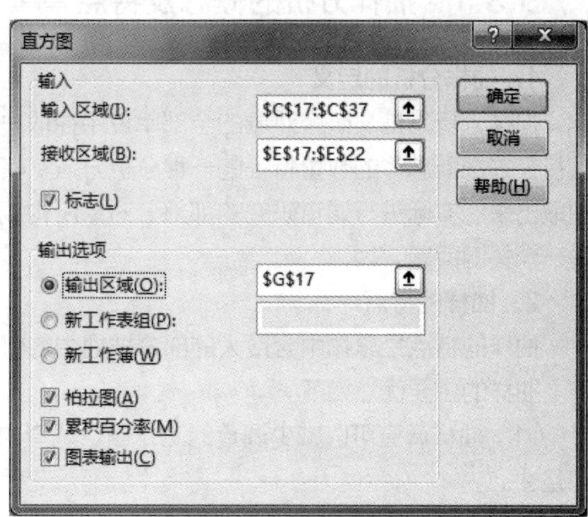

图 5-8　“直方图”对话框

（5）输出结果如图 5-9 所示。如果选择了柏拉图，则输出的区域会增加排序的接收区域与频率，即 J17:K23 单元格区域，直方图也会以排序过的数据显示；如选择累积百分率，则会添加相应的“累积%”列；图表输出是指 G25:L35 单元格区域的直方图。

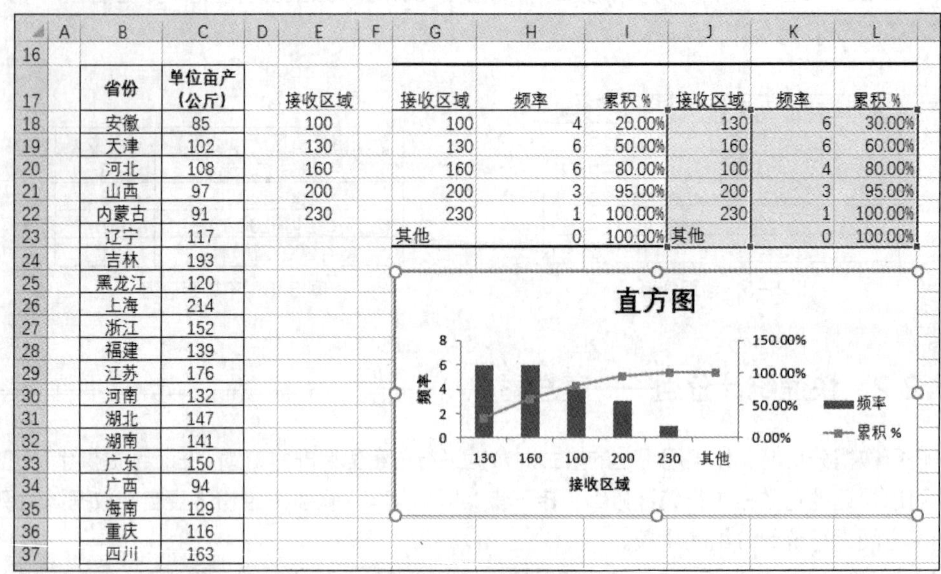

图 5-9　直方图结果

5.3　抽样分析

在进行数据分析时，经常会遇到分析的数据量过于庞大，分析运行效率低下的情况。这时可以抽取一部分有代表性的样本数据进行分析，并根据这一部分样本去估计与推断总体情况，即采取抽样分析方法。

5.3.1　抽样分析的概念及特点

1. 抽样分析的定义

抽样分析是指从研究对象的全部单位中抽取一部分单位进行考察和分析，并用这部分单位的数量特征去推断总体的数量特征的一种分析方法。其中，被研究对象的全部单位称为总体；从总体中抽取出来的实际进行调查研究的那部分对象所构成的群体称为样本。在抽样调查中，样本数的确定是一个关键问题。

2. 抽样的特点

抽样的特点是总体中含量大的部分被抽中的概率也大，可以提高样本的代表性。

抽样的主要优点如下。

（1）抽样调查可以减少调查的工作量，调查内容可以求多、求全或求专，可以保证调查对象的完整性。

（2）可以从数量上以部分推算总体，利用概率论和数理统计原理，以一定的概率保证推算结果的可靠程度，起到全面调查认识总体的作用，可以保证调查的精度。

（3）因为抽样调查是针对总体中的一部分单位进行的，所以可以大大减少调查费用，提高调查效率。

（4）收集、整理数据及综合样本的速度快，保证调查的时效性。

5.3.2 抽样分析的分类

1. 简单随机抽样法

这是一种最简单的抽样法，它从总体中选择出抽样单位，总体中的每个样本均有同等被抽中的概率。抽样时，处于抽样总体中的抽样单位被编排成 1～n 编码，然后利用随机数码表或专用的计算机程序确定处于 1～n 间的随机编码，那些在总体中与随机编码吻合的单位便成为随机抽样的样本。

这种抽样方法简单，误差分析较容易，但是需要的样本数量较多，适用于各个体之间差异较小的情况。

2. 系统抽样法

这种方法又称等距抽样法，是依据一定的抽样距离，从总体中抽取样本。此法的优点是操作简便，实施起来不易出错，总体估计值容易计算。

3. 分层抽样法

分层抽样法也叫类型抽样法。它是根据某些特定的特征将总体分为同质、不相互重叠的若干层，再从各层中独立抽取样本，是一种不等概率抽样。分层抽样利用辅助信息分层，各层内应该同质，各层间的差异应尽可能大。这样的分层抽样能够提高样本的代表性、总体估计值的精度和抽样方案的效率，抽样的操作、管理比较方便，但是抽样结构较复杂，误差分析也较为复杂。此法适用于抽样总体复杂、个体之间差异较大、总体数量较多的情况。

4. 整群抽样法

整群抽样又称聚类取样，即按照某一标准将总体单位分成“群”或“组”，从中抽选“群”或“组”，然后把被抽出的“群”或“组”所包含的个体合在一起作为样本。被抽出的“群”或“组”的所有单位都是样本单位，最后利用所抽“群”或“组”的调查结果推断总体。抽取“群”或“组”可以采用随机方式或分类方式，也可以采用等距方式。

如在交通调查中可以按照地理特征进行分群，随机选择群体作为抽样样本，调查样本群中的所有单元。整群抽样样本比较集中，可以降低调查费用。例如，在居民出行调查中可以采用这种方法，以住宅区的不同将住户分群，然后随机选择群体作为抽取的样本。此法的优点是组织简单，缺点是样本代表性差。

5. 多阶段抽样法

多阶段抽样是在两个或多个连续阶段抽取样本的一种不等概率抽样。多阶段抽样的单元是分级的，每个阶段的抽样单元在结构上也不同，多阶段抽样的样本分布集中，能够节省时间和经费。该法调查的组织复杂，总体估计值的计算也复杂。

5.3.3 Excel 中抽样分析的使用

在 Excel 中，可以通过数据分析工具的“抽样”功能对数据进行抽样，也可以进行周期抽样，还可以进行随机抽样。周期抽样需要设置抽样的间隔，如每 10 个抽 1 个；随机抽样是随机从一批数据里抽出指定数目的样本。

例如，根据工作表中 2004 到 2007 年全国各省份大豆亩产数据，随机抽样出 15 个样本的大豆亩产数据，具体操作步骤如下。

（1）单击“数据”→“分析”→“数据分析”按钮，弹出“数据分析”对话框，选择“抽样”选项，单击“确定”按钮，弹出“抽样”对话框，如图 5-10 所示。

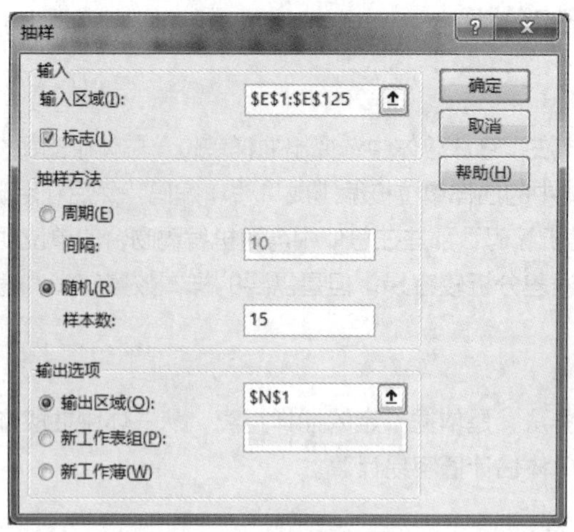

图 5-10 “抽样”对话框

（2）参数设置。输入区域填写抽样数据的区域，本题是大豆单位亩产数据，区域为 E1:E125；标志是指选中的区域是否包含字段名称，本题包含，直接选中；抽样方法根据题意选“随机”；输出选项中的输出区域填写 N1 开始的区域。抽样数据源与结果如图 5-11 所示。

	A	B	C	D	E	F	G	H	I	J	K	L	M	N
1	序号	年份	省份	作物类型	单位亩产_千克	种植面积_万亩	总产量_万吨	亩产的增长速度_%	面积的增长速度_%	产量的增长速度_%	面积占粮食比重_%	产量占粮食比重_%		81.6747752
2	1	2004	全国	大豆	120.9998	14383.5	1740.4	0.098	0.0297	0.1306	0.0944	0.0371		48.78049
3	2	2004	安徽	大豆	84.52502	1332.15	112.6	0.085324	0.038471	0.127127	0.140696	0.04105		140.056022
4	3	2004	天津	大豆	102.3891	43.95	4.5	-0.22203	-0.05178	-0.2623	0.111195	0.036645		98.621249
5	4	2004	河北	大豆	107.668	411.45	44.3	-0.02369	-0.0221	-0.04526	0.045691	0.017862		150
6	5	2004	山西	大豆	97.36052	316.35	30.8	0.015865	0.017366	0.033557	0.072093	0.029002		109.4939
7	6	2004	内蒙古	大豆	91.29145	1129.35	103.1	0.781297	0.079736	0.923507	0.180072	0.068491		142.5263
8	7	2004	辽宁	大豆	117.382	443.85	52.1	-0.16845	-0.03015	-0.1935	0.1018	0.030291		138.36478
9	8	2004	吉林	大豆	192.8123	788.85	152.1	-0.17255	0.223023	0.011976	0.121959	0.060598		114.704224
10	9	2004	黑龙江	大豆	119.7206	5333.25	638.5	0.08531	0.049037	0.138552	0.420371	0.212762		80.8290155
11	10	2004	上海	大豆	213.8365	7.95	1.7	-1.64E-05	0	0	0.03426	0.015992		100.9862
12	11	2004	浙江	大豆	152.0869	174.9	26.6	0.006731	0.000858	0.007576	0.080165	0.03186		82.63198
13	12	2004	福建	大豆	138.7632	132.6	18.4	0.044196	-0.02104	0.022222	0.059633	0.024983		83.8014075
14	13	2004	江苏	大豆	175.6007	324.6	57	0.120832	-0.10468	0.003521	0.045323	0.020148		39.21569
15	14	2004	河南	大豆	132.0574	783.75	103.5	0.758655	0.037942	0.825397	0.058249	0.024296		123.4568
16	15	2004	湖北	大豆	146.8988	275.7	40.5	-0.03875	-0.05744	-0.09396	0.04951	0.019285		
17	16	2004	湖南	大豆	141.4141	282.15	39.9	0.058964	-0.05096	0.005038	0.039566	0.015114		
18	17	2004	广东	大豆	150	120.6	18.1	0.151278	0.020305	0.175325	0.02882	0.013022		
19	18	2004	广西	大豆	94.41409	329.4	31.1	0.015314	-0.14917	-0.13611	0.062543	0.022238		
20	19	2004	海南	大豆	129.3532	10	1.3	-0.05409	-0.1453	-0.1875	0.01413	0.006839		

图 5-11 抽样数据源与结果

（3）该案例从 123 个单位亩产数据中随机抽取了 15 个数据作为样本，可以通过分析 15 个样本数据的特征推测总体的数据特征。

5.4 描述性统计分析

在日常的数据分析中，会经常使用一些如平均数、标准差等的特征值，作为分析时的参考，这些数据的特征描述称为描述性统计。描述性统计分析是进行正确的统计推断的先决条件，通过数据的分布类型和特点，集中和离散程度可进行初步分析。

5.4.1 描述性统计分析概述

描述性统计，是指运用制表和分类，图形及概括性数据计算来描述数据特征的各项活动。描述性统计分析要对调查总体所有变量的有关数据进行统计性描述。描述性统计分析的项目很多，常用的描述性统计分析有：

（1）描述数据的集中趋势：平均数、众数、中位数等；

（2）描述数据的离散趋势：最大值、最小值、平均差、极差、方差、标准差等；

（3）描述数据的分布形状：偏态与峰度。

5.4.2 集中趋势

集中趋势是指一组数据向中心值靠拢的倾向。通常用平均值来测量集中趋势。下面先简单介绍几个衡量集中趋势的指标。

1. 算术平均数

算术平均数又称均值，用 $\bar{X}$ 表示，是统计学中最基本、最常用的一种平均指标，分为简单算术平均数和加权算术平均数。它主要适用于数值型数据，根据表现形式的不同，算术平均数有不同的计算形式和计算公式。

简单算术平均数是加权算术平均数的一种特殊形式（它特殊在各项的权相等）。在实际问题中，各项权不相等时，计算平均数就要采用加权算术平均数；当各项权相等时，算术平均数也称为均值，是全部数据算术平均的结果，也就是将所有数相加后求和，再除以数据个数。

加权算术平均数是根据分组数据来计算算术平均数的，以各组变量值出现的次数或频数为权数计算加权的算术平均数。

加权算术平均数的大小不仅受各组变量值大小的影响，也受各组变量值出现的频数大小的影响。若某一组频数较大，说明该组的数据较多，则该组数据的大小对算术平均数的影响就较大。

在 Excel 中，使用 AVERAGE 函数即可方便地计算出算术平均数（以下简称平均数）。

2. 众数

众数是指一组数据中出现次数最多的变量值，用 M_0 表示。只有分析的数据较多时，众数才有意义。众数是一个位置代表值，不受数据中极端值的影响。

在 Excel 中，使用 MODE 函数可以计算出一组数据中出现次数最多的数。如果不含重复数据，则该函数返回错误值#N/A。

3. 中位数

中位数是一组数据按大小排序后处于中间位置的变量值，用 M_e 表示。从其定义可看到，中位数将数据分为两部分，其中一半的数据比中位数大，一半的数据比中位数小。如果一组数是偶数个，取中间两数的平均值。中位数是一个位置代表值，其数值的大小不受极大值和极小值的影响。

在 Excel 中，使用 MEDIAN 函数可找出数据分布中心位置的数据，即得到中位数。

4. 平均数、众数和中位数的关系

平均数、众数和中位数之间存在着一定的关系，主要表现在以下 3 方面。

（1）当平均数、众数和中位数相同（即 $\bar{X}=M_0=M_e$）时，表示数据具有单一众数，且频数分布对称，如图 5-12 所示。A1:A13 单元格区域的内容为要分析的数据，计算出的平均数、众数和中位数放置在 D1:D3 单元格区域，E1:E3 单元格区域的内容为对应计算平均数、众数和中位数的公式，将 A1:A13 单元格区域的数据生成直方图，可看到该区域只有单一众数，且频数分布对称。

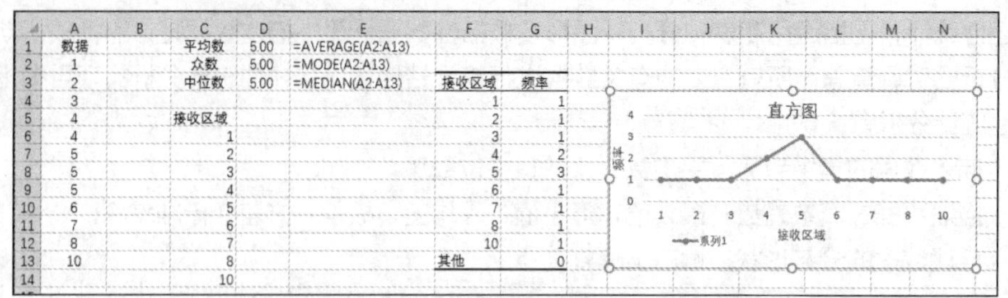

	A	B	C	D	E	F	G
1	数据		平均数	5.00	=AVERAGE(A2:A13)		
2	1		众数	5.00	=MODE(A2:A13)		
3	2		中位数	5.00	=MEDIAN(A2:A13)	接收区域	频率
4	3					1	1
5	4		接收区域			2	1
6	4		1			3	1
7	5		2			4	2
8	5		3			5	3
9	5		4			6	1
10	6		5			7	1
11	7		6			8	1
12	8		7			10	1
13	10		8			其他	0
14			10				

图 5-12　平均数、众数、中位数的关系（1）

（2）当平均数>中位数>众数（即 $\bar{X}>M_e>M_0$）时，表示数据存在最大值（最大值会拉动算术平均数向最大值一方靠拢），且频数分布呈现右偏状态，如图 5-13 所示。A1:A13 单元格区域为要分析的数据，可看到数据中有极大值 20，使平均数增大。从直方图也能看到，频数分布呈现右偏状态。

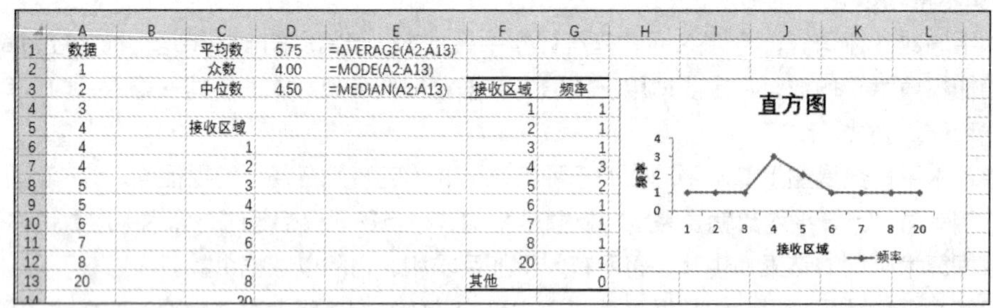

	A	B	C	D	E	F	G
1	数据		平均数	5.75	=AVERAGE(A2:A13)		
2	1		众数	4.00	=MODE(A2:A13)		
3	2		中位数	4.50	=MEDIAN(A2:A13)	接收区域	频率
4	3					1	1
5	4		接收区域			2	1
6	4		1			3	1
7	4		2			4	3
8	5		3			5	2
9	5		4			6	1
10	6		5			7	1
11	7		6			8	1
12	8		7			20	1
13	20		8			其他	0
14			20				

图 5-13　平均数、众数、中位数的关系（2）

（3）当平均数<中位数<众数（即 $\bar{X}<M_e<M_0$）时，表示数据存在最小值（最小值会拉动算术平均数向最小值一方靠拢），且频数分布呈现左偏状态，如图 5-14 所示。

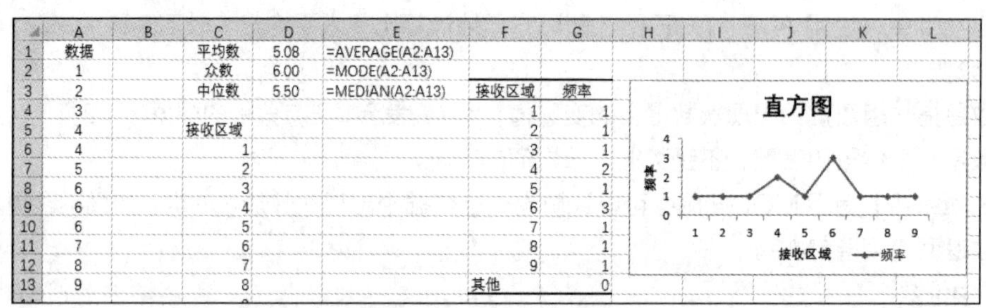

	A	B	C	D	E	F	G
1	数据		平均数	5.08	=AVERAGE(A2:A13)		
2	1		众数	6.00	=MODE(A2:A13)		
3	2		中位数	5.50	=MEDIAN(A2:A13)	接收区域	频率
4	3					1	1
5	4		接收区域			2	1
6	4		1			3	1
7	5		2			4	2
8	6		3			5	1
9	6		4			6	3
10	6		5			7	1
11	7		6			8	1
12	8		7			9	1
13	9		8			其他	0

图 5-14　平均数、众数、中位数的关系（3）

平均值的计算很容易受最大值或最小值的影响，而众数和中位数不会受最大值、最小值的影响。

5.4.3　离散趋势

在数据分析时，除了关注集中趋势的几个指标外，通常还要关注数据的离散趋势，评估离散趋势的常用指标主要有以下几个。

1. 平均差

平均差是各变量值与其算术平均数的差的绝对值的平均数。

平均差的计算很简单，首先计算出数据的算术平均数，然后用每一个数据与平均数相减，取差值的绝对值，再计算这些数据的平均值，就得到了平均差。

在 Excel 中，使用 AVEDEV 函数可方便地计算出平均差。如图 5-15 所示，A1:A10 单元格区域中是要计算的数据，E2 单元格是计算平均差的公式，D2 单元格是计算出的平均差。

	A	B	C	D	E
1	1		平均数	3.8	=AVERAGE(A1:A10)
2	2		平均差	1.24	=AVEDEV(A1:A10)
3	3		方差	2.36	=VARP(A1:A10)
4	3		标准差	1.5362	=STDEVP(A1:A10)
5	4				
6	4				
7	4				
8	5				
9	6				
10	6				

图 5-15　计算平均差

2. 方差和标准差

方差是各个变量值与平均数之差的平方的平均数。方差刻画了变量值相对于其算术平均值的离散程度。标准差是方差的平方根。

与平均差相比，方差和标准差通过平方消除离差的正负号，更便于数学上的处理。标准差、方差的值越大，表示数据的离散程度越大；否则越小。

在 Excel 中，使用 VARP 函数可计算出基于整个样本总体的方差，STDEVP 函数可计算出基于整个样本总体的标准差。

如图 5-15 所示，对于 A1:A10 单元格区域中的数据，计算出来的方差和标准差分别位于 D3、D4 单元格。

5.4.4　偏态与峰度

前面介绍了集中趋势和离散趋势的相关指标。要全面了解数据分布的特点，还需要知道数据分布形状的对称性、偏斜度和扁平度等。下面介绍偏态和峰度这两个指标。

1. 偏态

所谓偏态，是指非对称分布的偏斜状态，表示变量值分别位于众数（M_0）的左右两边的分布状态。在偏态的分布中，又有正偏态（即右偏）和负偏态（即左偏）两种类型。

在前面介绍平均数、众数和中位数的关系时提到过，通过这三者的关系可以大致判断数据分布是左偏还是右偏。不过，若要得出具体的偏斜度值，还需要通过相应的公式来计算。

正偏态分布是相对正态分布而言的。在用累加次数曲线法检验数据是否为正态分布时，当平均数>中位数>众数时，数据的分布属于正偏态（右偏）分布。正偏态分布的特征是曲线的最高点偏向 x 轴的左边，位于左半部分的曲线比正态分布的曲线更陡，而右半部分的曲线比较平缓，并且其尾线比起左半部分的曲线更长，无限延伸直到接近 x 轴。

负偏态分布也是相对正态分布而言的。当用累加次数曲线法检验数据是否为正态分布时，当平均数<中位数<众数时，数据的分布属于负偏态（左偏）分布。负偏态分布的特征是曲线的最高点偏向 x 轴的右边，位于右半部分的曲线比正态分布的曲线更陡，而左半部分的曲线比较平缓，并且其尾线比起右半部分的曲线更长，无限延伸直到接近 x 轴。

在 Excel 中，使用 SKEW 函数可计算出偏斜度值。正偏斜度表明分布的不对称尾部趋向于更多正值（右偏分布）；负偏斜度表明分布的不对称尾部趋向于更多负值。

2. 峰度

峰度指的是数据分布的集中程度，用来描述分布形态的陡缓程度。峰度为 3 表示陡缓程度与正态分布相同；峰度大于 3 表示比正态分布陡峭；小于 3 表示比正态分布平坦。在实际应用中，通常将峰度值做减 3 处理，使得正态分布的峰度为 0。

在 Excel 中，使用 KURT 函数可计算一组数据的峰值。正峰值表示相对尖锐的分布，负峰值表示相对平坦的分布。

以一个实例为例说明偏态与峰度。对图 5-16 所示的两组不同的数，D18、H18 单元格中为计算的偏态值，D19、H19 单元格中为计算的峰度值。从结果可知，第一组数是负偏态（左偏），峰度为负数，为平峰分布；第二组数是正偏态（右偏），峰度为正数，为尖峰分布。

	A	B	C	D	E	F	G	H
17								
18	数据		偏态	-0.11752	=SKEW(A19:A30)	数据	偏态	2.510292
19	1		峰度	-0.59768	=KURT(A19:A30)	1	峰度	7.449917
20	2					2		
21	3					3	平均数	5.75
22	4		平均数	5.08	=AVERAGE(A2:A13)	4	众数	4.00
23	4		众数	6.00	=MODE(A2:A13)	4	中位数	4.50
24	5		中位数	5.50	=MEDIAN(A2:A13)	4		
25	6					5		
26	6					5		
27	6					6		
28	7					7		
29	8					8		
30	9					20		

图 5-16　偏态与峰度值

5.4.5　Excel 中的描述性统计分析工具

描述性统计分析是统计分析的第一步，只有先做好这一步，才能进行正确的统计推断分析。前面主要介绍了描述分析的常用指标，这些指标提供分析对象数据的集中程度和离散程度等信息。虽然每个指标都有对应的函数做支撑，但分开计算比较麻烦。Excel 提供了常用的数据分析工具，可以一次性将所有指标都计算出来。接下来以部分省份大豆亩产数据为例介绍描述性统计分析工具如何使用，操作步骤如下。

（1）单击“数据”→“分析”→“数据分析”按钮，弹出“数据分析”对话框，选择“描述统计”选项，如图 5-17 所示，单击“确定”按钮，弹出“描述统计”对话框，如图 5-18 所示。

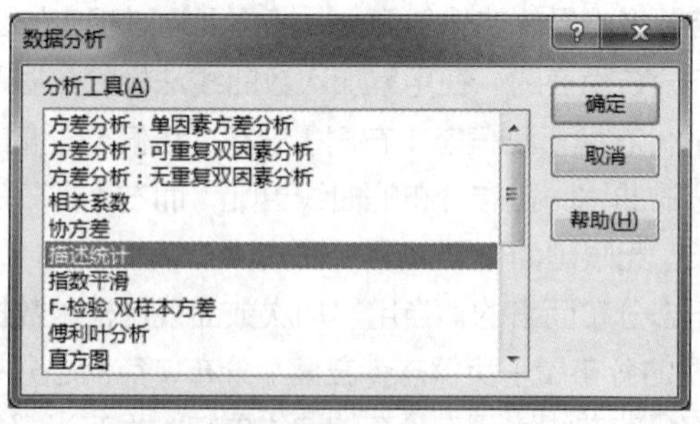

图 5-17　“数据分析”对话框

（2）描述统计参数设置。输入区域是指需要进行描述统计分析的区域；分组方式是指输入区域的数据是“逐行”还是“逐列”排列，本案例选择“逐列”；输出区域是指结果输出的区域，也可以是新工作表组、新工作簿；勾选“汇总统计”复选框，输出结果中会显示平均、标准误差、中位数、众数等 13 个统计分析参数（如图 5-19 所示的 D3:D15 单元格区域）；平均数置信度也称可靠度、置信水平、置信系数，是指总体参数值落在样本统计值某一区域内的概率，常用的置信度为 95%或 90%；第 K 大值是指数据组第 K 位的最大值；第 K 小值是指数据组第 K 位的最小值。输出结果如图 5-19 所示。

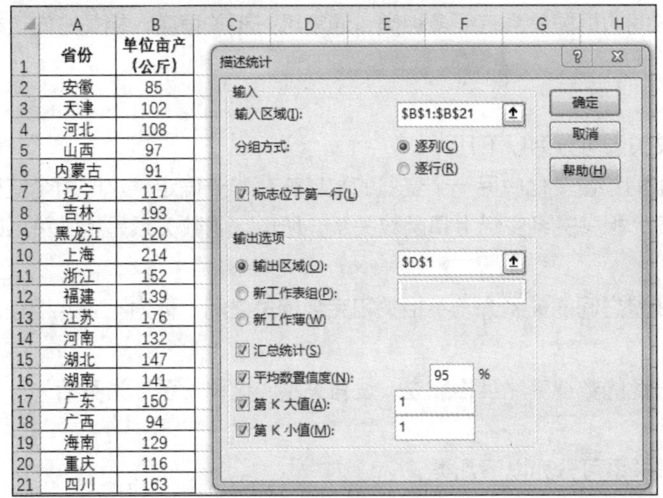

	A	B
1	省份	单位亩产（公斤）
2	安徽	85
3	天津	102
4	河北	108
5	山西	97
6	内蒙古	91
7	辽宁	117
8	吉林	193
9	黑龙江	120
10	上海	214
11	浙江	152
12	福建	139
13	江苏	176
14	河南	132
15	湖北	147
16	湖南	141
17	广东	150
18	广西	94
19	海南	129
20	重庆	116
21	四川	163

图 5-18 “描述统计”对话框

	D	E
1	单位亩产（公斤）	
2		
3	平均	133.3088
4	标准误差	7.768619
5	中位数	130.7053
6	众数	#N/A
7	标准差	34.74232
8	方差	1207.029
9	峰度	0.084329
10	偏度	0.690165
11	区域	129.3115
12	最小值	84.52502
13	最大值	213.8365
14	求和	2666.175
15	观测数	20
16	最大(1)	213.8365
17	最小(1)	84.52502
18	置信度(95.	16.25991

图 5-19 “描述统计”结果

从以上统计结果分析可知，总共统计了 20 个省份，各省份大豆亩产均值是 133.3088 公斤，最高亩产是 214 公斤的上海，置信度 95%的值约是 16.3，置信区间是[133.3-16.3,133.3+16.3]。

5.5 相关分析

相关分析是研究两个或两个以上处于同等地位的随机变量间的相关关系的统计分析方法。例如，人的身高和体重之间的相关关系、空气中的相对湿度与降雨量之间的相关关系都是相关分析研究的问题。相关分析在工农业、水文、气象、社会经济和生物学等方面都有应用。

5.5.1 相关的基本概念

世界是一个普遍联系的有机整体，现象与现象之间客观上存在着某种有机联系，一种现象的发展变化必然受与之相联系的其他现象发展变化的制约与影响。在统计学中，这种依存关系可以分为相关关系和回归函数关系两大类。

1. 相关关系

相关关系是指客观现象之间存在的非严格的、不确定的依存关系。当一个或几个相互联系的现象（自变量）取一定的数值时，与之相对应的另一现象（因变量）的值虽然不固定，但仍按某种规律在一定的范围内变化，现象之间的这种相互关系称为相关关系。相关关系中的自变量和因变量没有严格的区别，可以互换。例如，产品的销售数量与推广费用是相关的。

2. 回归函数关系

与相关关系对应的，还有一种固定的、严格的数量依存关系，称为回归函数关系。在此关系中，当一个现象（自变量）的数据发生变化时，另一个现象（因变量）的数据就会以准确的对应关系进行变化，这种对应关系通常可以用一个数学表达式反映出来，这样的关系称为回归函数关系。例如，商品的总金额会随商品数量的增加而增加，这是一个确定的关系。

5.5.2 相关关系的分类

根据不同的分类方法，现象之间的相关关系有很多种类，通常可按相关程度、相关方向、相关形式、变量数目等进行分类。

1. 按相关程度分类

按相关的程度进行划分，相关关系可分为以下几类。

（1）完全相关：如果一个变量的数量变化由另一个变量的数量变化唯一确定，这时两个变量间的关系称为完全相关。这种情况下，相关关系实际上是函数关系，所以，函数关系是相关关系的一种特殊情况。

（2）不完全相关：如果两个变量之间的关系介于不相关和完全相关之间，称为不完全相关。大多数相关关系属于不完全相关。

（3）不相关：如果两个变量彼此的数量变化互相独立，没有关系，这种关系称为不相关。

2. 按相关方向分类

按相关的方向进行分类，相关关系可分为以下几类。

（1）正相关：正相关是指两个变量之间的变化方向一致，即自变量 x 的值增加，因变量 y 的值也相应地增加，或自变量 x 的值减小，因变量 y 的值也相应地减小。

（2）负相关：负相关是指两个变量的变化趋势相反，一个下降而另一个上升，或一个上升而另一个下降。即自变量 x 的值增加，因变量 y 的值却减小，或自变量 x 的值减小，因变量 y 的值却增加。

3. 按相关形式分类

按相关的形式分类，相关关系可分为以下几类。

（1）线性相关（直线相关）：当相关关系的一个变量变化时，另一个变量也相应地发生大致均等的变化。

（2）非线性相关（曲线相关）：当相关关系的一个变量变化时，另一个变量也相应地发生变化，但这种变化是不均等的。

4. 按变量数目分类

按相关关系中变量的数量分类，相关关系可分为以下几类。

（1）单相关：只反映一个自变量和一个因变量的相关关系。

（2）复相关：反映两个及两个以上的自变量同一个因变量的相关关系。

（3）偏相关：当研究因变量与两个或多个自变量的相关关系时，把其余的自变量当作不变（即当作常量），只研究因变量与其中一个自变量之间的相关关系。

5.5.3 相关系数

相关分析是研究两个或两个以上随机变量之间相互依存关系的方向和密切程度的方法，可以用相关系数来反映变量之间相关关系的密切程度。

通常，直线相关用相关系数表示，曲线相关用相关指数表示，多重相关用复相关系数表示。其中常用的是直线相关，所以主要研究相关系数。

相关系数是按积差方法计算的，同样以两变量与各自平均值的离差为基础，通过两个离差相乘来反映两变量之间的相关程度。相关关系是一种非确定性的关系，相关系数是研究变量之间线性相关程度的量。

Excel 提供了方便的计算相关系数的方法：一种是利用统计类函数 CORREL 进行计算；另一种是利用数据分析工具中的相关系数进行计算。例如，计算某公司销售总额与净收入额之间的关系，如图 5-20 所示。

C16 =CORREL(B2:B14,C2:C14)

	A	B	C	D	E	F	G
1		销售总额（万元）	净收入额（万元）				
2	2006	110	70			销售总额（万元）	净收入额（万元）
3	2007	125	75		销售总额（万元）	1	
4	2008	133	80		净收入额（万元）	0.968257129	1
5	2009	135	82				
6	2010	138	86				
7	2011	140	90				
8	2012	145	94				
9	2013	150	95				
10	2014	155	99				
11	2015	185	102				
12	2016	200	128				
13	2017	205	132				
14	2018	210	145				
15							
16	相关系数：	CORREL(B2:B14,C2:C14)	0.968257129				

图 5-20　相关系数案例

方法一：利用 CORREL 函数计算。在单元格 C16 中输入函数公式“=CORREL(B2:B14,C2:C14)”，可以计算出“销售总额（万元）”与“净收入额（万元）”两列的相关系数。

方法二：利用数据分析工具中的相关系数来计算。

（1）单击“数据”→“分析”→“数据分析”按钮，弹出“数据分析”对话框，选择“相关系数”选项，如图 5-21 所示，弹出“相关系数”对话框，如图 5-22 所示。

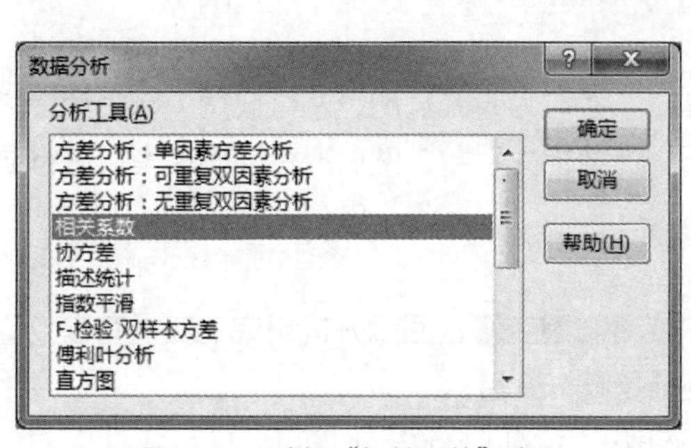

图 5-21　选择“相关系数”选项

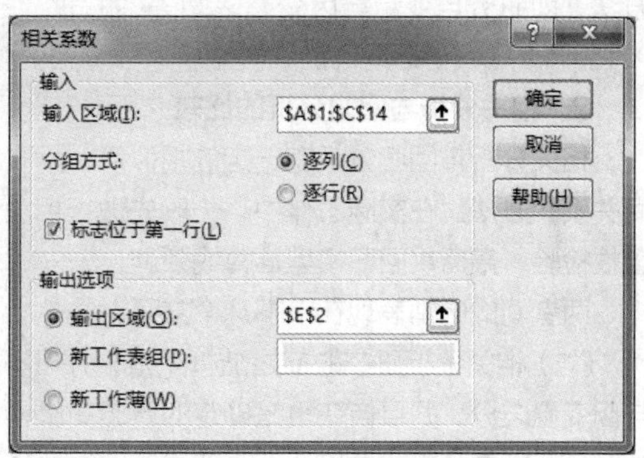

图 5-22　“相关系数”对话框

（2）相关系数的输入区域是指需要计算的几个系列数据区域，本题是 A1:C14 单元格区域；分组方式是指行数据还是列数据，本题选择“逐列”；如果选中的数据系列上有表头字段，则选中“标志位于第一行”复选框；输出选项填写输出结果存放的位置，图 5-20 所示为从 E2 单元格开始的位置。

相关系数的值介于-1～1 之间，即$-1 \leq r \leq 1$。可以通过以下性质判断相关关系。

（1）当 $r>0$ 时，表示两变量为正相关。

（2）当 r<0 时，表示两变量为负相关。

（3）当 $|r|$=1 时，表示两变量为完全线性相关，即为函数关系。

（4）当 $|r|$ > 0.95 时，表示两变量间存在显著性相关。

（5）当 $|r|$ > 0.8 时，表示两变量间存在高度相关。

（6）当 0.5≤ $|r|$ ≤0.8 时，表示两变量中度相关。

（7）当 0.3≤ $|r|$ <0.5 时，表示两变量低度相关。

（8）当 $|r|$ < 0.3 时，表示两变量间关系极弱，可认为不相关。

（9）当 r=0 时，表示两变量间无线性相关关系。

本例计算出了公司销售总额与净收入额之间的相关系数是 0.968257129，说明销售总额与净收入额之间存在显著性相关。

5.6 回归分析

回归分析是确定两种或两种以上变量间相互依赖的定量关系的一种统计分析方法。回归分析是一种预测性的建模技术，这种技术通常用于预测分析、时间序列模型、发现变量之间的因果关系等。例如，对于司机的鲁莽驾驶与道路交通事故数量之间的关系，最好的研究方法就是回归分析。

5.6.1 回归分析概述

回归最初是遗传学中的一个名词，是由英国生物学家兼统计学家弗朗西斯 · 高尔顿首先提出来的。他在研究人类的身高时，发现高个子回归于人口的平均身高，而矮个子则从另一个方向回归于人口的平均身高。

1. 回归分析的定义

在统计学中，回归分析指的是确定两种或两种以上变量间相互依赖的定量关系的一种统计分析方法，即研究自变量与因变量之间关系的分析方法，它主要通过建立因变量 Y 与影响它的自变量 X_i（i=1,2,3,⋯）之间的回归模型，来预测因变量 Y 的发展趋势。

2. 相关分析与回归分析的比较

相关分析与回归分析有一定的相似点。其联系是，二者均为研究及测量两个或两个以上变量之间关系的方法。在实际工作中，一般先进行相关分析，计算相关系数，然后拟合回归模型，进行显著性检验，最后用回归模型推算或预测。

两者间的区别表现在以下几个方面。

（1）相关分析研究的都是随机变量，并且不分自变量与因变量；回归分析研究的变量有自变量与因变量之分，并且自变量是确定的普通变量，因变量是随机变量。

（2）相关分析主要描述两个变量之间线性关系的密切程度；回归分析不仅可以揭示变量 X 对变量 Y 的影响大小，还可以由回归模型进行预测。

3. 回归分析的分类

回归分析按照涉及变量的多少，分为一元回归分析和多元回归分析；按照因变量的多少，分为简单回归分析和多重回归分析；按照自变量和因变量之间的关系类型，分为线性回归分析和非线性回归分析。

对于非线性回归，通常通过对数转化等方式，将其转换为线性回归的形式进行研究，所以接下来将重点学习线性回归。

4. 线性回归分析

简单线性回归分析也称为一元线性回归分析，也就是回归模型中只含一个自变量，否则称为多重线性回归。简单线性回归模型为：

$$Y=a+bX+\varepsilon$$

式中：Y—— 因变量；

X—— 自变量；

a—— 常数项，是回归直线在纵坐标轴上的截距；

b—— 回归系数，是回归直线的斜率；

ε—— 随机误差，即随机因素对因变量所产生的影响。

线性回归分析主要有 5 个步骤，如图 5-23 所示。

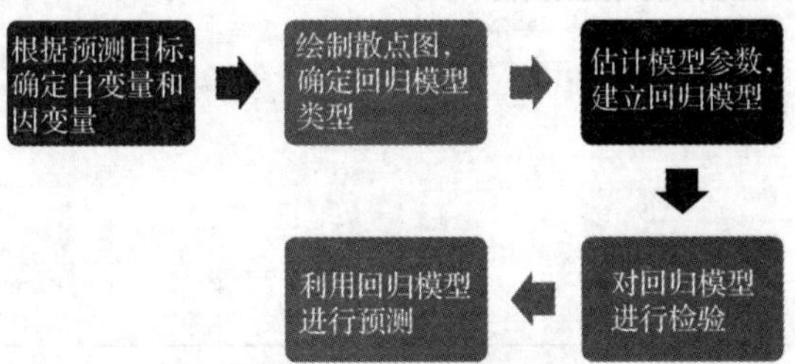

图 5-23　线性回归分析步骤

5.6.2　Excel 中的回归分析

了解了回归分析的基本概念，接下来以具体案例说明在 Excel 中如何进行回归分析。

1. Excel 中的回归分析案例

以企业生产数据为例，抽样 10 个企业的生产性固定资产总值与工业增加值的数据，计算企业生产性固定资产总值与工业增加值之间的关系，根据生产性固定资产总值预测工业增加值。原始数据如图 5-24 所示。具体的操作步骤如下。

	A	B	C
1	企业编号	生产性固定资产总值（万元）	工业增加值（万元）
2	1	318	524
3	2	910	1019
4	3	200	638
5	4	409	815
6	5	415	913
7	6	502	928
8	7	314	605
9	8	1210	1516
10	9	1022	1219
11	10	1225	1624

图 5-24　回归分析原始数据

（1）绘制散点图。在原始数据所在的工作表中选择 B1:C11 单元格区域，单击“插入”→“图表”→“散点图”按钮，即可绘制出散点图，如图 5-25 所示。

（2）添加趋势线。选择绘制出的散点图，选择“设计”→“添加图表元素”→“趋势线”→“其他趋势线选项”选项，如图 5-26 所示。

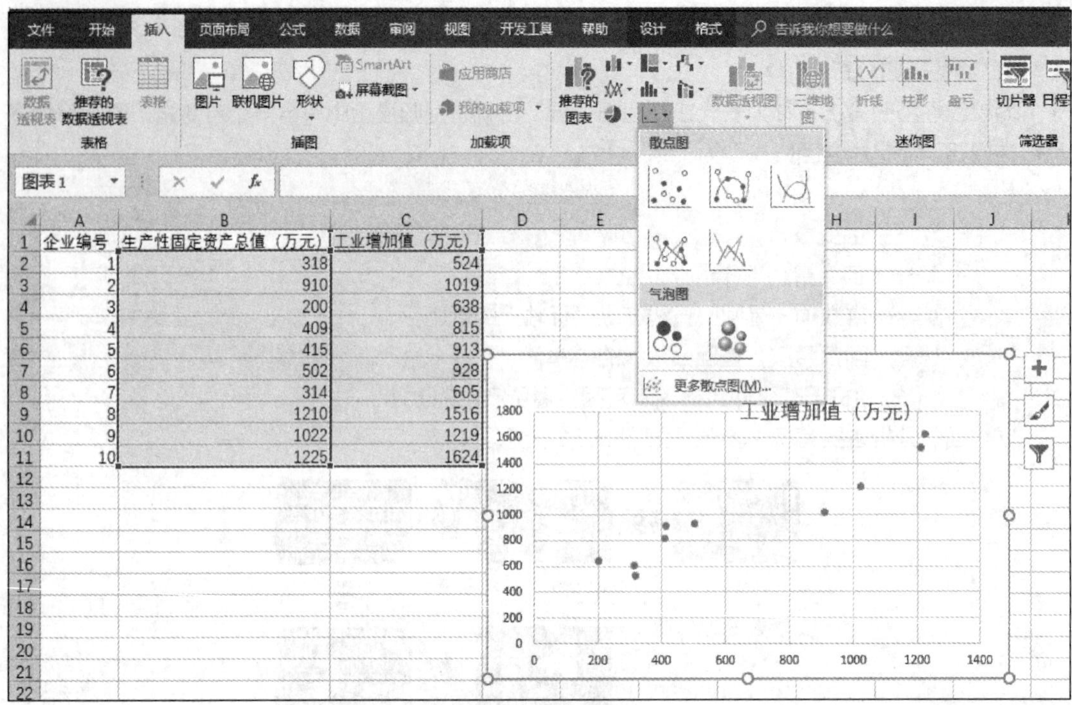

图 5-25 绘制散点图

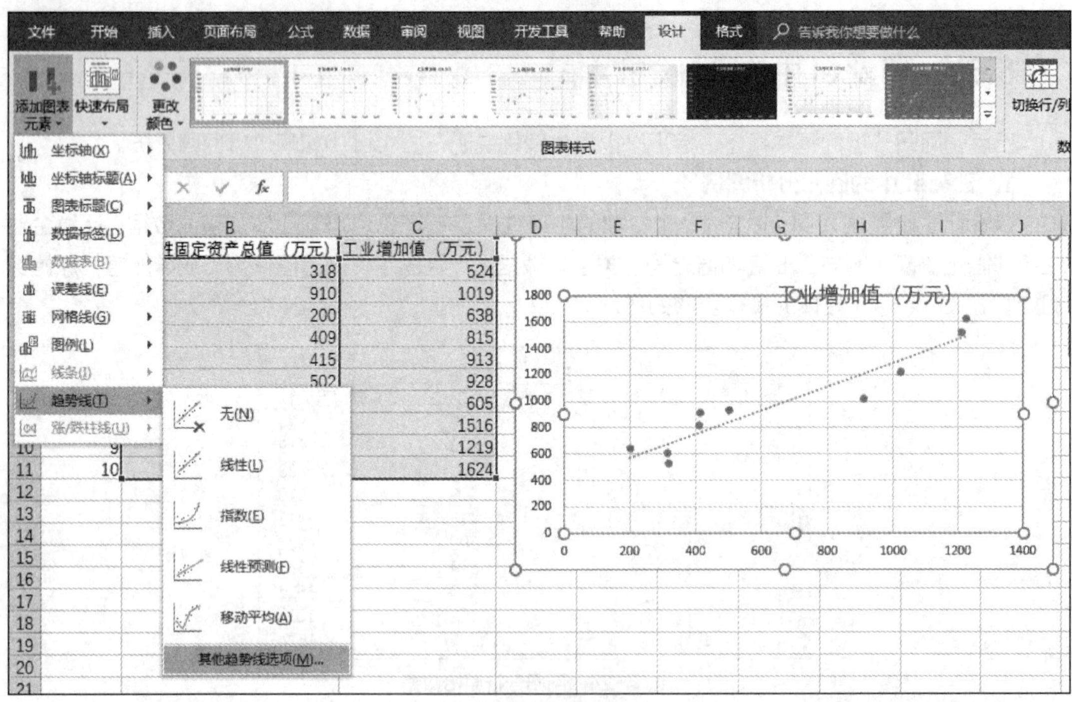

图 5-26 添加趋势线

（3）此时在工作表右侧显示图 5-27 所示的“设置趋势线格式”面板。在“设置趋势线格式”面板中单击“趋势线选项”按钮，选择“线性”单选按钮，如图 5-27 所示；在“趋势预测”区域选中“显示公式”和“显示 R 平方值”两个复选框，如图 5-28 所示。

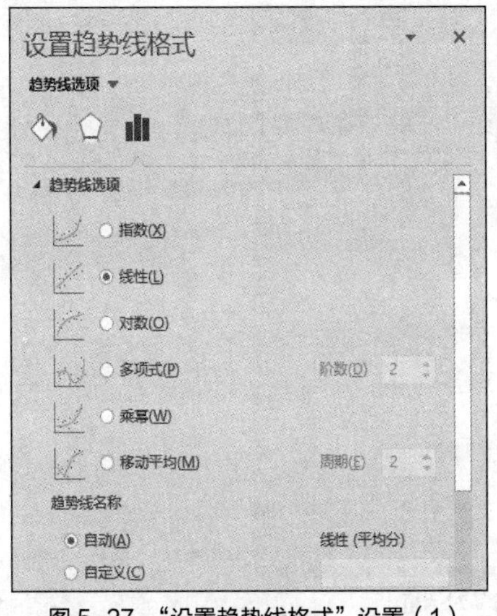

图 5-27 “设置趋势线格式”设置（1）

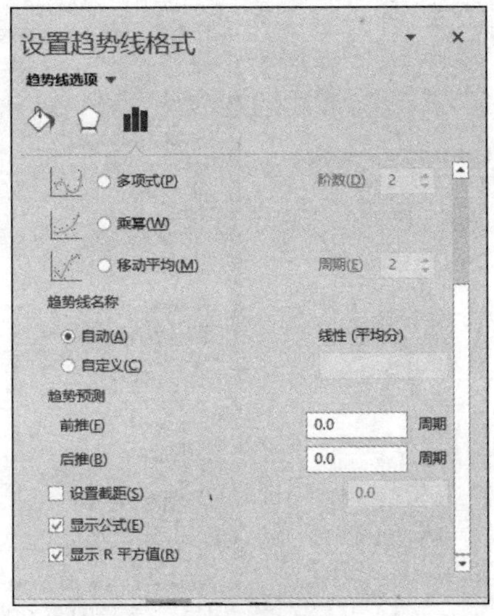

图 5-28 “设置趋势线格式”设置（2）

（4）回归分析结果。最终的结果如图 5-29 所示，由图可知，趋势线的公式为 Y= 0.8958X+ 395.57，反映了两个变量之间的强弱关系，说明生产性固定资产总值每增加 1 万元，该工业增加值增加 0.8958 万元，而拟合优度 R^2 =0.8982 说明了这个公式能够解释数据的 89.82%，说明该公式的解释力度很强。

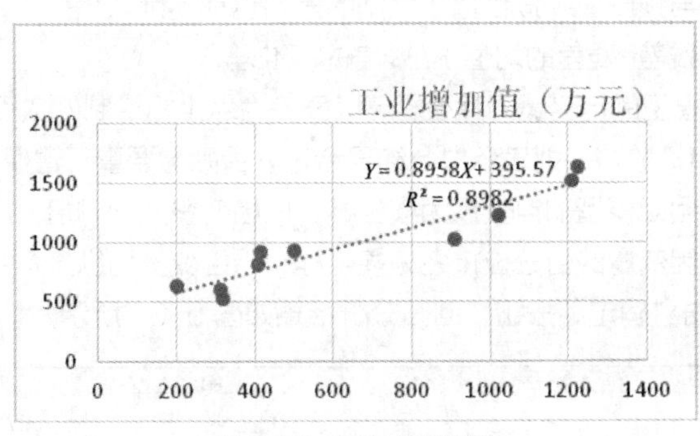

图 5-29 回归分析结果

以上是通过绘图的方式建立回归分析模型的简单做法，接下来还要进一步使用多个统计指标来检验，如回归模型的拟合优度检验（R^2）、回归模型的显著性检验（F 检验）、回归系数的显著性检验（t 检验）等，从而综合评估回归模型的优劣，这时就需要使用 Excel 分析工具库中的回归分析工具来实现，具体的步骤如下。

（1）单击“数据”→“分析”→“数据分析”按钮，弹出“数据分析”对话框，选择“回归”选项，单击“确定”按钮，弹出“回归”对话框，如图 5-30 所示。

（2）“回归”对话框的选项设置及说明如下。

输入：

① Y 值输入区域：输入需要分析的因变量数据区域，本例因变量区域是 C1:C11 单元格区域；

② X 值输入区域：输入需要分析的自变量数据区域，本例自变量区域是 B1:B11 单元格区域；

③ 标志：选中“标志”复选框则表示在选择 X、Y 的区域时，要把最上面一行的字段名选入，不能只选择数字部分。不选择“标志”复选框则表示在选择 X、Y 区域时，仅选择数字部分即可；

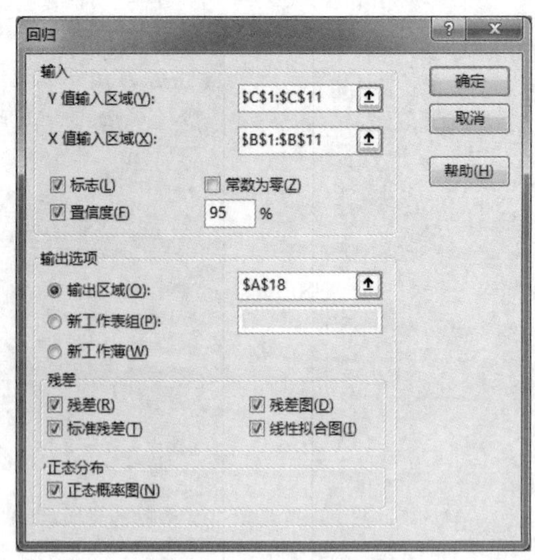

图 5-30 “回归”对话框

④ 常数为零：表示该模型属于严格的正例模型，因本例不是，故不选中；

⑤ 置信度：本例设置了 95%置信度。

输出选项：

① 输出区域：可以在本表也可以在其他新表输出；

② 残差：指观测值与预测值（拟合值）之间的差，也称剩余值；

③ 标准残差：指（残差-残差的均值）/ 残差的标准差；

④ 残差图：以回归模型的自变量为横坐标，以残差为纵坐标绘制的散点图。若绘制的点都在以 0 为横轴的直线的上下随机散布，则表示拟合结果合理，否则需要重新建模；

⑤ 线性拟合图：以回归模型的自变量为横坐标，以因变量及预测值为纵坐标绘制的散点图；

⑥ 正态概率图：以因变量的百分位排名为横坐标，以因变量为纵坐标绘制的散点图。

（3）设置完毕，单击“确定”按钮，回归分析结果如图 5-31 所示。

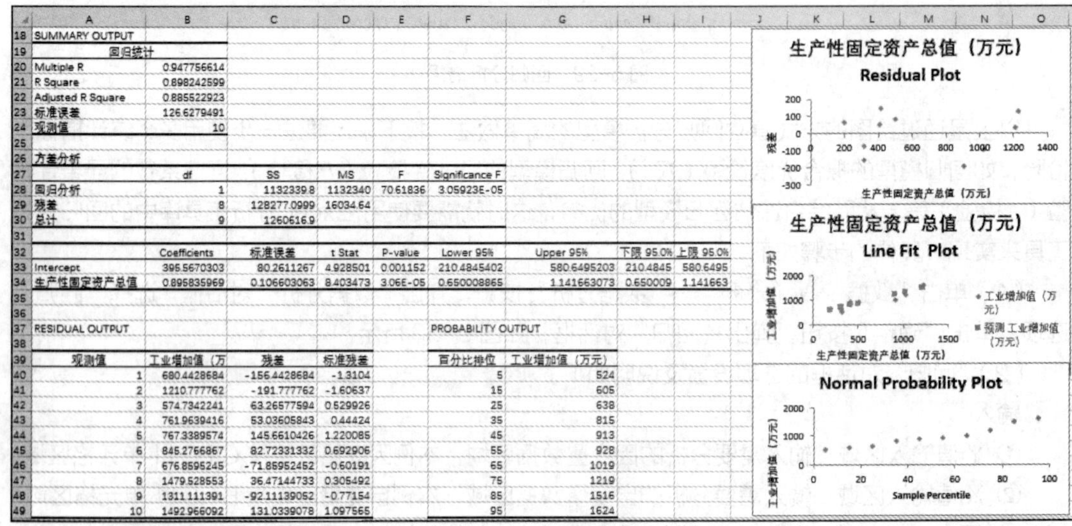

SUMMARY OUTPUT

回归统计	
Multiple R	0.947756614
R Square	0.898242599
Adjusted R Square	0.885522923
标准误差	126.6279491
观测值	10

方差分析

	df	SS	MS	F	Significance F
回归分析	1	1132339.8	1132340	70.61836	3.05923E-05
残差	8	128277.0999	16034.64		
总计	9	1260616.9			

	Coefficients	标准误差	t Stat	P-value	Lower 95%	Upper 95%	下限 95.0%	上限 95.0%
Intercept	395.5670303	80.2611267	4.928501	0.001152	210.4845402	580.6495203	210.4845	580.6495
生产性固定资产总值	0.895835969	0.106603063	8.403473	3.06E-05	0.650008865	1.141663073	0.650009	1.141663

RESIDUAL OUTPUT

观测值	工业增加值（万	残差	标准残差
1	680.4428684	-156.4428684	-1.3104
2	1210.777762	-191.777762	-1.60637
3	574.7342241	63.26577594	0.529926
4	761.9639416	53.03605843	0.44424
5	767.3389574	145.6610426	1.220085
6	845.2766867	82.72331332	0.692906
7	676.8595245	-71.85952452	-0.60191
8	1479.528553	36.47144733	0.305492
9	1311.111391	-92.11139052	-0.77154
10	1492.966092	131.0339078	1.097565

PROBABILITY OUTPUT

百分比排位	工业增加值（万元）
5	524
15	605
25	638
35	815
45	913
55	928
65	1019
75	1219
85	1516
95	1624

图 5-31 回归分析结果

2. 回归分析工具解析

通过 Excel 分析工具库中的回归分析工具，可以了解到更多信息，如回归统计表、方差分析表、回归系数表，这 3 张表分别用于回归模型的拟合优度检验（R^2）、回归模型显著性检验（F检验）、回归系数显著性检验（t检验）。

（1）回归统计表

回归统计表用于衡量因变量 Y与自变量 X之间相关程度的大小，以及检验样本数据点聚集在回归直线周围的密集程度，从而评价回归模型对样本数据的代表程度，即回归模型的拟合效果。它主要包含以下 5 个部分。

① Multiple R：因变量 Y与自变量 X之间的相关系数绝对值，本例中 R= 0.9478（保留四位小数），高度正相关。

② R Square：判定系数 R^2（也称拟合优度或决定系数），即相关系数 R的平方。R^2越接近 1，表示回归模型拟合效果越好，本例中 R^2=0.8982（保留四位小数），回归模型拟合效果好。

③ Adjusted R Square：调整判定系数，仅在用于多重线性回归时才有意义，它用于衡量加入其他自变量后模型的拟合程度。

④ 标准误差：其实应当是剩余标准差（Std.Error of the Estimate），这是 Excel 中的一个漏洞。在对多个回归模型比较拟合程度时，通常会比较剩余标准差，此值越小，说明拟合程度越好。本例的剩余标准差是 126.6279（保留四位小数）。

⑤ 观测值：用于估计回归模型的数据个数（n），本例 n=10。

（2）方差分析表

方差分析表的主要作用是通过 F检验来判断回归模型的回归效果，即检验因变量与所有自变量之间的线性关系是否显著，用线性模型来描述它们之间的关系是否恰当。表中主要有 df（自由度）、SS（误差平方和）、MS（均方差）、F（F统计量）、Significance F（P值）5 大指标，通常只需要关注 F、Significance F 两个指标，其中主要参考 Significance F，因为计算出 F统计量后，还需要查找统计表（F分布临界值表），并与之进行比较才能得出结果，而 P值可直接与显著性水平 α 比较得出结果。

① F：F统计量，用于衡量变量间的线性关系是否显著，本例中 F=70.6184（保留四位小数）。

② Significance F：它是在显著性水平 α（常用取值是 0.01 或 0.05）下的 F的临界值，也就是统计学中常说的 P值。一般以此来衡量检验结果是否具有显著性，如果 P值>0.05，则结果不具有显著的统计学意义；如果 0.01<P值≤0.05，则结果具有显著的统计学意义。

（3）回归系数表

回归系数表主要用于回归模型的描述和回归系数的显著性检验。回归系数的显著性检验，即研究回归模型中的每个自变量与因变量之间是否存在显著的线性关系，也就是研究自变量能否有效地解释因变量的线性变化，它们能否保留在线性回归模型中。

回归系数表中，第一列的 Intercept、生产性固定资产总值分别为回归模型中的 a、b。对于大多数回归分析来讲，关注 b比 a重要。第二列是 a和 b的值，据此可以写出回归模型。第四、五列分别是回归系数 t检验和相应的 P值，P值同样要与显著性水平 α进行比较，最后两列是给出的 a和 b的 95%的置信区间的上下限。

在进行多元线性回归时，常用到的是 F检验和 t检验。F检验用来检验整体方程系数是否显著异于 0，如果 F检验的 P值小于 0.05，就说明整体回归是显著的。然后看各个系数的显著性，也就是 t检验。计量经济学中常用的显著性水平为 0.05，如果 t值大于 2 或 P值小于 0.05，就说明该变量前面的系数显著不为0，选的这个变量是有用的。

最终得到的简单线性回归模型为 Y=0.8958X+395.57，其中判定系数 R^2=0.8982，回归模型拟合效果较好。回归模型的 F 检验与回归系数的 t 检验相应的 P 值都远小于0.01，具有显著线性关系。综合来说，回归模型拟合较好。

如果需要预测工业增加值，只需要将企业的生产性固定资产总值代入公式即可。

5.7 移动平均

相关分析与回归分析都是预测方法，可以通过这两种方法了解多个变量之间的关系，分析目标变量未来的发展变化趋势。除此之外，还有一种根据时间发展进行预测的方法，称为时间序列预测法。

时间序列预测法是根据过去的变化趋势预测未来的发展，它的前提是假定事物的过去延续到未来。时间序列预测法的基本原理：一方面，承认事物发展的延续性，运用过去的时间序列数据进行统计分析，推测出事物的发展趋势；另一方面，充分考虑到偶然因素影响而产生的随机性，为了消除随机波动的影响，利用历史数据进行统计分析，并对数据进行适当处理，进行趋势预测。

时间序列预测法主要包括简单序时平均数法、加权序时平均数法、移动平均法、加权移动平均法、趋势预测法、指数平滑法、季节性趋势预测法、市场寿命周期预测法等。其中，移动平均法、指数平滑法是最常使用的方法。

5.7.1 移动平均的概念

1. 移动平均的定义

移动平均法是一种简单平滑预测技术，它的基本思想是，根据时间序列资料逐项推移，依次计算包含一定项数的序时平均值，以反映长期趋势。因此，当时间序列的数值由于受周期变动和随机波动的影响起伏较大，不易显示出事件的发展趋势时，使用移动平均法可以消除这些因素的影响，显示出事件的发展方向与趋势（即趋势线），然后依趋势线分析预测序列的长期趋势。

2. 移动平均法的分类

移动平均法可以分为简单移动平均法和加权移动平均法。

（1）简单移动平均法

简单移动平均的各元素的权重都相等。简单移动平均法的计算公式如下：

$$F_t = (A_{t-1}+A_{t-2}+A_{t-3}+\cdots+A_{t-n})/n$$

式中：F_t—— 对下一期的预测值；

n—— 移动平均的时期个数；

A_{t-1}—— 前期实际值；

A_{t-2}、A_{t-3}和 A_{t-n}分别表示前两期、前3期直至前 n 期的实际值。

（2）加权移动平均法

加权移动平均给固定跨越期限内的每个变量值以不相等的权重。其原理是，历史各期产品需求的数据信息对预测未来期内的需求量的作用是不一样的。除了以 n 为周期的周期性变化外，远离目标期的变量值的影响力相对较低，故应给予较低的权重。

加权移动平均法的计算公式如下：

$$F_t = w_1A_{t-1} + w_2A_{t-2} + w_3A_{t-3} + \cdots + w_nA_{t-n}$$

式中：w_1——第 t-1 期实际销售额的权重；

w_2——第 t-2 期实际销售额的权重；

w_n——第 t-n 期实际销售额的权重；

n——预测的时期数。

另外，$w_1+w_2+\cdots+w_n=1$。

在运用加权移动平均法时，权重的选择是一个应该注意的问题。经验法和试算法是选择权重最简单的方法。一般而言，最近期的数据最能预示未来的情况，因而权重应大些。例如，前一个月的利润和生产能力比起前几个月的数据能更好地估测下个月的利润和生产能力。但是，如果数据是季节性的，则权重也应是季节性的。

5.7.2 Excel 中的移动平均

Excel 中有“移动平均”的功能。接下来，以实例来说明使用移动平均如何进行预测。以 1990 到 2005 年全国大豆亩产数据为例，经过移动平均，预测 2006 年全国大豆亩产数据，具体操作步骤如下。

（1）单击“数据”→“分析”→“数据分析”按钮，弹出“数据分析”对话框，选择“移动平均”选项，单击“确定”按钮，弹出“移动平均”对话框，如图 5-32 所示。

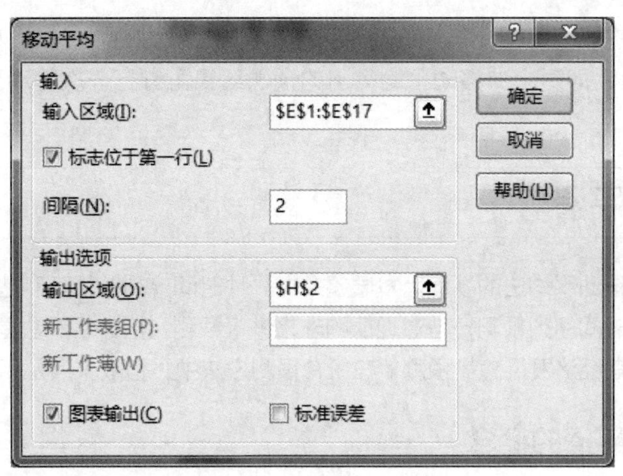

图 5-32 “移动平均”对话框

（2）参数设置。在输入区域设置需要进行移动平均数据的区域，本题中是全国大豆单位亩产数据的区域，为 E1:E17 单元格区域；“标志位于第一行”可设置选中的区域是否包含字段名称，本题包含，直接选中；间隔可设置移动平均的时期数，本题输入“2”，表示参考两期数据；输出选项用于设置输出的区域，以及以何种方式输出，本题选中了“图表输出”复选框，则以图表形式输出，移动平均的结果如图 5-33 所示。

（3）由于要预测下一年的大豆亩产数据，即 2006 年数据，因此直接将 H 列的单元格右下角实心十字箭头往下拖动到下一格，即可得到下一年的大豆亩产预测数据。本题拖动 H17 单元格右下角实心十字箭头至 H18，可得 2006 年大豆亩产预测数据为 113.6355，如图 5-34 所示。

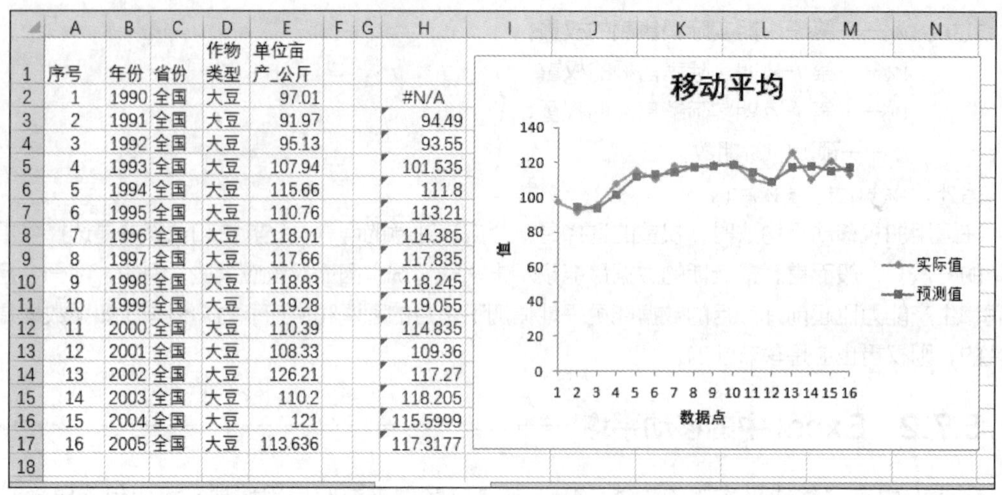

	A	B	C	D	E	F	G	H
1	序号	年份	省份	作物类型	单位亩产_公斤			
2	1	1990	全国	大豆	97.01			#N/A
3	2	1991	全国	大豆	91.97			94.49
4	3	1992	全国	大豆	95.13			93.55
5	4	1993	全国	大豆	107.94			101.535
6	5	1994	全国	大豆	115.66			111.8
7	6	1995	全国	大豆	110.76			113.21
8	7	1996	全国	大豆	118.01			114.385
9	8	1997	全国	大豆	117.66			117.835
10	9	1998	全国	大豆	118.83			118.245
11	10	1999	全国	大豆	119.28			119.055
12	11	2000	全国	大豆	110.39			114.835
13	12	2001	全国	大豆	108.33			109.36
14	13	2002	全国	大豆	126.21			117.27
15	14	2003	全国	大豆	110.2			118.205
16	15	2004	全国	大豆	121			115.5999
17	16	2005	全国	大豆	113.636			117.3177
18								

图 5-33　移动平均的结果

15	14	2003	全国	大豆	110.2		118.205
16	15	2004	全国	大豆	121		115.5999
17	16	2005	全国	大豆	113.636		117.3177
18							113.6355

图 5-34　预测下一年的数据

以上操作对数据进行了一次移动平均，另外还有二次移动平均，二次移动平均是建立在一次移动平均的基础上，即对一次移动平均得出的预测结果再进行一次移动平均，这里就不再赘述了。

5.8　指数平滑

指数平滑法是在移动平均法的基础上发展起来的一种时间序列分析预测法，它是通过计算指数平滑值，配合一定的时间序列预测模型对现象的未来进行预测。指数平滑法是生产预测中常用的一种方法，也用于中短期经济发展趋势预测。在所有预测方法中，指数平滑是用得最多的一种。

5.8.1　指数平滑的概念

指数平滑是指根据本期的实际值和预测值，并借助于平滑系数（α）进行加权平均计算，预测下一期的值。其原理是，任一期的指数平滑值都是本期实际观察值与前一期指数平滑值的加权平均。它可对时间序列数据给予加权平滑，从而获得其变化规律与趋势。

Excel 中的指数平滑法需要使用阻尼系数（β）。阻尼系数越小，近期实际值对预测结果的影响越大；反之，阻尼系数越大，近期实际值对预测结果的影响越小。

α——平滑系数（$0\leqslant\alpha\leqslant1$）；

β——阻尼系数（$0\leqslant\beta\leqslant1$），$\beta=1-\alpha$。

在实际应用中，阻尼系数是根据时间序列的变化特性来选取的。若时间序列数据波动不大，比较平稳，则阻尼系数应取小一些，如 0.1～0.3；若时间序列数据具有迅速且明显的变化倾向，则阻尼系数应取大一些，如 0.6～0.9。根据具体时间序列数据的情况，可以大致确定阻尼系数（β）的预测标准误差，选取预测标准误差较小的那个预测结果。

指数平滑公式如下：

$$Y_i=\alpha X_{i-1}+(1-\alpha)Y_{i-1}=(1-\beta)X_{i-1}+\beta Y_{i-1}$$

式中：Y_i—— 时间 i 的平滑值；

X_{i-1} —— 时间 $i-1$ 的实际值；

Y_{i-1} —— 时间 $i-1$ 的平滑值；

α —— 平滑系数；

β —— 阻尼系数。

指数平滑法可分为一次指数平滑法、二次指数平滑法及三次指数平滑法，这里主要介绍一次指数平滑法。

5.8.2 Excel 中的指数平滑案例

Excel 中有“指数平滑”的功能。接下来以实例来说明使用指数平滑如何进行预测。以 1990 到 2005 年全国大豆亩产数据为例，经过指数平滑，预测 2006 年全国大豆亩产数据，具体操作步骤如下。

（1）单击“数据”→“分析”→“数据分析”按钮，弹出“数据分析”对话框，选择“指数平滑”选项，单击“确定”按钮，弹出“指数平滑”对话框，如图 5-35 所示。

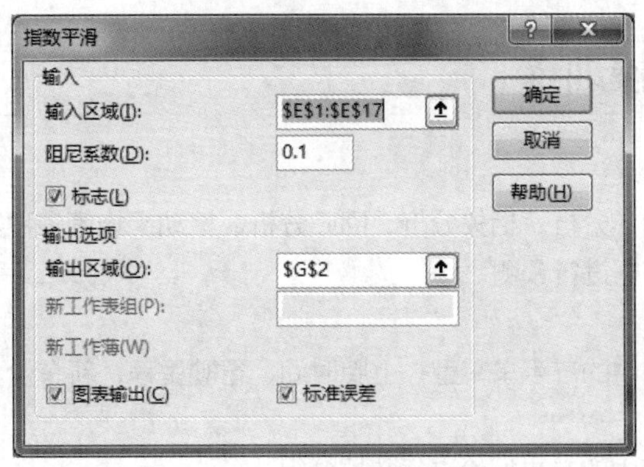

图 5-35 “指数平滑”对话框

（2）参数设置。输入区域是指需要进行指数平滑的区域，本例是 E1:E17 单元格区域；将阻尼系数设置为 0.1，由于数据变化波动不大，因此，平滑系数为 0.9；“标志”用于设置是否包含字段名，本例包含，直接选中该复选框；将输出区域设置为本表从 G2 开始的位置；“图表输出”可输出由实际数据与指数平滑数据形成的折线图；“标准误差”是实际数据与预测数据的标准差，用于显示预测值与实际值的差距，这个数据越小表明预测数据越准确。

（3）单击“确定”按钮，即可完成计算，结果如图 5-36 所示。

（4）由于要预测下一年的大豆亩产数据，即 2006 年数据，因此直接将 G 列的单元格右下角实心十字箭头向下拖动，到下一格，即可得到下一年的大豆亩产预测数据。本题拖动 G17 单元格右下角实心的十字箭头至 G18，可得 2006 年大豆亩产预测数据为 114.2782，如图 5-37 所示。

本题在进行数据分析时，为更加精准地预测，可以分别对根据不同的阻尼系数得出的结果进行对比，将标准误差最小的作为最终的选择。

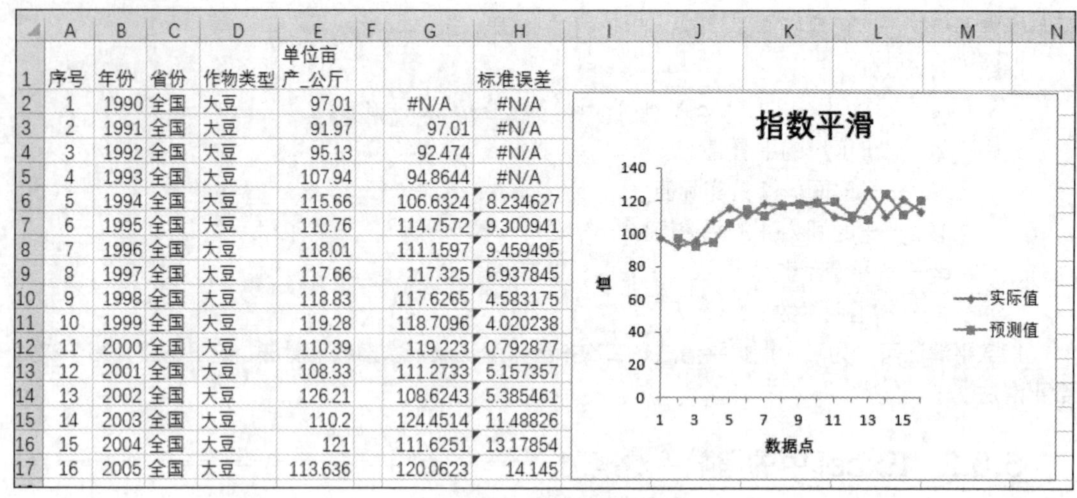

	A	B	C	D	E	F	G	H
1	序号	年份	省份	作物类型	单位亩产_公斤			标准误差
2	1	1990	全国	大豆	97.01		#N/A	#N/A
3	2	1991	全国	大豆	91.97		97.01	#N/A
4	3	1992	全国	大豆	95.13		92.474	#N/A
5	4	1993	全国	大豆	107.94		94.8644	#N/A
6	5	1994	全国	大豆	115.66		106.6324	8.234627
7	6	1995	全国	大豆	110.76		114.7572	9.300941
8	7	1996	全国	大豆	118.01		111.1597	9.459495
9	8	1997	全国	大豆	117.66		117.325	6.937845
10	9	1998	全国	大豆	118.83		117.6265	4.583175
11	10	1999	全国	大豆	119.28		118.7096	4.020238
12	11	2000	全国	大豆	110.39		119.223	0.792877
13	12	2001	全国	大豆	108.33		111.2733	5.157357
14	13	2002	全国	大豆	126.21		108.6243	5.385461
15	14	2003	全国	大豆	110.2		124.4514	11.48826
16	15	2004	全国	大豆	121		111.6251	13.17854
17	16	2005	全国	大豆	113.636		120.0623	14.145

图 5-36　指数平滑结果

15	14	2003	全国	大豆	110.2	124.4514	11.48826
16	15	2004	全国	大豆	121	111.6251	13.17854
17	16	2005	全国	大豆	113.636	120.0623	14.145
18						114.2782	

图 5-37　2006 年预测数据

5.9 课堂实操训练

【训练目标】

熟练掌握直方图、抽样分析、相关分析、回归分析、移动平均等多种数据分析方法，能对数据进行定量分析，也能对数据进行预测。

【训练内容】

通过对二手车报价表中的二手车车型、上牌时间、行驶里程、新车价、二手车报价等数据的分析，预测二手车的报价。

（1）对二手车报价表中的车主报价进行数据分组。

（2）对车主报价进行描述性统计分析，得出描述性统计相关参数值。

（3）计算二手车报价与新车价之间的相关系数。

（4）对二手车报价与新车价、行驶里程、上牌时间进行多元回归分析，并预测 2012 年购买的、行驶了 5 万千米的、原价为 30 万元的二手车的大体报价。

【训练步骤】

（1）利用直方图对二手车报价表中的车主报价进行数据分组，将数据分成 0～10 万元、10～20 万元、20～30 万元、30～40 万元及 40 万元以上 5 个区间。

① 源数据显示在 F1:F101 区域，先设置统计分组的区间，在直方图中称为接收区域，如 H2:H6 单元格区域。

② 单击“数据”→“分析”→“数据分析”按钮，弹出“数据分析”对话框，选择“直方图”选项，如图 5-38 所示，单击“确定”按钮，弹出“直方图”对话框。

③ 在“直方图”对话框中设置直方图的各项参数，如图 5-39 所示。

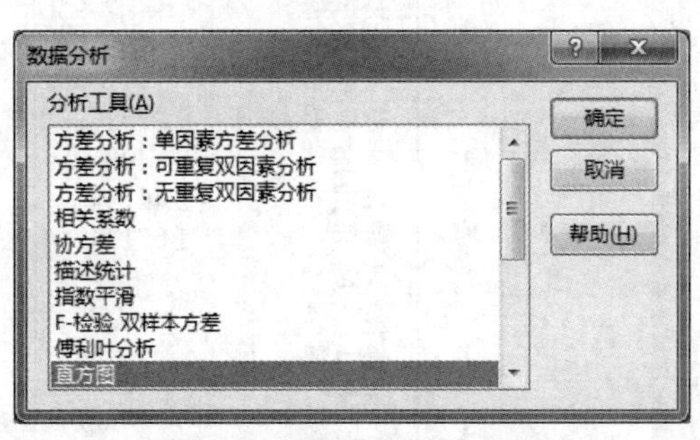

图 5-38 选择“直方图”选项

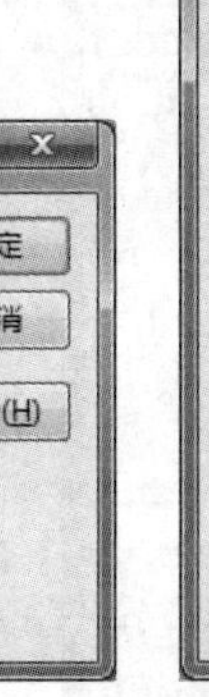

图 5-39 直方图参数设置

④ 根据二手车报价，形成数据分组的直方图，如图 5-40 所示。

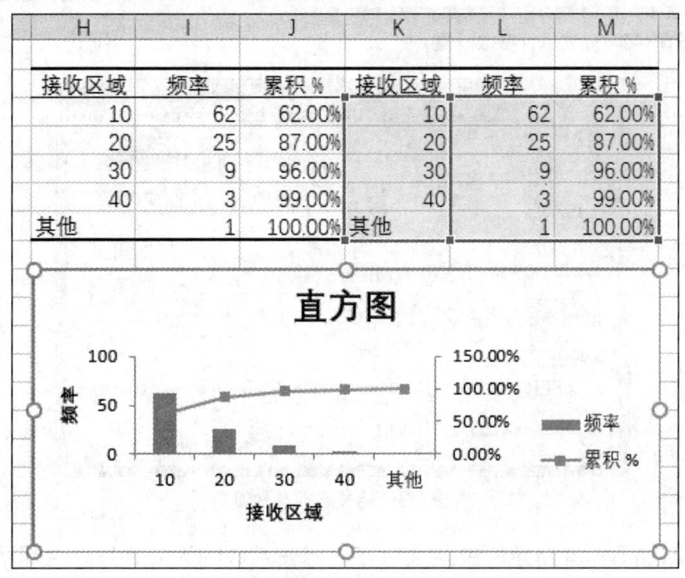

接收区域	频率	累积 %	接收区域	频率	累积 %
10	62	62.00%	10	62	62.00%
20	25	87.00%	20	25	87.00%
30	9	96.00%	30	9	96.00%
40	3	99.00%	40	3	99.00%
其他	1	100.00%	其他	1	100.00%

图 5-40 直方图的效果

（2）对车主报价进行描述性统计分析，得出描述性统计相关参数值。

① 单击“数据”→“分析”→“数据分析”按钮，弹出“数据分析”对话框，选择“描述统计”选项，单击“确定”按钮，弹出“描述统计”对话框。

② 描述统计的参数设置如图 5-41 所示。

③ 单击“确定”按钮，形成的描述统计结果如图 5-42 所示。从数据中可以看出，二手车平均报价在 11 万元左右，大多数报价都在 10 万元以内，中位数是 8.56。

（3）计算二手车报价与新车价之间的相关系数。

① 单击“数据”→“分析”→“数据分析”按钮，弹出“数据分析”对话框，选择“相关系数”选项，单击“确定”按钮，弹出“相关系数”对话框。

② 要计算新车价与二手车报价的相关系数，输入区域要选择新车价与车主报价这两列，相关系数的参数设置如图 5-43 所示。

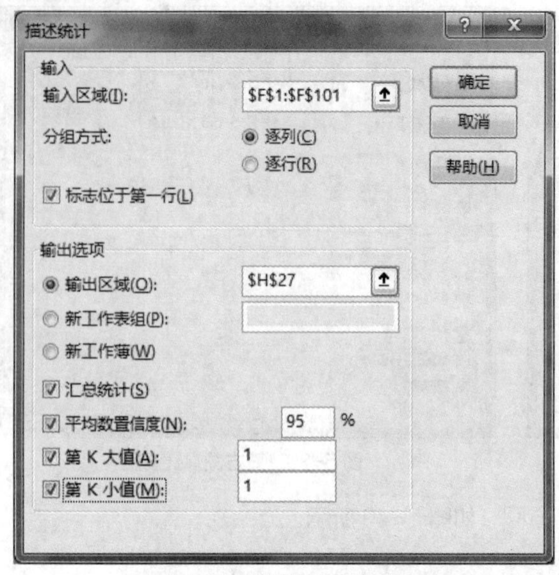

图 5-41　描述统计参数设置

车主报价（万）	
平均	10.9712
标准误差	0.827626
中位数	8.56
众数	7.5
标准差	8.276263
方差	68.49652
峰度	3.467946
偏度	1.671745
区域	45.25
最小值	1.75
最大值	47
求和	1097.12
观测数	100
最大(1)	47
最小(1)	1.75
置信度(95.0%)	1.64219

图 5-42　描述统计的结果

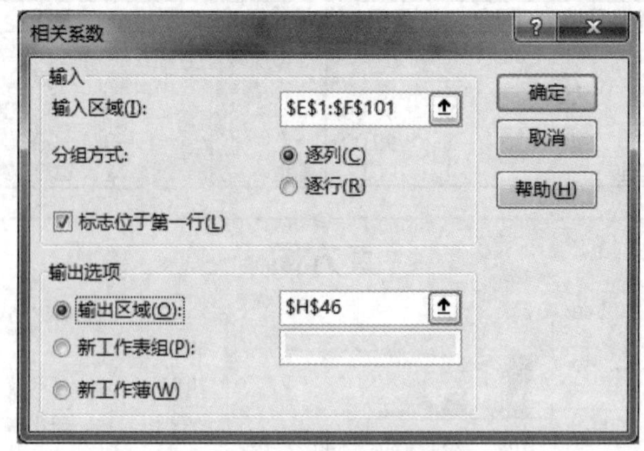

图 5-43　相关系数参数设置

③ 计算结果如图 5-44 所示。由结果可知，相关系数约为 0.847，说明两者间还是非常相关的。

	新车价（万）	车主报价（万）
新车价（万）	1	
车主报价（万）	0.846951998	1

图 5-44　相关系数计算结果

（4）对二手车报价与新车价、行驶里程、上牌时间进行多元回归分析，并预测 2012 年购买的、行驶了 5 万千米的、原价为 30 万元的二手车的大体报价。

① 单击“数据”→“分析”→“数据分析”按钮，弹出“数据分析”对话框，选择“回归”选项，单击“确定”按钮，弹出“回归”对话框。

② 设置回归分析的相关参数。Y 值输入区域是二手车报价数据所在的区域，X 值输入区域是上牌时间、行驶里程、新车价的数据所在区域，具体设置如图 5-45 所示。

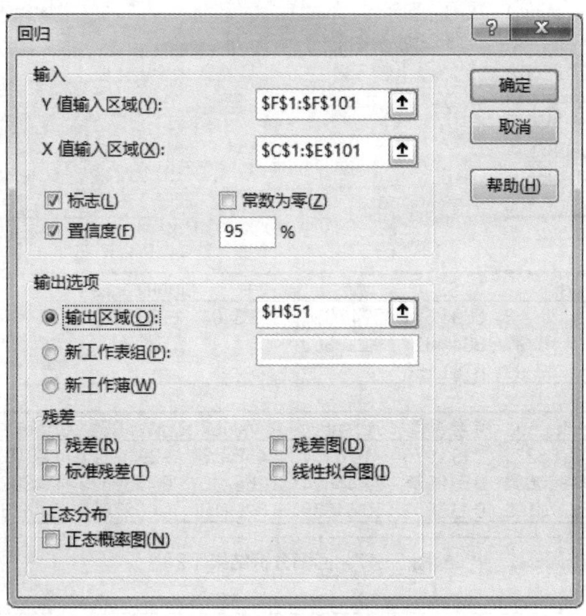

图 5-45　回归参数设置

③ 回归分析的结果如图 5-46 所示。观察回归参数表，从表中可知，行驶里程数中的 *t* 检验的 *P* 值约是 0.123，远大于 0.05。由此说明，自变量与因变量之间的相关性不大，即二手车报价与行驶里程相关性不大。因此，可以剔除该变量，重新计算二手车报价与新车价、上牌时间之间的关系。重新进行多元线性回归分析，得到的结果如图 5-47 所示。该结果的 *t* 检验与 *F* 检验均符合要求，从结果可知，多元线性回归模型 $Y=a+bX_1+cX_2$ 中的 $a\approx-2481.5$、$b\approx0.449$、$c\approx1.233$。因此，$Y=-2481.5+0.449X_1+1.233X_2$ 是二手车报价的回归方程。

预测 2012 年的、行驶 5 万千米的、原价为 30 万元的车的报价时，只需将 $X_1=30$、$X_2=2012$ 代入方程即可。二手车报价大约为 $Y=-2481.5+0.449*30+1.233*2012=12.766$，因此，该二手车报价约为 12.77 万元。

SUMMARY OUTPUT								
回归统计								
Multiple R	0.934223737							
R Square	0.87277399							
Adjusted R Squa	0.868798177							
标准误差	2.997810618							
观测值	100							
方差分析								
	df	SS	MS	F	ignificance F			
回归分析	3	5918.41628	1972.805	219.5209	7.71E-43			
残差	96	862.7393759	8.986868					
总计	99	6781.155656						
	Coefficients	标准误差	t Stat	P-value	Lower 95%	Upper 95%	下限 95.0%	上限 95.0%
Intercept	-2223.17328	284.8567179	-7.80453	7.35E-12	-2788.61	-1657.74	-2788.61	-1657.74
上牌时间(年)	1.104814785	0.141379213	7.814549	7E-12	0.824179	1.38545	0.824179	1.38545
行驶里程（万公	-0.15386032	0.098918518	-1.55542	0.123136	-0.35021	0.042491	-0.35021	0.042491
新车价（万）	0.452775902	0.020010305	22.62714	2.94E-40	0.413056	0.492496	0.413056	0.492496

图 5-46　回归分析结果（1）

回归统计	
Multiple R	0.93250614
R Square	0.8695677
Adjusted R Square	0.86687838
标准误差	3.0196636
观测值	100

方差分析

	df	SS	MS	F	Significance F
回归分析	2	5896.674	2948.337	323.3404	1.2479E-43
残差	97	884.4817	9.118368		
总计	99	6781.156			

	Coefficients	标准误差	t Stat	P-value	Lower 95%	Upper 95%	下限 95.0%	上限 95.0%
Intercept	-2481.5229	233.1076	-10.6454	5.45E-18	-2944.177	-2018.87	-2944.18	-2018.87
新车价（万）	0.44860682	0.019975	22.45894	3.26E-40	0.4089629	0.488251	0.408963	0.488251
上牌时间(年)	1.23270199	0.115851	10.64039	5.59E-18	1.0027695	1.462634	1.002769	1.462634

图 5-47　回归分析结果（2）

5.10　本章小结

本章主要讲解了 Excel 数据分析工具库的安装及使用，重点讲解了数据分析工具库中的直方图、抽样分析、描述统计、相关分析、移动平均、指数平滑等多种数据分析方法。

（1）Excel 数据分析工具库是 Excel 专门为数据分析提供的加载工具，包含了描述统计、相关分析、回归分析等多种常用的数据分析工具，通过简单的参数设置，就可以快速地进行数据分析。

（2）直方图：根据数据特征对数据进行快速分组，获得数据的区间分析情况或数据出现频数的情况等，并能形成图表直观地展示出来。

（3）抽样分析：从研究对象的全部单位中抽取一部分单位进行考察和分析，并用这部分单位的数量特征去推断总体的数量特征。

（4）描述性统计分析：针对一组数据的各种特征进行分析，描述测量样本的各种特征及其所代表的总体特征。其包括描述数据的集中趋势：平均数、众数、中位数等；描述数据的离散趋势：最大值、最小值、平均差、极差、方差、标准差等；描述数据的分布形状：偏态与峰度。

（5）相关分析：分析客观现象之间存在的非严格的、不确定的依存关系，可以通过相关系数来反映两者间的关联程度。

（6）回归分析：确定两种或两种以上变量间相互依赖的定量关系的一种统计分析方法，是研究自变量与因变量之间关系的分析方法。它主要通过建立因变量 Y 与影响它的自变量 X_i（i=1,2,3,⋯）之间的回归模型，来预测因变量 Y 的发展趋势。

（7）两种常用的时间序列分析预测：移动平均与指数平滑。移动平均法是指根据时间序列资料逐项推移，依次计算包含一定项数的序时平均值，以反映长期趋势的方法。指数平滑法是在移动平均法基础上发展起来的一种时间序列分析预测法。它通过计算指数平滑值，配合一定的时间序列预测模型对现象的未来进行预测。其原理是任一期的指数平滑值都是本期实际观察值与前一期指数平滑值的加权平均。

5.11 拓展实操训练

【训练内容】

通过对 1949 到 2006 年江苏省稻谷产量中单位亩产数据的分析，预测 2007 年江苏省稻谷亩产数据。

（1）对数据进行抽样分析，随机抽出 20 组进行分析。

（2）计算生产年份、稻谷单位亩产之间的相关系数。

（3）针对历年的稻谷单位亩产进行描述性统计分析，得出描述性统计相关参数值。

（4）利用移动平均分析法，预测 2008 年稻谷单位亩产量。

（5）利用指数平滑分析法，预测 2008 年稻谷单位亩产量。

第 6 章 Excel数据展示

06

▶ 学习目标

① 掌握 Excel 中数据列突出显示、图标集、数据条、色阶等条件格式的设置方法

② 掌握 Excel 中简单图表的创建与美化方法

③ 能根据要求创建组合图与动态图

数据的展示是指进一步优化数据分析的结果，用更加直观、有效的方式将数据展现出来。常见的数据展现方式有表格和图表。一般情况下，能用表格说明问题的就不用文字，能用图表展示的就不用表格。

6.1 表格展示

表格展示即把数据按一定的顺序排列在表格中，在一定的条件下可以按照某种条件格式的要求进行展示。

6.1.1 数据列突出显示

有时，对于某些数据范围内的数据需要重点标识出来，说明此类数据在整个列中具有强调作用。例如，在“员工信息表”的“学历”一列中，大部分员工是本科或大专等中等学历，而具有硕士、博士等高学历的员工不多，需要重点显示出来。

【例 6-1】在图 6-1 所示的“员工信息表”中，请将学历为硕士的单元格用黄色底纹填充、学历为博士的单元格用绿色底纹填充，操作步骤如下。

	A	B	C	D	E	F	G	H
1	工号	姓名	性别	部门	职务	出生日期	进公司时间	学历
2	AA001	张伟	男	采购部	职员	1974/2/2	2013/5/3	本科
3	AA010	李强	男	招商部	职员	1985/3/2	2014/5/2	本科
4	AA004	张红	女	人事部	职员	1983/3/1	2014/7/2	硕士
5	AA101	赵刚	男	招商部	经理	1978/6/5	2012/2/1	本科
6	AA110	李曼	女	营运部	经理	1977/11/2	2012/4/2	硕士
7	AA114	钱书	男	营运部	职员	1984/5/2	2016/5/3	博士

图 6-1 员工信息表

（1）选中单元格区域 H2:H7，选择“开始”→“样式”→“条件格式”→“新建规则”选项，弹出图 6-2 所示的“新建格式规则”对话框。

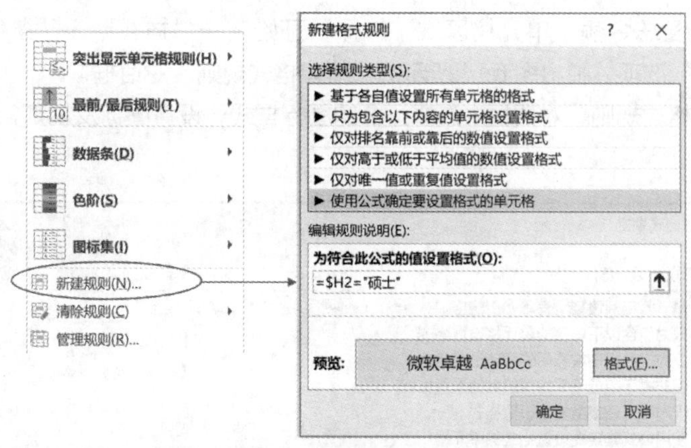

图 6-2　打开“新建格式规则”对话框

（2）选择规则类型为“使用公式确定要设置格式的单元格”，在“编辑规则说明”下方的输入框中输入公式“=$H2="硕士"”，单击“格式”按钮，在弹出的对话框中选择需要设置的格式，此处选择“填充”效果的黄色底纹作为格式样式，单击“确定”按钮即可。

（3）为学历为博士的单元格设置绿色底纹，步骤与上面相同。

（4）设置完成后，可以看到博士与硕士学历的单元格在整个学历列中通过填充不同的底纹而突出显示出来。

6.1.2　图标集

在一些有大量数据的列中，需要将某些数据标识后重点显示出来，此时除了可以使用数据列突出显示外，还可以利用图标集的方式显示。例如，在“会员客户信息表”的“购买总次数”列中，只需要大概浏览购买次数在某个区域范围内的情况，而不需要知道具体的购买次数。又例如，不必知道购买总金额的具体数值，只需要看个大概；或在购买总次数中，只需要显示某个范围内大概的购买次数即可。这些情况都可以用图标集的形式来显示。

【例 6-2】使用图标集，根据图 6-3 所示的购买总金额划分客户群体，大于 15000 属于高消费群体，小于 8000 属于低消费群体，操作步骤如下。

1	城市	入会通道	会员入会日	VIP建立日	购买总金额	购买总次数
2	石家庄	信用卡	2015/2/6	2016/1/22	☆ 1761.4	24
3	郑州	自愿	2014/9/30	2016/5/15	☆ 11160.2335	23
4	汕头	广告	2015/8/7	2016/1/22	★ 21140.56	45
5	呼和浩特	DM	2015/1/1	2015/8/12	☆ 288.56	30
6	呼和浩特	广告	2015/2/26	2015/10/11	☆ 1892.848	14
7	沈阳	DM	2015/7/27	2015/11/11	☆ 2484.7455	46
8	长春	广告	2014/3/15	2016/3/8	☆ 3812.73	32
9	武汉	自愿	2013/11/25	2014/11/4	★ 984108.15	141
10	郑州	DM	2015/4/12	2016/3/28	☆ 1186.06	42
11	南宁	自愿	2013/10/1	2014/8/9	☆ 4651.53	28
12	北京	DM	2015/4/14	2015/11/27	☆ 4590.05	48
13	兰州	自愿	2015/2/11	2015/11/22	☆ 804.53	26
14	汕头	DM	2013/11/5	2015/10/1	★ 34158.35	35
15	汕头	自愿	2013/8/8	2014/11/2	☆ 3475.57	26

图 6-3　会员客户信息表

（1）选中“购买总金额”单元格区域，选择“开始”→“样式”→“条件格式”→“图标集”→“其他规则”选项，弹出图 6-4 所示的“新建格式规则”对话框。

（2）在“新建格式规则”对话框中选择适合的图标样式，设置图标及规则，设置完成单击“确定”按钮即可。

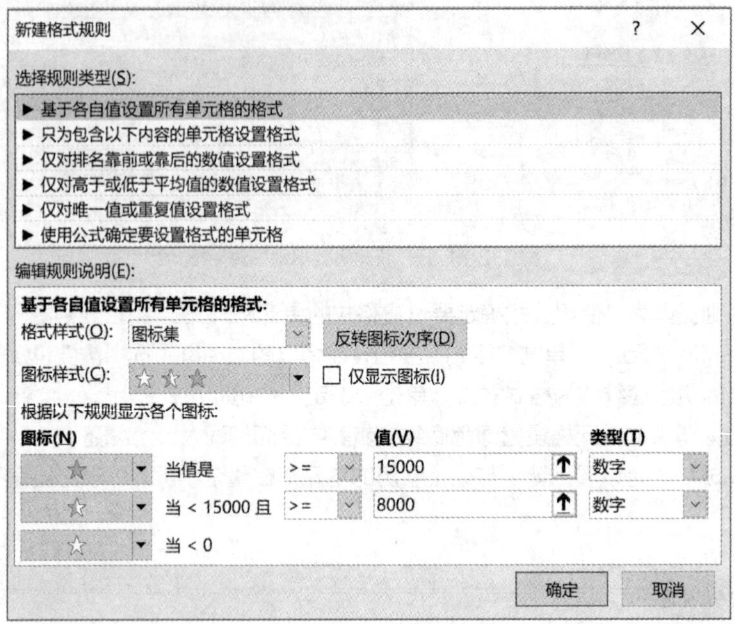

图 6-4 “新建格式规则”对话框

6.1.3 数据条

使用 Excel 条件格式中的“数据条”功能，不仅可以通过带有颜色的数据条标识数据大小，还可以自动区分正负数据，从而使差异数据更易理解。

【例 6-3】图 6-5 所示为安徽省 2007 年各种作物的种植面积以及相对于 2006 年各种作物种植面积的增长速度，可以使用条件格式中的“数据条”功能清晰地展示各作物种植面积的增长速度，如图 6-6 所示。操作步骤如下。

	A	B	C	D	E
1	年份	省份	作物类型	种植面积_万亩	面积的增长速度_%
2	2007	安徽	大豆	1407	-2.60%
3	2007	安徽	稻谷	3307.8	1.83%
4	2007	安徽	豆类	1526	-3.60%
5	2007	安徽	高粱	155	-37.50%
6	2007	安徽	谷子	2345	0.00%
7	2007	安徽	花生	259	-20.94%
8	2007	安徽	粮食	9716.7	-0.24%
9	2007	安徽	小麦	3495.4	10.09%
10	2007	安徽	油菜籽	929.7	-25.83%
11	2007	安徽	油料	1296.4	-25.20%
12	2007	安徽	玉米	1065.6	2.44%
13	2007	安徽	芝麻	107.4	-28.47%

图 6-5 各作物种植面积及增长速度

	A	B	C	D	E	F
1	年份	省份	作物类型	种植面积_万亩	面积的增长速度_%	数据条展示
2	2007	安徽	大豆	1407	-2.60%	
3	2007	安徽	稻谷	3307.8	1.83%	
4	2007	安徽	豆类	1526	-3.60%	
5	2007	安徽	高粱	155	-37.50%	
6	2007	安徽	谷子	2345	0.00%	
7	2007	安徽	花生	259	-20.94%	
8	2007	安徽	粮食	9716.7	-0.24%	
9	2007	安徽	小麦	3495.4	10.09%	
10	2007	安徽	油菜籽	929.7	-25.83%	
11	2007	安徽	油料	1296.4	-25.20%	
12	2007	安徽	玉米	1065.6	2.44%	
13	2007	安徽	芝麻	107.4	-28.47%	

图 6-6　使用“数据条”展示各作物种植面积增长速度

（1）将光标定位于 F2 单元格内，输入公式“=E2”，在其余单元格内复制公式，将 E2:E13 单元格区域数据引用至 F2:F13 单元格区域，以备数据条展示用。

（2）选中 F2:F13 单元格区域，选择“开始”→“样式”→“条件格式”→“数据条”→“其他规则”选项，弹出“新建格式规则”对话框。

（3）选择规则类型为“基于各自值设置所有单元格的格式”，设置最小值为“最低值”，设置最大值为“最高值”，设置条形图外观为“渐变填充”并设置渐变填充颜色，选中“仅显示数据条”复选框，如图 6-7 所示，单击“确定”按钮，即可完成图 6-6 所示的效果图。

图 6-7　规则设置

6.1.4　色阶

人们有时需要对大量数据进行分析和总结，以发现数据的趋势和意义。此时，可以使用“色阶”

功能，用颜色的变化表示数据值的高低，帮助人们迅速了解数据的分布趋势。

【例 6-4】在图 6-5 所示的数据表中，请使用色阶标注不同作物种植面积的增长速度，用绿色标注增长速度较快的数据，用黄色标注增长速度较慢或负增长的数据，如图 6-8 所示，操作步骤如下。

	A	B	C	D	E
1	年份	省份	作物类型	种植面积_万亩	面积的增长速度_%
2	2007	安徽	大豆	1407	-2.60%
3	2007	安徽	稻谷	3307.8	1.83%
4	2007	安徽	豆类	1526	-3.60%
5	2007	安徽	高粱	155	-37.50%
6	2007	安徽	谷子	2345	0.00%
7	2007	安徽	花生	259	-20.94%
8	2007	安徽	粮食	9716.7	-0.24%
9	2007	安徽	小麦	3495.4	10.09%
10	2007	安徽	油菜籽	929.7	-25.83%
11	2007	安徽	油料	1296.4	-25.20%
12	2007	安徽	玉米	1065.6	2.44%
13	2007	安徽	芝麻	107.4	-28.47%

图 6-8　色阶效果图

（1）选择 E2:E13 单元格区域，选择“开始”→“样式”→“条件格式”→“色阶”→“其他规则”选项，弹出“新建格式规则”对话框。

（2）选择规则类型为“基于各自值设置所有单元格的格式”，设置最小值为“最低值”，最小值颜色选择黄色，设置最大值为“最高值”，最大值颜色选择绿色，如图 6-9 所示，单击“确定”按钮即可完成图 6-8 所示的效果图。

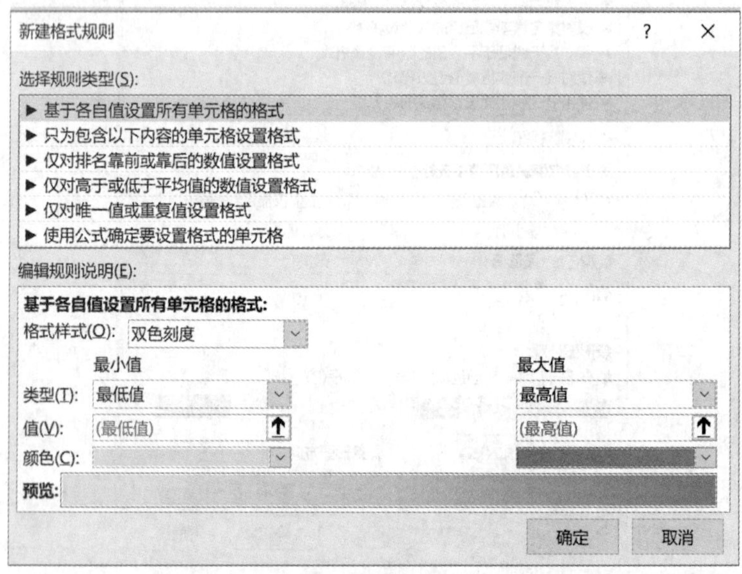

图 6-9　在“新建格式规则”对话框中设置参数

6.1.5　迷你图

迷你图清晰简洁，是常规图表的缩小版。Excel 表格中的数据非常有用，但很难一目了然地发现问题，如果在数据旁边插入迷你图，就可以迅速判断出数据的问题，即所谓的“文不如表，表不如图”。迷你图占用的空间非常小，它镶嵌在单元格内，数据变化时，迷你图也随之迅速变化，打印的时候也可以直接打印出来。例如，在“员工考勤数据表”中，可以用迷你图一目了然地显示整个年度请假及加班的大致情况。

【例 6-5】 图 6-10 所示为某单位 2016 年度员工全年请假与加班数据，请根据表中的数据，使用迷你图显示请假与加班的趋势图，操作步骤如下。

（1）将光标定位于 N2 单元格，选择“插入”→“迷你图”→“折线图”选项，弹出图 6-11 所示的“创建迷你图”对话框。

（2）将光标定位于“数据范围”右侧的输入框中，选取 B2:M2 单元格区域，单击“确定”按钮，即可创建“事假”迷你折线图。

（3）将光标定位于 N2 单元格中，按住单元格右下角实心十字箭头（即填充柄）向下拖动，则可以得出病假、工作日加班、双休日加班的大概趋势图，如图 6-10 所示。

	A	B	C	D	E	F	G	H	I	J	K	L	M	N
1		1月	2月	3月	4月	5月	6月	7月	8月	9月	10月	11月	12月	
2	事假	1	4	7	3	3	5	6	1	3	5	5	6	
3	病假	8	9	12	18	11	16	19	10	5	18	11	3	
4	工作日加班	47	35	35	47	35	31	47	35	38	49	35	38	
5	双休日加班	7	19	19	7	19	23	7	19	16	5	19	15	

图 6-10　员工全年请假及加班数据表

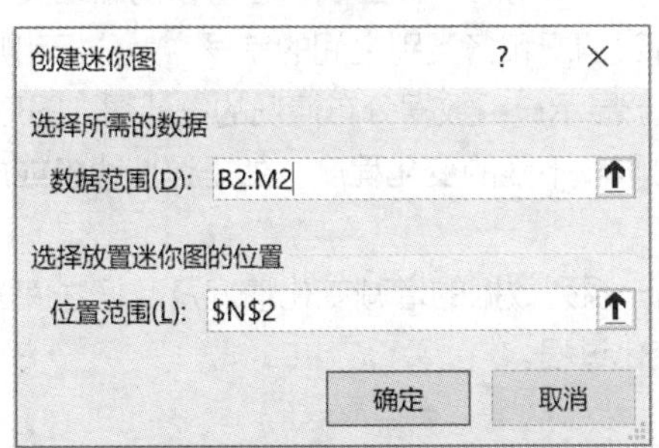

图 6-11　“创建迷你图”对话框

6.2 图表展示

图表是利用几何图形或具体形象表现数据的一种形式。它的特点是形象直观、富于表现、便于理解。图表可以表明总体的规模、水平、结构、对比关系、依存关系、发展趋势和分布状况等，更有利于数据分析与研究。

6.2.1 创建图表基础

1. 图表的类型

Excel 提供了以下几大类图表，其中每个大类下又包含若干个子类型。

（1）柱形图：用于显示一段时间内的数据变化或说明各项之间的比较情况。在柱形图中，通常沿横坐标轴组织类别，沿纵坐标轴组织数值。

（2）折线图：显示随时间而变化的一组连续数据，通常表明相等时间间隔下数据的趋势。在折线图中，类别沿横坐标轴均匀分布，所有的数值沿纵坐标轴均匀分布。

（3）饼图：显示一个数据系列中各项数值的大小、各项数值占总和的比例。饼图中的数据显示为整个饼图的百分比。

（4）条形图：显示各类型数值之间的比较情况。

（5）面积图：显示数值随时间或其他类别数据变化的趋势。面积图强调数值随时间而变化的程度，也可用于引起人们对总值趋势的注意。

（6）XY 散点图：显示若干数据系列中各数值之间的关系，或者将两组数字绘制为 xy 坐标的一个系列。散点图有两个数值轴，沿横坐标轴（x 轴）方向显示一组数值数据，沿纵坐标轴（y 轴）方向显示另一组数值数据。散点图通常用于显示和比较数值。

（7）股价图：用来显示股价的波动，也可用于其他科学数据。

（8）曲面图：曲面图可以找到两组数据之间的最佳组合。当类别和数据系列都是数值时，可以使用曲面图。

（9）雷达图：用于比较若干数据系列的聚合值。

（10）树状图：一般用于展示数据之间的层级和占比关系，矩形的面积代表数值的大小，颜色和排列代表数据的层级关系。

（11）旭日图：用于展示多层级数据之间的占比及对比关系。圆环代表同一级别的比例数据，离原点越近的圆环级别越高，最内层的圆环表示层次结构的顶级。

（12）直方图：是数据统计中常用的一种图表，它可以清晰地展示一组数据的分布情况，让用户一目了然地查看到数据的分类情况和各类别之间的差异，为分析和判断数据提供依据。

（13）箱形图：是一种用于显示一组数据分布情况的统计图。图形由柱形、线段和数据点组成，这些线条指示超出四分位点上限和下限的变化程度，处于这些线条或虚线之外的任何点都被视为离群值。

（14）瀑布图：用于表现一系列数据的增减变化情况及数据之间的差异对比，通过显示各阶段的正值或者负值来显示值的变化过程。

2. 创建图表

某班各科各分数段人数的分布情况已统计完成，如图 6-12 所示，现需要使用图表对其进行形象展示。

	A	B	C	D	E	F
1	分数段	语文人数	数学人数	英语人数	物理人数	化学人数
2	90分以上	6	9	12	3	6
3	80-89	17	12	8	11	9
4	70-79	15	21	14	13	13
5	60-69	8	6	12	17	16
6	60分以下	4	2	4	6	6

图 6-12　某班各科各分数段人数的分布情况表

【例 6-6】请使用“三维簇状柱形图”展示语文、数学和英语 3 门学科的各分数段人数，操作步骤如下。

（1）选取数据源 A1:D6。

（2）选择“插入”→“图表”→“柱形图”→“三维簇状柱形图”选项，相应的图表即会插入到当前工作表中，如图 6-13 所示。

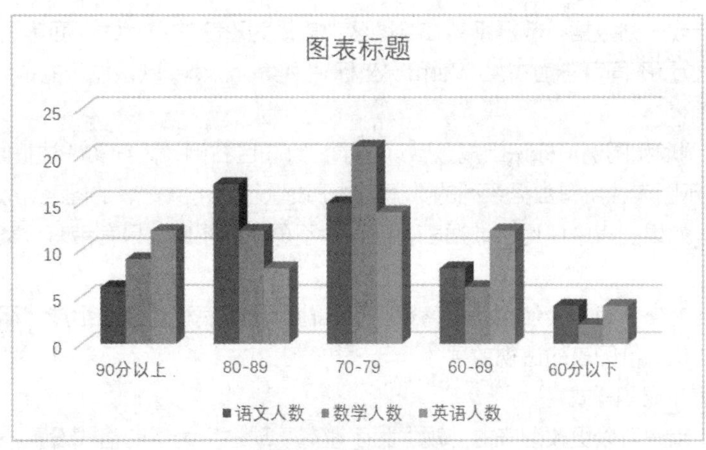

图 6-13 插入的图表

3. 编辑图表

图表创建完成后，可对其进行编辑，如更改图表类型、制作图表标题、移动图表位置等。

（1）图表的基本组成

图表由图表区、坐标轴、标题、数据系列、图例等基本组成部分构成，如图 6-14 所示。此外，图表还包括数据表和三维背景等特定情况下才显示的对象。用鼠标单击图表上的某个组成部分，就可以选定该部分。

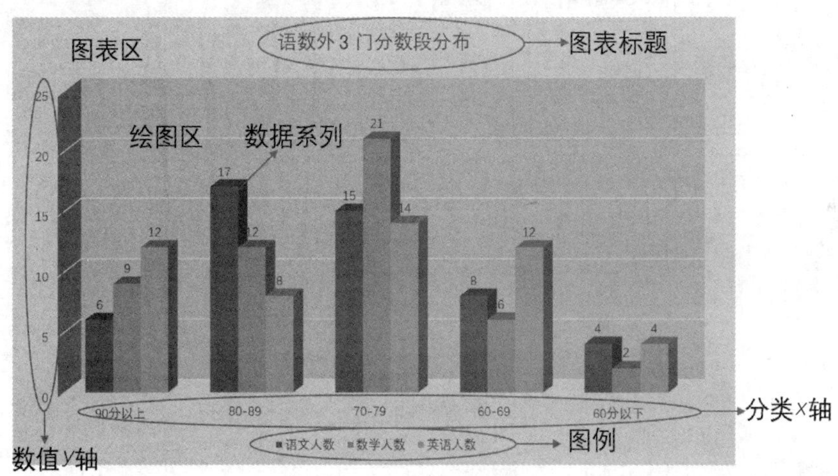

图 6-14 图表的基本组成

① 图表区是指图表的全部范围。Excel 默认的图表区是由白色填充区域和黑色细实线边框组成的。

② 绘图区是指图表区内的图形表示的范围，即以坐标轴为边的长方形区域。设置绘图区格式，可以改变绘图区边框的样式和内部区域的填充颜色及效果。

③ 标题包括图表标题和坐标轴标题。图表标题是显示在绘图区上方的文本框，坐标轴标题是显示在坐标轴边上的文本框。图表标题只有一个，而坐标轴标题最多允许 4 个。Excel 默认的标题是无边框的黑色文字。

④ 数据系列是由数据点构成的，每个数据点对应工作表中的一个单元格内的数据，数据系列对

应工作表中的一行或一列数据。数据系列在绘图区中表现为彩色的点、线、面等。

⑤ 坐标轴按位置不同可分为主坐标轴和次坐标轴两类。Excel 默认显示的是绘图区左边的主 y 轴和下边的主 x 轴。

⑥ 图例由图例项和图例项标识组成，默认显示在绘图区右侧，为细实线边框围成的长方形。

⑦ 数据表显示图表中所有数据系列的数据。对于设置了显示数据表的图表，数据表将固定显示在绘图区的下方。如果图表中使用了数据表，则一般不再使用图例。只有带有分类轴的图表才能显示数据表。

除了以上内容之外，有时会使用三维背景，三维背景由基底和背景墙组成。用户可以通过设置三维视图格式，调整二维图表的透视效果。

（2）更改图表布局和样式

创建图表后，用户可以更改图表的外观。为了避免手动进行大量的格式设置，Excel 提供了多种有用的预定义布局和样式，用户可以快速将其应用于图表中。

① 应用预定义的图表布局和样式。

单击需设置格式的图表，显示“图表工具”选项卡，其中包含“设计”和“格式”子选项卡；在“设计”子选项卡“图表布局”选项组的“快速布局”选项中，单击要应用的图表布局，如图 6-15 所示；若应用预定义样式，单击“设计”子选项卡中“图表样式”选项组中的某个样式即可，如图 6-16 所示。

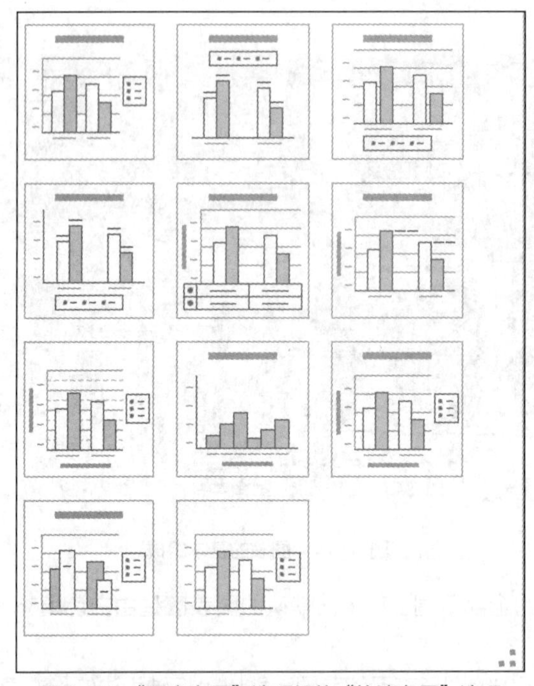

图 6-15 “图表布局”选项组的“快速布局”选项

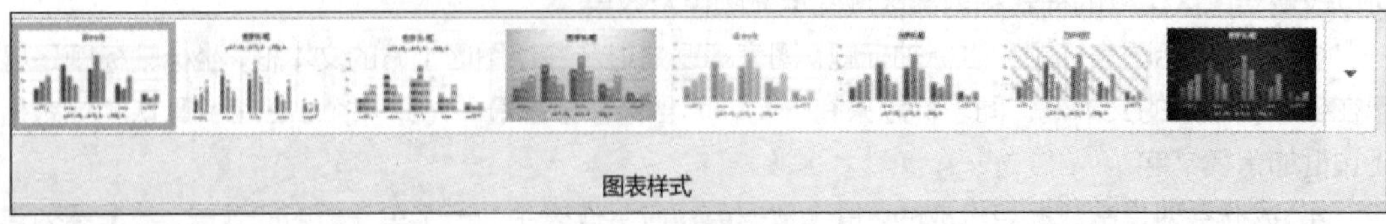

图 6-16 图表样式

② 手动更改图表元素的布局。

单击图表中的任意位置，或单击要更改的图表元素，在“设计”子选项卡的“图表布局”选项组中单击“添加图表元素”按钮，选择与图表元素相对应的图表元素命令即可。

③ 手动更改图表元素的格式样式。

单击要更改的图表元素，在图 6-17 所示的“格式”子选项卡中执行下列操作之一。

a. 在“当前所选内容”选项组中，单击“设置所选内容格式”按钮，然后在“设置<图表元素>格式”对话框中选择所需的格式选项。

b. 在“形状样式”选项组中单击右下角按钮，然后选择一种样式。

c. 在“形状样式”选项组中单击“形状填充”“形状轮廓”或“形状效果”按钮，然后选择所需的格式选项。

d. 在“艺术字样式”选项组中，单击一个艺术字样式，或单击“文本填充”“文本轮廓”“文本效果”，然后选择所需的文本格式选项。

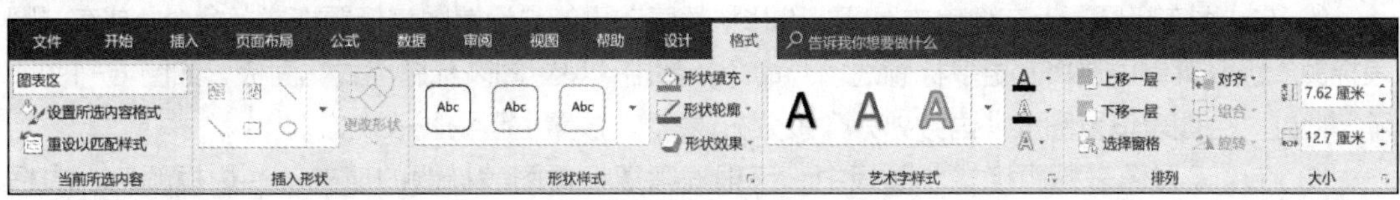

图 6-17 “图表工具”的“格式”选项卡

（3）更改图表类型

对于大多数二维图表，可以更改整个图表的图表类型，也可以为任何单个数据系列选择另一种图表类型，使图表转换为组合图表。如图 6-18 所示，更改为柱形图与折线图的组合图，其中，数学系列用折线图表示，操作步骤如下。

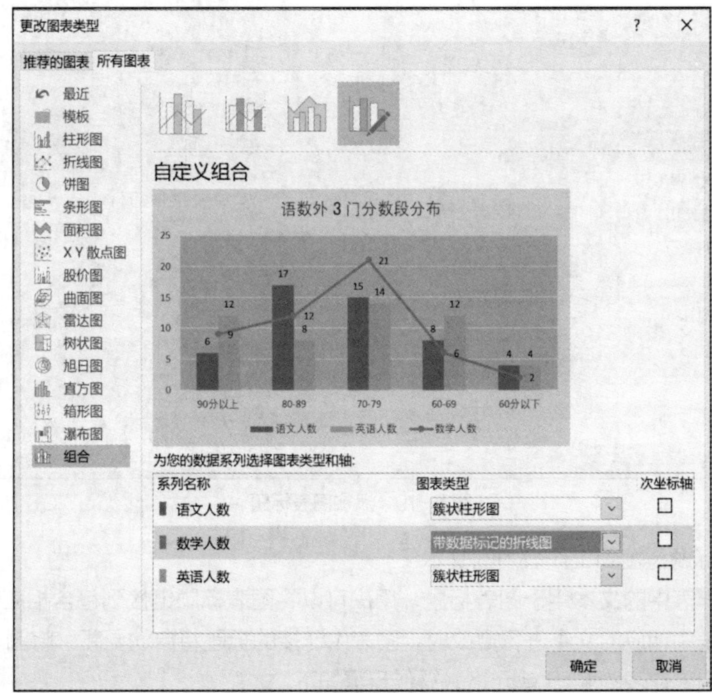

图 6-18 更改数据系列图表类型

① 单击图表的图表区或绘图区以显示“图表工具”选项卡。

② 在“设计”子选项卡的“类型”选项组中，单击“更改图表类型”按钮，打开“更改图表类型”对话框，在此对话框中设置“语文人数”为“簇状柱形图”。

③ 单击“数学人数”数据系列。

④ 在“设计”子选项卡的“类型”选项组中，单击“更改图表类型”按钮，打开“更改图表类型”对话框，在此对话框中设置“数学人数”为“带数据标记的折线图”，如图 6-18 所示。

（4）添加图表标题

图表创建完成后，若未显示图表标题，可通过以下操作步骤添加，使图表易于理解。

① 单击需要添加标题的图表，使其显示“图表工具”选项卡。

② 在“设计”子选项卡的“图表布局”选项组中单击“添加图表元素”→“图表标题”按钮，弹出图 6-19 所示的下拉列表，在其中执行“居中覆盖”或“图表上方”命令。

③ 在图表的相应位置出现“图表标题”文本框，用户可根据需要在其中输入图表标题。

④ 在“图表标题”上右键单击鼠标，选择快捷菜单中的“设置图表标题格式”命令，或在“图表标题”级联菜单中选择“更多标题选项”命令，弹出“设置图表标题格式”面板，如图 6-19 所示。此处，为图表设置图题“语数外分数段分布情况”，放置位置为图表上方。

⑤ 在“设置图表标题格式”面板中，可根据需要设置图表标题的填充色、边框颜色、边框样式等。

⑥ 添加坐标轴标题、图例、数据标签等图表元素的操作步骤与上述步骤相同。

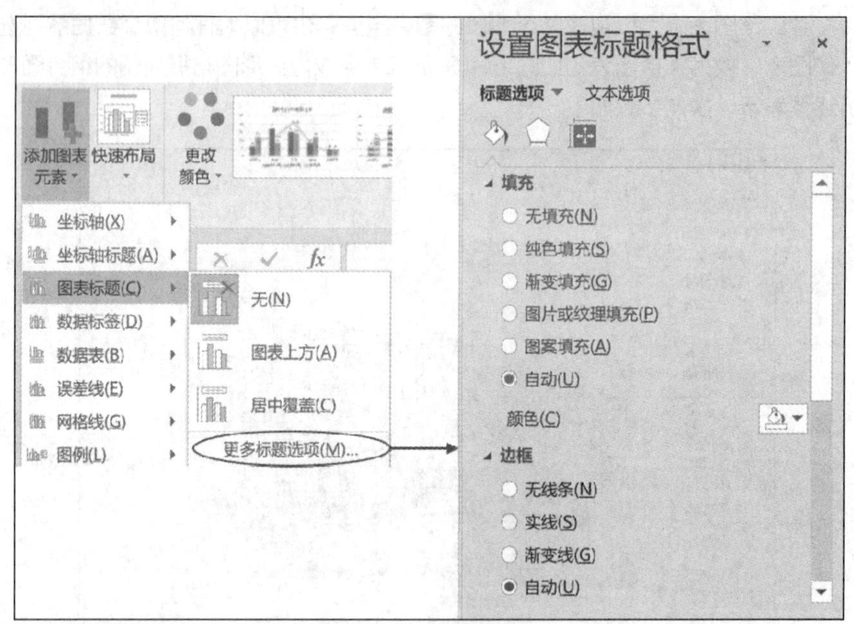

图 6-19　添加图表标题

（5）将图表标题链接到工作表中的文本

如果要将工作表中的文本用于图表标题，用户可以将图表标题链接到包含相应文本的工作表单元格。在对工作表中相应的文本进行更改时，图表中链接的标题将自动更新。将图 6-20 所示图表的图表标题链接到工作表的 L18 单元格，操作步骤如下。

① 在工作表中单击“图表标题”文本框。

② 在工作表的编辑栏内单击，输入等于号（=）。

③ 选择包含要用于图表标题的文本的工作表单元格，此处为 L18 单元格，按 Enter 键确认。此时，若更改 L18 单元格的内容，图表中的图表标题将会同步变化，结果如图 6-20 所示。

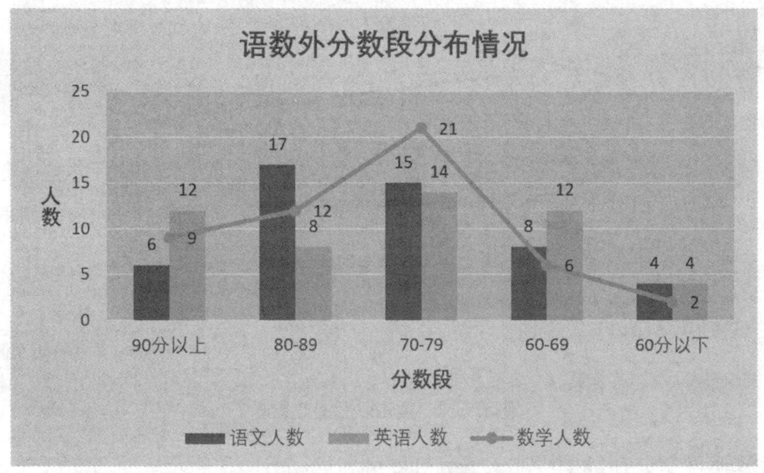

图 6-20　编辑后的图表

6.2.2 折线图

折线图用于显示某个时期内的趋势变化状态。例如，数据在一段时间内呈增长趋势，在另一段时间内处于下降趋势。通过折线图，可以对将来做出预测。图 6-21 上方为某单位各部门男女人数分布数据表，可以用常规的数据图表中的折线图分析，若对折线图做一些相应的修改，可形成更专业的图表，如图 6-22 所示。操作步骤如下。

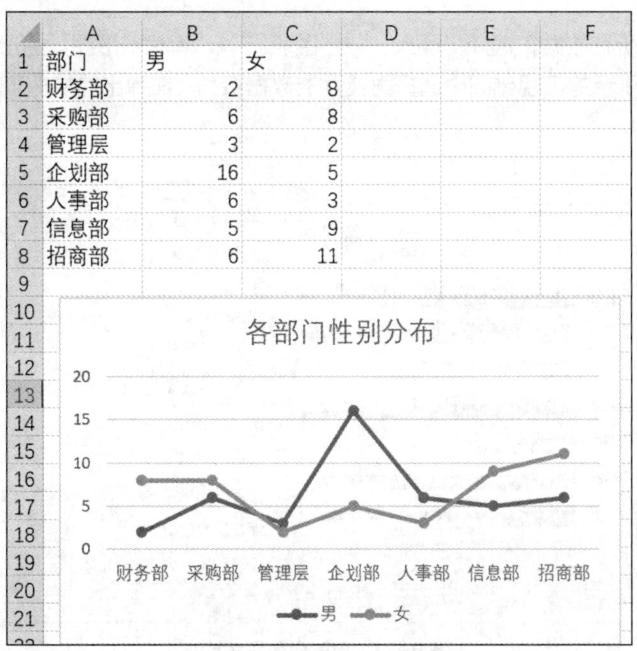

	A	B	C	D	E	F
1	部门	男	女			
2	财务部	2	8			
3	采购部	6	8			
4	管理层	3	2			
5	企划部	16	5			
6	人事部	6	3			
7	信息部	5	9			
8	招商部	6	11			

图 6-21　各部门性别分布

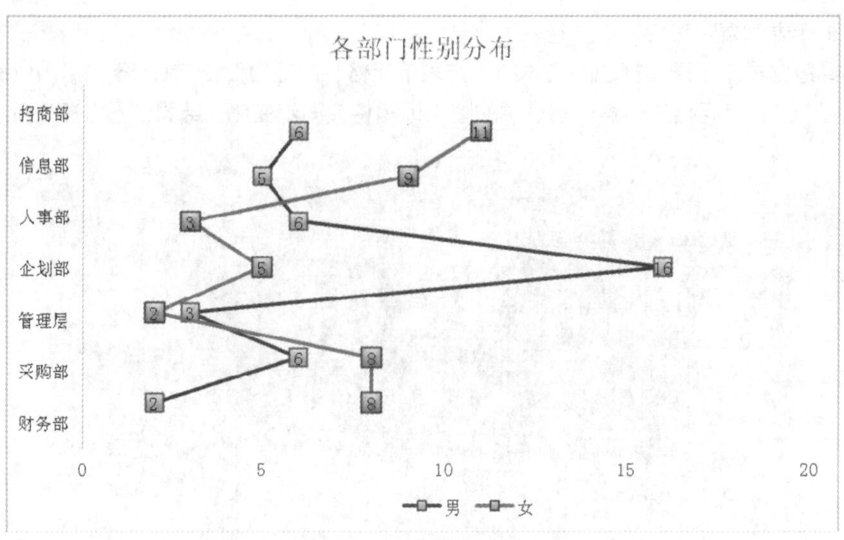

图 6-22　美化以后的效果图

① 加工处理源数据，在数据中加入一列辅助列，如图 6-23 所示。

	A	B	C	D
1	部门	男	女	辅助
2	财务部	2	8	1
3	采购部	6	8	2
4	管理层	3	2	3
5	企划部	16	5	4
6	人事部	6	3	5
7	信息部	5	9	6
8	招商部	6	11	7

图 6-23　增加辅助列后的数据表

② 选中表中的所有数据，选择“插入”→“图表”→“簇状条形图”选项。

③ 在图 6-24 所示的可视化图中选择男或女的数据系列，在弹出的快捷菜单中选择“更改系列图表类型”命令。

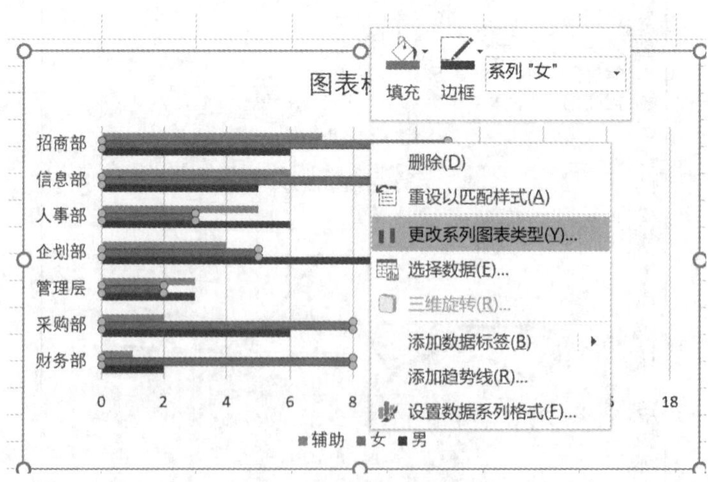

图 6-24　更改系列图表类型

④ 在打开的“更改图表类型”对话框中，单击系列名称对应的图表类型下拉按钮，在弹出的图表类型窗口中选择“XY 散点图”中的第 4 种类型，即带直线和数据标记的散点图，如图 6-25 所示。调整图例和图表标题后，得到图 6-26 所示的效果图。

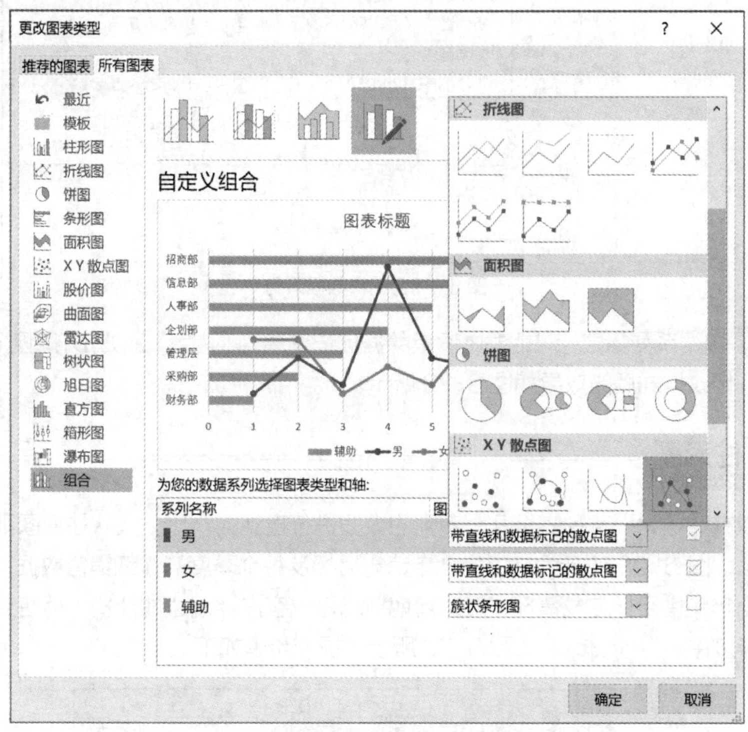

图 6-25 更改数据系列对应的图表类型

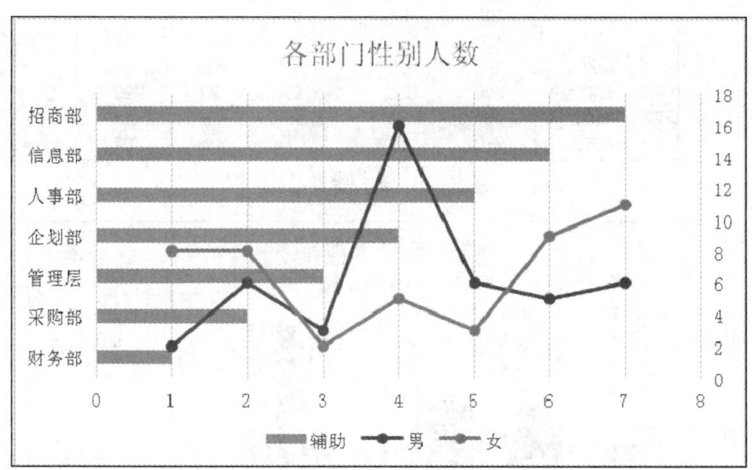

图 6-26 各部门性别人数散点图

⑤ 选中男或女数据系列，右键单击鼠标，在弹出的快捷菜单中选择“选择数据”命令，分别单击男、女系列，选择“编辑”选项，在打开的对话框中进行 x 轴、y 轴值的修改，如图 6-27 所示。

⑥ 选中“辅助”数据系列，右键单击鼠标，在弹出的快捷菜单中选择“设置数据系列格式”命令，在其对话框中设置数据系列无填充，无边框。

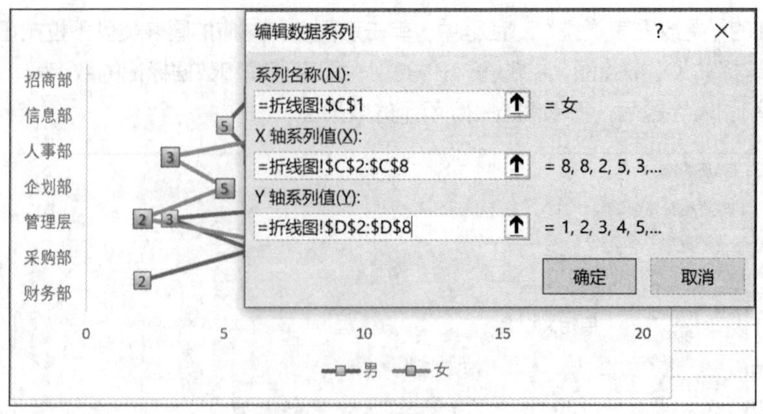

图 6-27　编辑数据系列

⑦ 在“设置数据系列格式”对话框中设置数据标记选项为“内置”正方形，调整数据标记大小，添加数据标签。修改样式后的效果如图 6-22 所示。

6.2.3 柱形图

柱形图可以有效地对一系列甚至几个系列的数据进行直观的对比，簇状柱形图则更适用于对比多个系列的数据。图 6-28 所示为客户的全年销售目标及每个季度的详细销售数据。使用柱形图可以形象地展示全年销售目标完成情况，能清晰地展示每位客户计划达成情况、销售业绩分布情况及每个季度在全年度中的业绩占比，如图 6-29 所示。操作步骤如下。

	A	B	C	D	E	F
1	客户名称	销售目标	一季度	二季度	三季度	四季度
2	韩正	300	55	99	87	20
3	金汪洋	300	67	120	78	98
4	刘磊	400	65	78	143	78
5	马欢欢	80	12	45	41	12
6	石静芳	500	121	210	120	98
7	苏桥	100	31	23	19	29
8	谢兰丽	230	52	36	44	62

图 6-28　客户销售数据

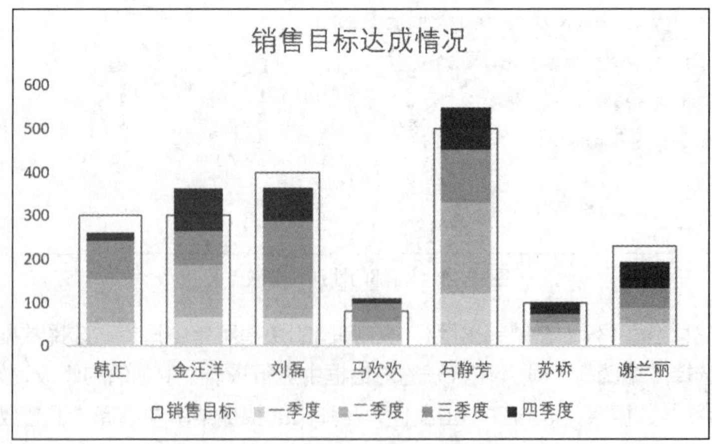

图 6-29　销售目标达成情况展示图

① 选中客户销售数据表中的所有数据，选择“插入”→“图表”→“堆积柱形图”选项。

② 在可视化图中选择某一数据系列，在弹出的快捷菜单中选择“更改系列图表类型”命令，弹出图 6-30 所示的“更改图表类型”对话框。

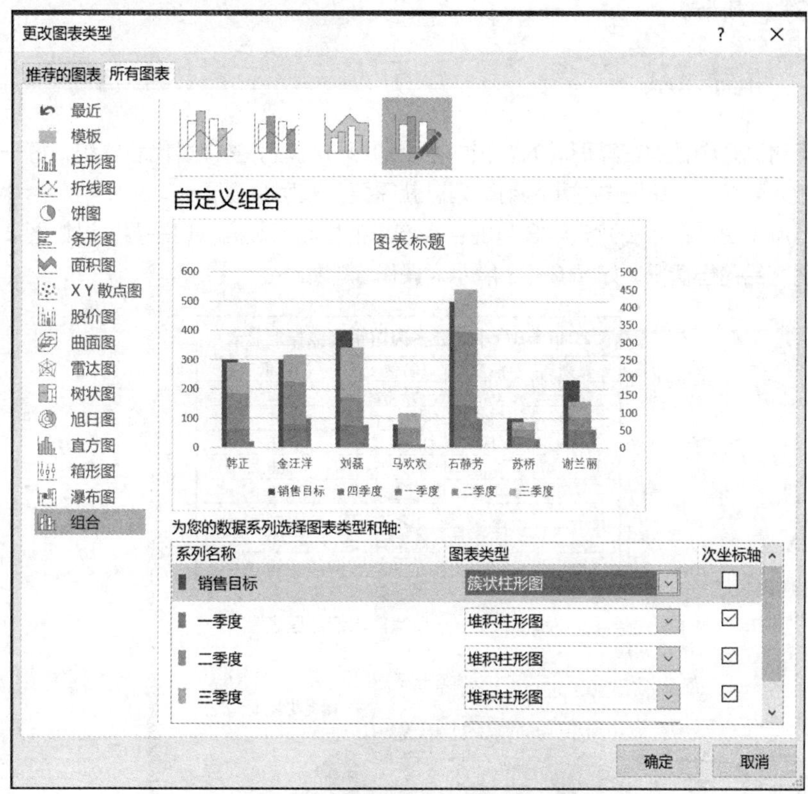

图 6-30 “更改图表类型”对话框

③ 在打开的“更改图表类型”对话框中，选择系列名称对应的图表类型下拉按钮，设置“销售目标”数据系列的图表类型为“簇状柱形图”，设置“一季度”“二季度”“三季度”“四季度”数据系列的图表类型为“堆积柱形图”，系列绘制在“次坐标轴”，得到图 6-31 所示的可视化图表。

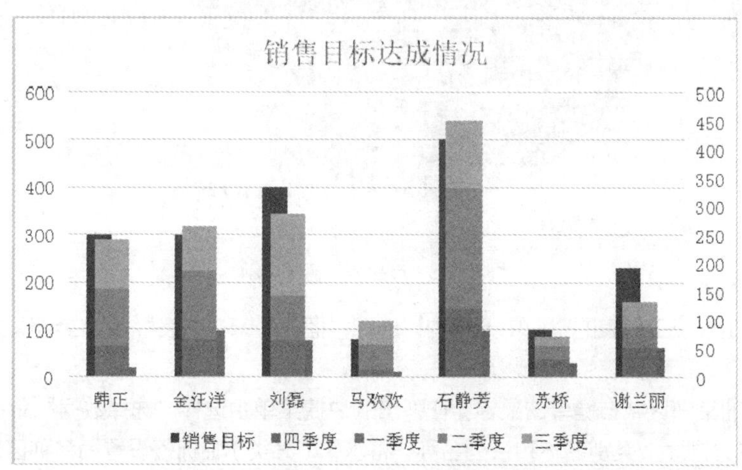

图 6-31 更改完数据系列图表类型的可视化图表

④ 选中“销售目标”数据系列，右键单击鼠标，在弹出的快捷菜单中选择“设置数据系列格式”命令，修改“系列重叠”为“100%”，“间隙宽度”为“40%”，设置实线边框、无填充，设置“一季度”“二季度”“三季度”“四季度”数据系列的填充色为“渐变色”，删除次坐标轴及网格线，最终效果如图 6-29 所示。

6.2.4 饼图

饼图用于对比几个数据在其形成的总和中所占的百分比值。整个饼代表总和，每一个数用一个薄片代表。如果要在同一饼图中显示两组数据，就需要用双层饼图展示。

图 6-32 所示为某花店 2017 年 8 月的各类产品销售明细数据，现需要通过饼图展示各类别销量及每一类别产品销售情况，如图 6-33 所示。操作步骤如下。

2017年8月小花匠多肉馆销售数据汇总表			
类别	销量	名称	销量
花盆	144	陶瓷花盆	52
多肉	286	铁艺花盆	63
营养土	18	木质花盆	29
		虹之玉	65
		玉露	78
		熊童子	83
		红宝石	60
		赤玉土	10
		鹿沼土	8

图 6-32　产品销售明细数据表

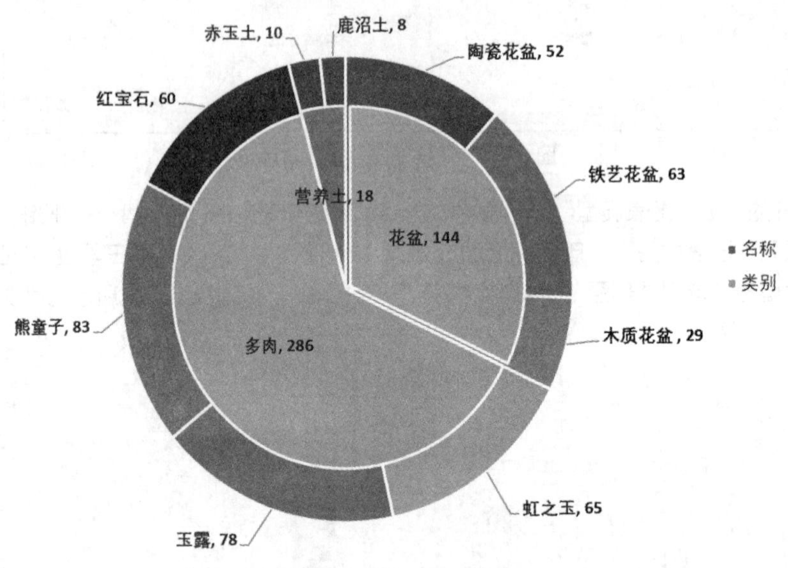

图 6-33　产品销售情况展示

① 将光标定位于工作表的空白单元格内，选择“插入”→“图表”→“二维饼图”选项，插入一个空白饼图。

② 在图表的空白区域右键单击鼠标，在弹出的快捷菜单中选择“选择数据”命令，在“选择数据源”对话框中分别添加类别名称和系列名称，将水平（分类）轴标签设置为名称区域，如图 6-34 所示。效果如图 6-35 所示，两个饼图完全重合在一起。

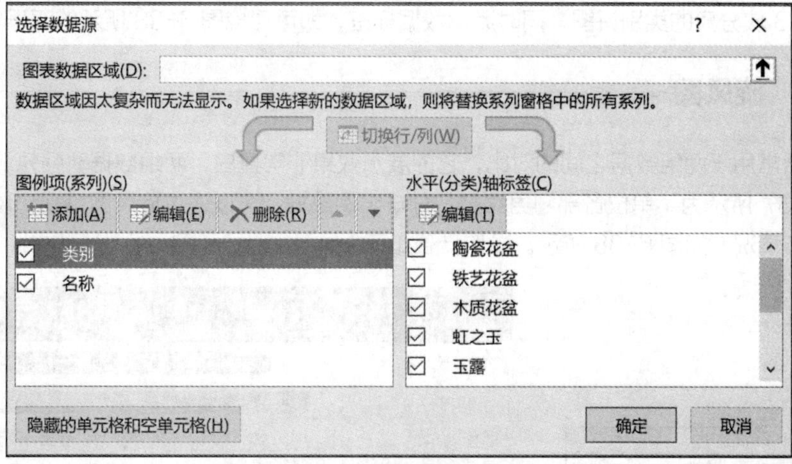

图 6-34 “选择数据源”对话框

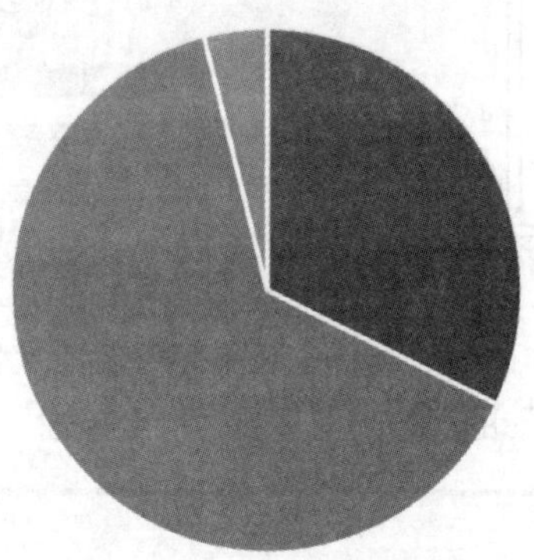

■ 陶瓷花盆 ■ 铁艺花盆 ■ 木质花盆 ■ 虹之玉 ■ 玉露
■ 熊童子 ■ 红宝石 ■ 赤玉土 ■ 鹿沼土

图 6-35 选择数据源后效果图

③ 选择类别饼图，右键单击鼠标，在弹出的快捷菜单中选择“设置数据系列格式”命令，设置系列绘制在“次坐标轴”，设置饼图分离程度为 50%，如图 6-36 所示。

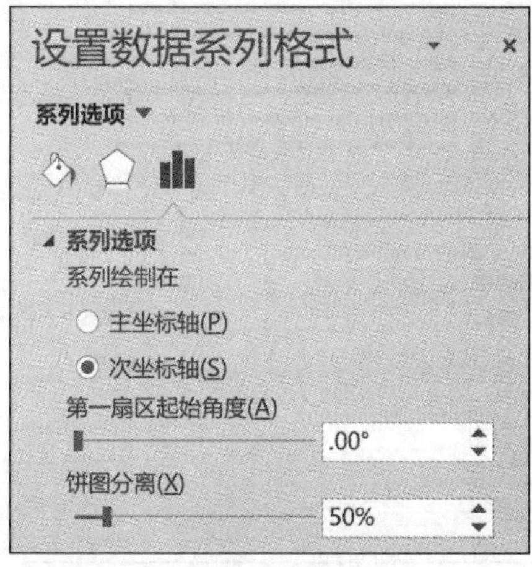

图 6-36 “设置数据系列格式”面板

④ 移动 3 块分离的类别饼图，同时添加数据标签，即可形成图 6-33 所示的双层饼图。

6.2.5 旋风图

旋风图通常用于两组数据之间的对比，它的展示效果非常直白，两组数据孰强孰弱一眼就能看出来。图 6-37 所示为某单位各部门男女员工分布比例数据，可以通过旋风图可视化展示各部门的男女人数分布情况，如图 6-38 所示。操作步骤如下。

	A	B	C
1	部门	男性	女性
2	生产部	63.0%	37.0%
3	品质部	44.0%	56.0%
4	行政部	68.0%	32.0%
5	销售部	45.0%	55.0%
6	技术部	68.0%	32.0%
7	财务部	55.0%	45.0%
8	人力资源部	67.0%	33.0%

图 6-37　部门男女比例

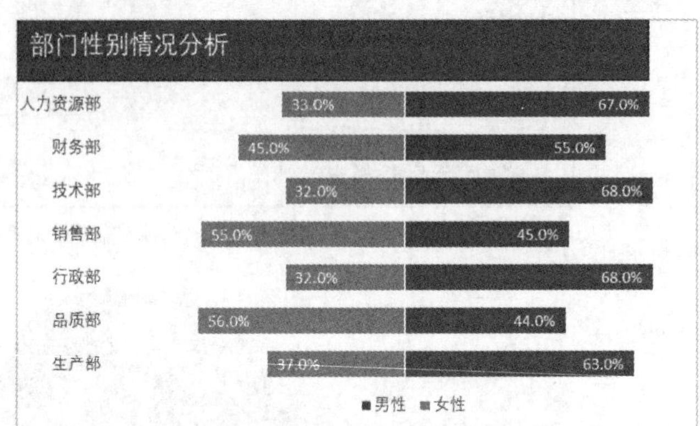

图 6-38　各部门男女人数分布情况展示

① 选中 A1:C8 单元格区域，选择“插入”→“图表”→“组合图”选项，将图表类型设置为“簇状条形图”，其中，将“女性”的图表类型设置为次坐标轴，如图 6-39 所示。

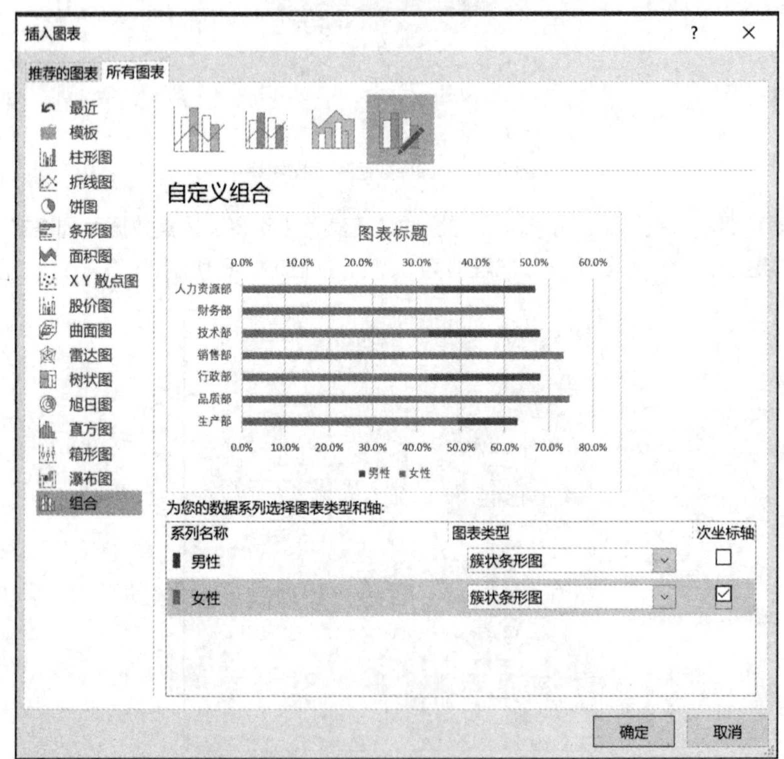

图 6-39　“插入图表”对话框

② 双击上面的坐标轴，设置最小值和最大值分别为-0.8 及 0.8，并选择“逆序刻度值”复选框。同理设置下面的坐标轴的最小值和最大值，如图 6-40 所示，完成后的效果如图 6-41 所示。

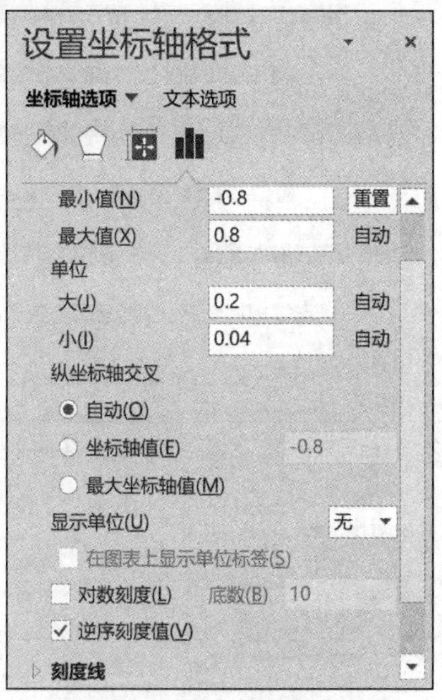

图 6-40 “设置坐标轴格式”面板

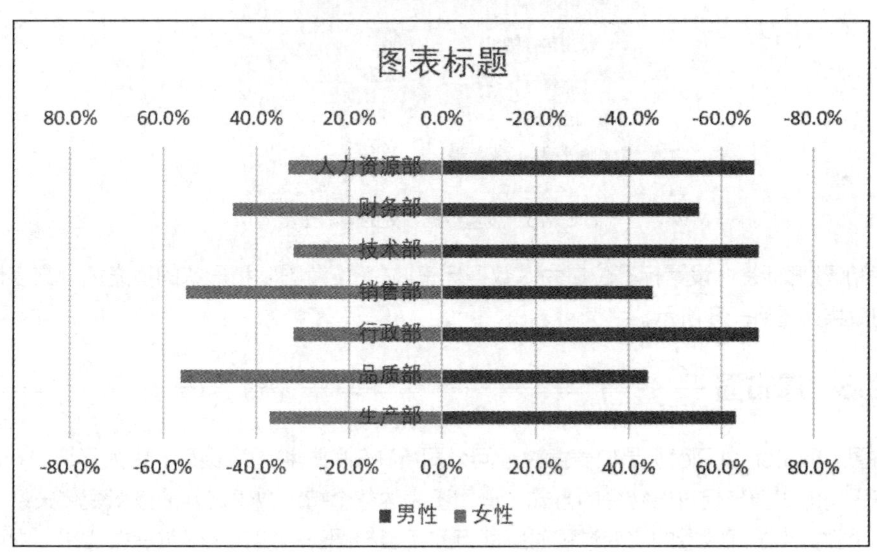

图 6-41 设置坐标轴后效果图

③ 单击坐标轴标签，在“坐标轴选项”中将标签位置设置为“低”。

④ 单击图表标题，按 Delete 键将其删除，同理删除水平坐标轴、网格线，完成后的效果如图 6-42 所示。

⑤ 设置数据系列的间隙宽度为 70%，如图 6-43 所示。

⑥ 选择绘图区，将绘图区缩小，在“格式”子选项卡中插入矩形形状，并输入文字“部门性别情况分析”。

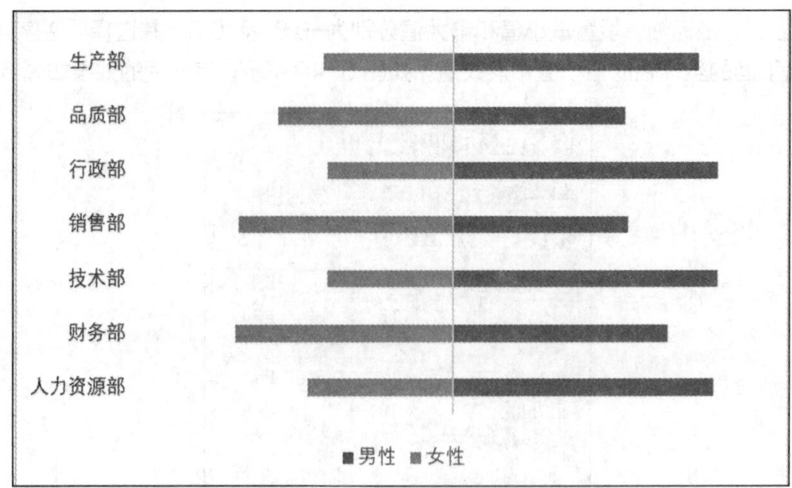

图 6-42 删除图表标题、水平坐标轴、网格线后的效果图

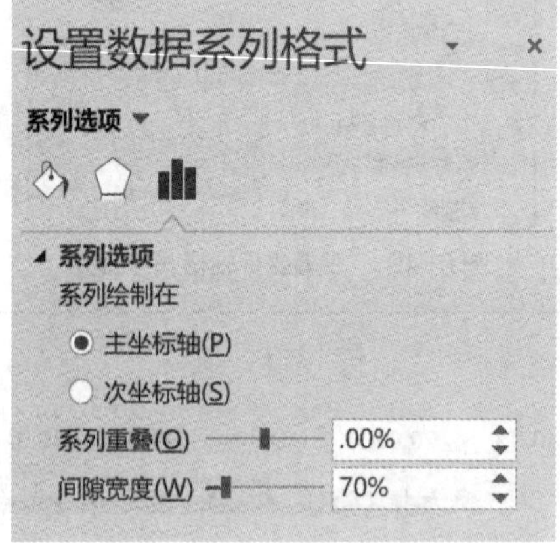

图 6-43 设置数据系列的间隙宽度

⑦ 添加数据标签，设置标签位置为“数据标签内”，设置图表和形状的填充色、文字格式等，完成后的效果如图 6-38 所示。

6.2.6 瀑布图

瀑布图（Waterfall Plot）是由麦肯锡顾问公司所独创的一种图表类型，因为形似瀑布而得名。这种图表采用绝对值与相对值结合的方式，适用于表达数个特定数值之间的数量变化关系。当用户想表达两个数据点之间数量的演变过程时，即可使用瀑布图。例如，在“供货发货单”中可以看到 1 月的订单数据是 1470，2 月的数据是 1277（较上月少 193），3 月的数据是 934（较上月即 2 月少 343）。此时可用瀑布图表示这种数据的演变，如图 6-44 所示。操作步骤如下。

① 选择图 6-45 所示的数据清单 A1:B14 单元格区域，选择“插入”→“图表”→“瀑布图”选项，打开“插入图表”对话框，如图 6-46 所示，单击“确定”按钮，效果如图 6-47 所示。

② 修改图表标题为“一年的订单数量变化”，打开“格式”子选项卡，插入文本框，输入“单位：单”，删除网格线。选中“总计”数据点，选择“设置为汇总”复选框，如图 6-48 所示，整理美化后的最终效果如图 6-44 所示。

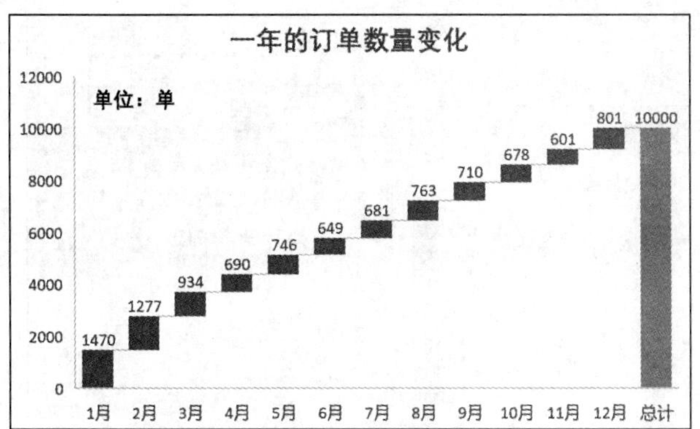

图 6-44　最终效果图

	A	B
1	月份	订单数量
2	1月	1470
3	2月	1277
4	3月	934
5	4月	690
6	5月	746
7	6月	649
8	7月	681
9	8月	763
10	9月	710
11	10月	678
12	11月	601
13	12月	801
14	总计	10000

图 6-45　某单位一年中每个月的订单数据

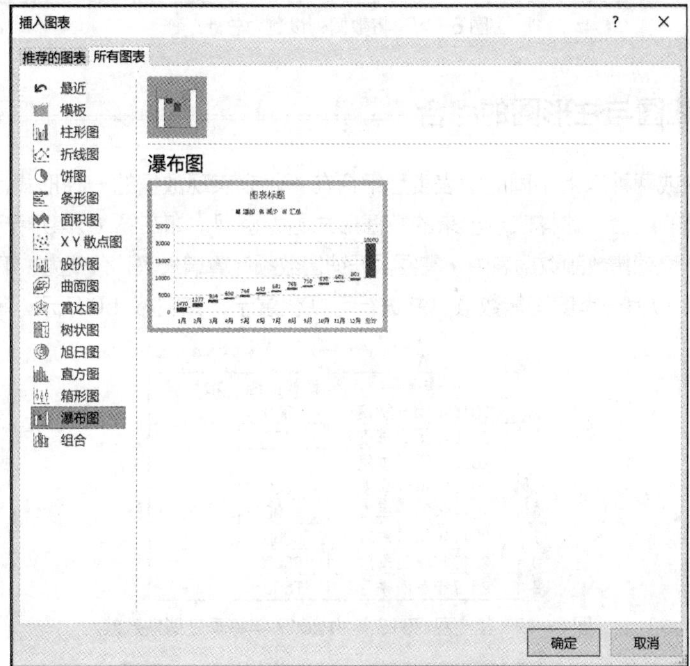

图 6-46　插入瀑布图

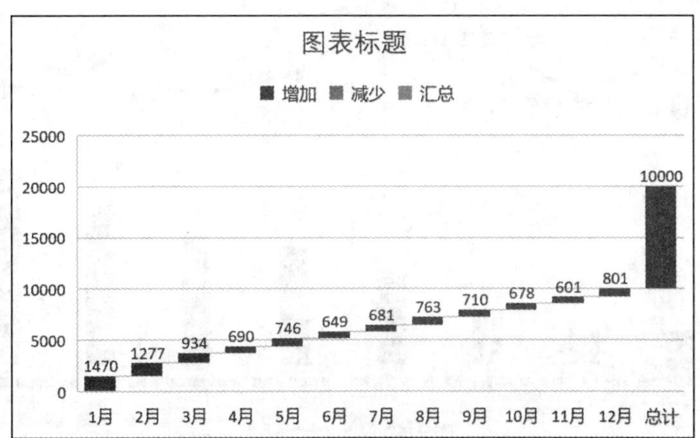

图 6-47　一年的订单数据瀑布图

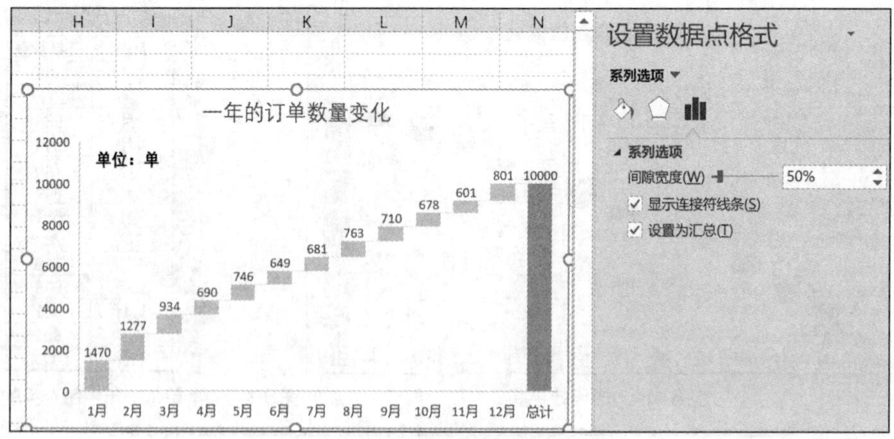

图 6-48　将数据列设置为总计

6.2.7　折线图与柱形图的组合

组合图是两种或两种以上不同的图表类型组合在一起来表现数据的一种形式。最常见的组合图是折线图与柱状图的组合，这样表示出来的数据形式更为直观。如在图 6-49 所示的某产品 2016 年和 2017 年每季度销售数额数据表中，需要根据销售数额计算增长率，公式为（下一季度销售数额-上一季度销售数额）/上一季度销售数额，并进行可视化展示，如图 6-50 所示。操作步骤如下。

	A	B	C
1	季度	销售数额	增长率
2	2016年第一季度	1300	
3	2016年第二季度	1400	
4	2016年第三季度	2100	
5	2016年第四季度	3600	
6	2017年第一季度	4500	
7	2017年第二季度	5000	
8	2017年第三季度	6500	
9	2017年第四季度	7500	

图 6-49　某产品 2016 年和 2017 年每季度销售数额

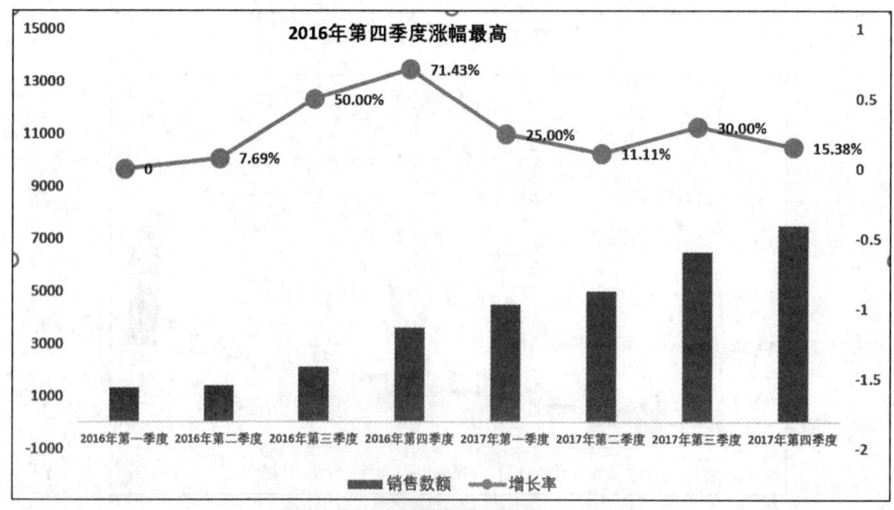

图 6-50　销售数额与增长率可视化展示

① 将表中的原始数据进行整理、计算，得到图 6-51 所示的数据结果。

	A	B	C
1	季度	销售数额	增长率
2	2016年第一季度	1300	
3	2016年第二季度	1400	7.69%
4	2016年第三季度	2100	50.00%
5	2016年第四季度	3600	71.43%
6	2017年第一季度	4500	25.00%
7	2017年第二季度	5000	11.11%
8	2017年第三季度	6500	30.00%
9	2017年第四季度	7500	15.38%

图 6-51　产品销售数额与增长率

② 选中 A1:C9 单元格区域，选择“插入”→“图表”→“组合”选项，设置增长率的图表类型为“带标记的堆积折线图”，并选择“次坐标轴”复选框，如图 6-52 所示，产生的组合图如图 6-53 所示。

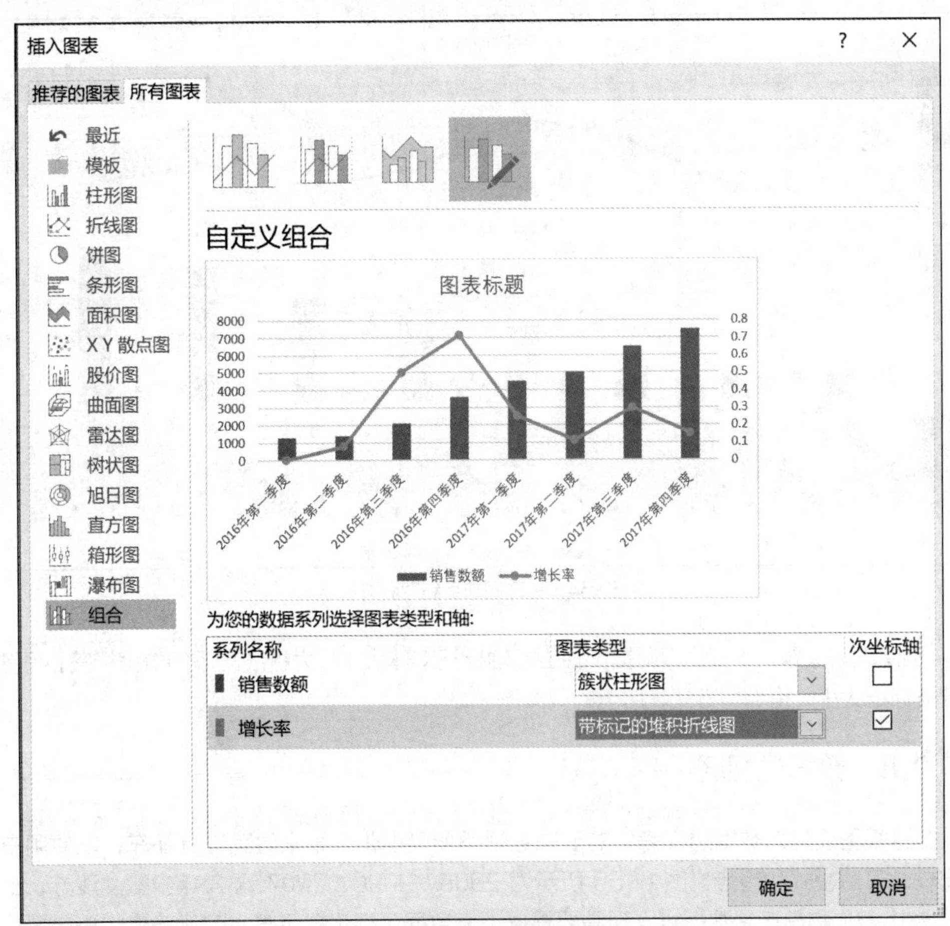

图 6-52　设置组合图参数

③ 将柱形图与折线图分开显示。单击左侧的主坐标轴，设置主坐标轴的最小值为-1000，最大值为 15000；同理设置次坐标轴的最小值为-2，最大值为 1，得到图 6-54 所示的效果图。

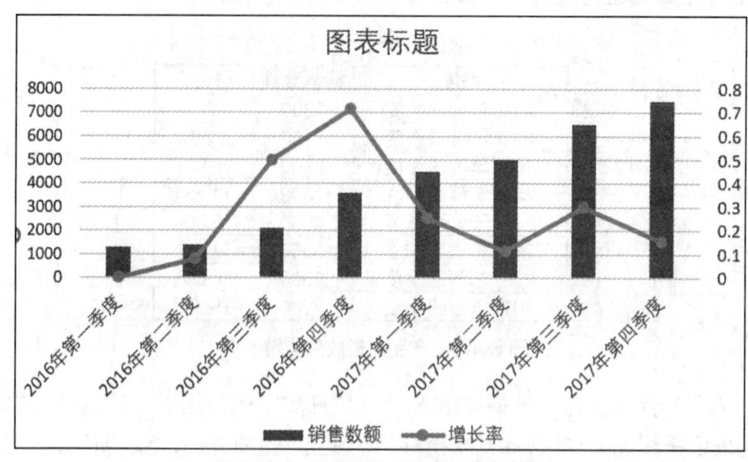

图 6-53　折线图与柱形图的组合图

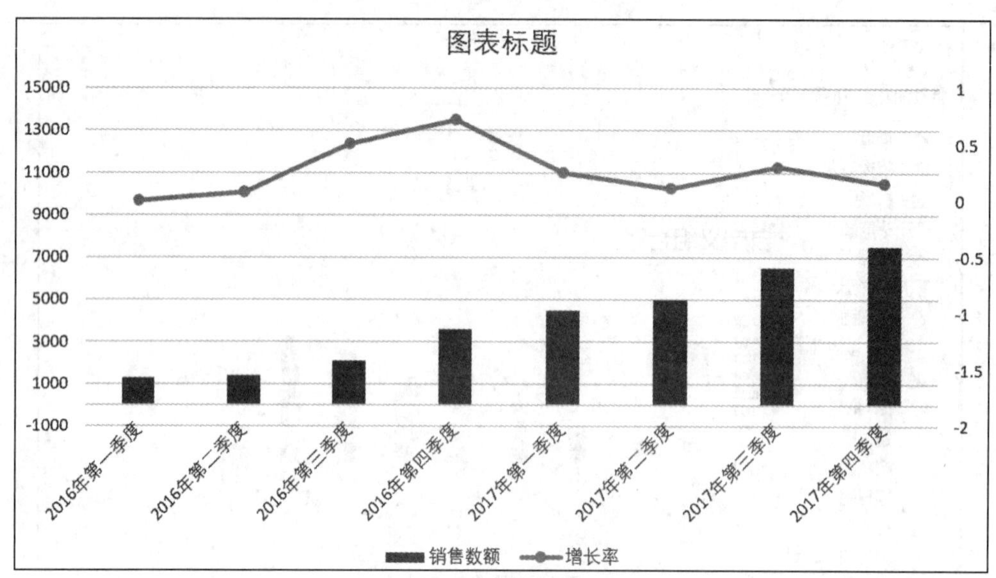

图 6-54　柱形图与折线图分开显示

④ 删除图表标题、网格线，调整 x 轴坐标轴标签字体大小，为折线图添加数据标签，设置折线图的数据标记大小，得到图 6-50 所示的效果图。

6.2.8　数据透视图

数据透视图通过对数据透视表中的汇总数据添加可视化效果来对其进行补充，以便用户轻松查看比较，了解模式和趋势。图 6-55 所示为 2005、2006、2007 这 3 年安徽、江苏、上海、浙江 4 省市各作物总产量数据表，现需要根据该表数据可视化展示某省某年各作物总产量。操作步骤如下。

① 选中数据区域，选择“插入”→“数据透视图”选项，在弹出的“创建数据透视图”对话框中选择需要操作的参数，在“选择放置数据透视图的位置”下面选择“新工作表”。

	A	B	C	D	E	F	G	H	I	J	K
1	年份	省份	作物类型	单位亩产_	种植面积_	总产量_万	亩产的增	面积的增	产量的增	面积占粮	产量占粮
2	2007	安徽	大豆	80.7	1407	113.6	-6.74%	-2.60%	-9.12%	14.48%	3.92%
3	2007	安徽	稻谷	410.1	3307.8	1356.4	1.92%	1.83%	3.78%	34.04%	46.75%
4	2007	安徽	豆类	79.6	1526	121.5	-4.69%	-3.60%	-8.09%	15.30%	16.09%
5	2007	安徽	高粱	200	1.5	0.3	-4.00%	-37.50%	-40.00%	0.02%	0.01%
6	2007	安徽	谷子	0	0.2	0	0.00%	0.00%	0.00%	0.00%	0.00%
7	2007	安徽	花生	238.4	259	61.8	-8.04%	-20.94%	-27.23%	2.67%	2.13%
8	2007	安徽	粮食	298.6	9716.7	2901.4	1.67%	-0.24%	1.42%	0.00%	0.00%
9	2007	安徽	小麦	317.9	3495.4	1111.3	4.40%	10.09%	14.95%	35.97%	38.30%
10	2007	安徽	油菜籽	139.7	929.7	129.9	5.62%	-25.83%	-21.65%	9.57%	4.48%
11	2007	安徽	油料	153.6	1296.4	199.2	1.74%	-25.20%	-23.87%	13.34%	6.87%
12	2007	安徽	玉米	234.6	1065.6	250	-18.08%	2.44%	-16.08%	10.97%	8.62%
13	2007	安徽	芝麻	68.4	107.4	7.3	-3.93%	-28.47%	-31.71%	1.11%	0.25%
14	2006	安徽	大豆	86.53513	1444.5	125	34.04%	5.02%	40.77%	14.83%	4.37%
15	2006	安徽	稻谷	402.3705	3248.25	1307	3.70%	0.76%	4.49%	33.35%	45.69%
16	2006	安徽	小麦	304.4991	3175.05	966.8	19.16%	0.40%	19.64%	32.60%	33.80%
17	2006	安徽	粮食	293.6988	9740.25	2860.7	8.41%	1.29%	9.80%	0.00%	0.00%
18	2005	安徽	大豆	64.55834	1375.5	88.8	-23.62%	3.25%	-21.14%	14.30%	3.41%
19	2005	安徽	稻谷	388.0074	3223.65	1250.8	-4.07%	0.91%	-3.20%	33.52%	48.01%
20	2005	安徽	粮食	270.924	9616.35	2605.3	-6.48%	1.56%	-5.02%	0.00%	0.00%
21	2005	安徽	小麦	255.5297	3162.45	808.1	-0.07%	2.35%	2.28%	32.89%	31.02%
22	2005	安徽	玉米	263.5034	1005.3	264.9	-18.40%	1.19%	-17.43%	10.45%	10.17%
23	2007	江苏	大豆	168.8	334	56.4	1.04%	3.90%	5.03%	4.27%	1.80%
24	2007	江苏	稻谷	526.9	3342.2	1761.1	-1.49%	-0.28%	-1.76%	42.72%	56.23%
25	2007	江苏	豆类	169.3	482	81.6	-1.65%	-4.96%	-6.53%	6.16%	2.61%
26	2007	江苏	高粱	0	0.2	0	0.00%	0.00%	0.00%	0.00%	0.00%
27	2007	江苏	花生	235.7	143.6	33.8	1.43%	-50.06%	-49.41%	1.84%	1.08%
28	2007	江苏	粮食	400.4	7823.4	3132.2	-1.56%	4.62%	2.99%	0.00%	0.00%
29	2007	江苏	小麦	318.4	3058.6	973.8	1.32%	17.53%	19.08%	39.10%	31.09%

图 6-55　各省各年度作物总产量表（部分数据）

② 在新工作表中出现创建数据透视图所需要的操作界面，如图 6-56 所示，将“年份”字段增加到“筛选”区域，将“省份”字段增加到“轴（类别）”区域，将“作物类型”字段增加到“图例（系列）”区域，将“总产量_万吨”字段增加到“值”区域。

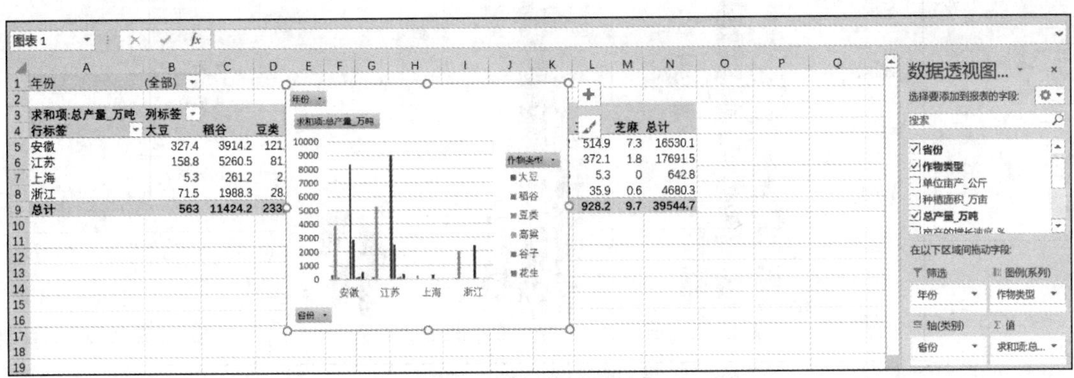

图 6-56　插入的数据透视图及表界面

③ 创建数据切片器。选择“分析”→“插入切片器”选项，用于数据筛选，在弹出的“插入切片器”对话框中选择“年份”和“省份”。

④ 调整切片器格式。选择其中一个切片器，单击鼠标右键，选择“大小和属性”命令，在弹出的“格式切片器”面板中选择需要调整的相关属性。如将“省份”的列数改为 2，将“年份”的列数改为 3，再调整切片器的高度和宽度，“格式切片器”面板如图 6-57 所示。

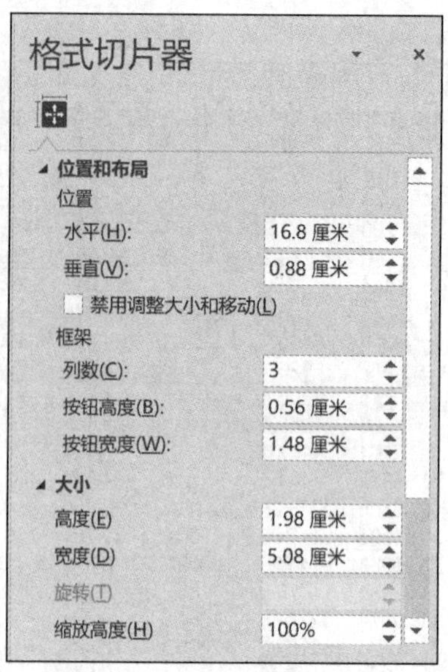

图 6-57 “格式切片器”面板

⑤ 完成操作，可以任意选择年份和省份进行数据比较，既可单选也可多选。图 6-58 所示为将 2006 年度安徽、江苏、浙江 3 省各作物总产量进行对比。

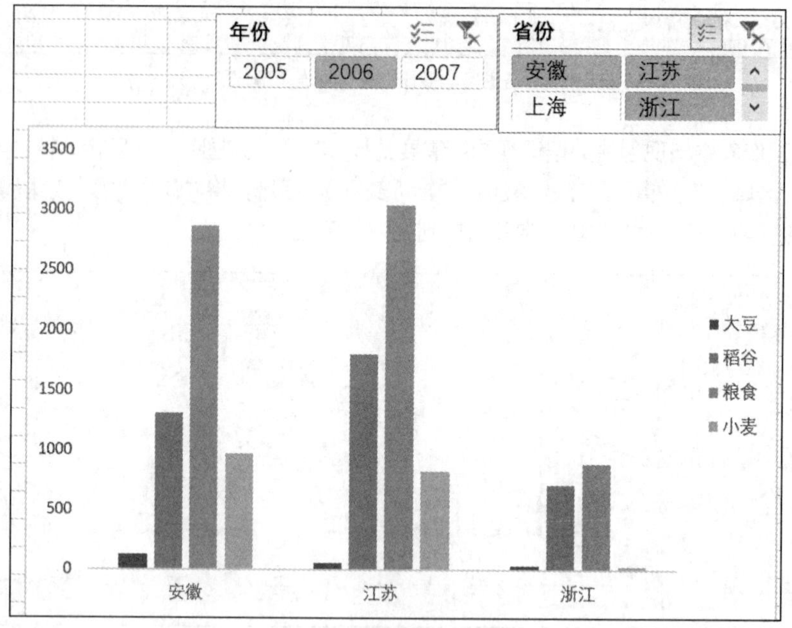

图 6-58 数据对比效果图

6.3 课堂实操训练

【训练目标】

使用条件格式为“全国大豆种植面积与单位亩产”的数据表设置指定格式并标注图标集，在此基础上，用图表展示大豆作物的总产量情况。

【训练内容】

图 6-59 是 2007 年全国各省份大豆种植的面积及单位亩产等数据，请根据该表数据完成以下操作。

（1）将全国大豆作物单位亩产最高的 3 个省份标注为绿色，将单位亩产最低的 3 个省份标注为红色。

（2）请用“数据条”标注“亩产的增长速度”“面积的增长速度”“产量的增长速度”，负值用红色标注，正值用绿色标注。

（3）请以“五象限图标集”标注总产量。

（4）用瀑布图展示华东各省市大豆总产量的情况。

（5）用子母饼图展示华东、华南、华中、华北、西南、西北、东北及各省市 2007 年大豆作物的总产量情况。

	A	B	C	D	E	F	G	H	I	J	K
1	年份	省份	作物类型	单位亩产_公斤	种植面积_万亩	总产量_万吨	亩产的增长速度_%	面积的增长速度_%	产量的增长速度_%	面积占粮食比重_%	产量占粮食比重_%
2	2007	北京	大豆	113.6	13.2	1.5	-18.89%	-5.67%	-20.30%	4.46%	1.47%
3	2007	天津	大豆	79.7	13.8	1.1	-1.60%	-57.01%	-57.69%	3.15%	0.75%
4	2007	河北	大豆	128.7	282.8	36.4	3.02%	-20.78%	-18.39%	3.06%	1.28%
5	2007	山西	大豆	83.6	318.3	26.6	2.36%	-6.15%	-3.97%	7.01%	2.64%
6	2007	内蒙古	大豆	100.4	1135	114	8.73%	0.29%	9.09%	14.78%	6.30%
7	2007	辽宁	大豆	163.6	195.6	32	66.41%	-41.55%	-2.74%	4.17%	1.74%
8	2007	吉林	大豆	117.3	667.4	78.3	-35.01%	-0.77%	-35.50%	10.26%	3.19%
9	2007	黑龙江	大豆	419.8	5713.2	73.5	263.11%	10.82%	-87.67%	35.20%	2.12%
10	2007	上海	大豆	150.5	9.3	1.4	-26.00%	5.08%	-22.22%	3.66%	1.28%
11	2007	江苏	大豆	168.8	334	56.4	1.04%	3.90%	5.03%	4.27%	1.80%
12	2007	浙江	大豆	157.1	75.8	11.9	2.69%	-61.60%	-60.60%	4.14%	1.63%
13	2007	安徽	大豆	80.7	1407	113.6	-6.74%	-2.60%	-9.12%	14.48%	3.92%
14	2007	福建	大豆	150	78	11.7	4.80%	-39.32%	-36.41%	4.33%	1.84%
15	2007	江西	大豆	121.2	160	19.4	-0.41%	8.18%	7.78%	3.03%	1.02%
16	2007	山东	大豆	252.8	40.7	161	36.78%	-87.89%	159.26%	0.39%	3.88%
17	2007	河南	大豆	120.9	703.2	85	44.27%	-9.20%	30.97%	4.95%	1.62%
18	2007	湖北	大豆	148.1	172.2	25.5	-0.98%	-33.10%	-33.77%	2.88%	1.17%
19	2007	湖南	大豆	156.7	130.2	20.4	1.25%	-52.70%	-52.11%	1.92%	0.76%
20	2007	广东	大豆	146.8	92	13.5	-4.91%	-28.27%	-31.82%	2.47%	1.05%
21	2007	广西	大豆	105.5	134.6	14.2	6.97%	-56.33%	-53.29%	3.01%	1.02%
22	2007	海南	大豆	127	3.2	0.4	-8.21%	-59.75%	-63.64%	0.53%	0.23%
23	2007	重庆	大豆	121.6	109.4	13.3	50.44%	-24.42%	13.68%	3.32%	1.22%
24	2007	四川	大豆	146.1	314.8	46	11.53%	4.93%	17.05%	3.25%	1.52%
25	2007	贵州	大豆	81.9	182	14.9	-0.10%	-6.16%	-6.29%	4.30%	1.35%
26	2007	云南	大豆	147.1	121.6	17.9	68.51%	-21.37%	32.59%	2.03%	1.23%
27	2007	西藏	大豆	222.2	0.9	0.2	66.65%	-40.00%	0.00%	0.35%	0.21%
28	2007	陕西	大豆	91.4	270.3	24.7	3.81%	-43.74%	-41.61%	5.81%	2.31%
29	2007	甘肃	大豆	104.4	148.5	15.5	6.39%	11.24%	18.32%	3.68%	1.88%
30	2007	宁夏	大豆	51.3	11.7	0.6	-10.55%	-58.06%	-62.50%	0.91%	0.19%
31	2007	新疆	大豆	197.3	80.1	15.8	3.44%	-25.11%	-22.55%	3.87%	1.82%

图 6-59　全国大豆种植面积与单位亩产等数据

【训练步骤】

（1）选择 D2:D31 单元格区域，选择“开始”→“样式”→“条件格式”→“最前/最后规则”→“其他规则”选项，在弹出的“新建格式规则”对话框中选择规则类型为“仅对排名靠前或靠后的数值设置格式”，设置“对以下排列的数值设置格式”选项值，最高设置为 3，并为绿色，单击“确定”按钮即可，同理设置单位亩产最低的 3 个省份并填充红色。

（2）选择 G2:I31 单元格区域，选择“开始”→“样式”→“条件格式”→“数据条”→“其他规则”选项，在弹出的“新建格式规则”对话框中选择规则类型为“基于各自值设置所有单元格的格式”，设置最小值为“最低值”，设置最大值为“最高值”，设置条形图外观为“实心填充”—“绿色”，单击“确定”按钮即可。

（3）选择 F2:F31 单元格区域，选择“开始”→“样式”→“条件格式”→“图标集”→“五象限图”选项即可，效果如图 6-60 所示。

	A	B	C	D	E	F	G	H	I	J	K
1	年份	省份	作物类型	单位亩产_公斤	种植面积_万亩	总产量_万吨	亩产的增长速度_%	面积的增长速度_%	产量的增长速度_%	面积占粮食比重_%	产量占粮食比重_%
2	2007	北京	大豆	113.6	13.2	1.5	-18.89%	-5.67%	-20.30%	4.46%	1.47%
3	2007	天津	大豆	79.7	13.8	1.1	-1.60%	-57.01%	-57.69%	3.15%	0.75%
4	2007	河北	大豆	128.7	282.8	36.4	3.02%	-20.78%	-18.39%	3.06%	1.28%
5	2007	山西	大豆	83.6	318.3	26.6	2.36%	-6.15%	-3.97%	7.01%	2.64%
6	2007	内蒙古	大豆	100.4	1135	114	8.73%	0.29%	9.09%	14.78%	6.30%
7	2007	辽宁	大豆	163.6	195.6	32	66.41%	-41.55%	-2.74%	4.17%	1.74%
8	2007	吉林	大豆	117.3	667.4	78.3	-35.01%	-0.77%	-35.50%	10.26%	3.19%
9	2007	黑龙江	大豆	419.8	5713.2	73.5	263.11%	10.82%	-87.67%	35.20%	2.12%
10	2007	上海	大豆	150.5	9.3	1.4	-26.00%	5.08%	-22.22%	3.66%	1.28%
11	2007	江苏	大豆	168.8	334	56.4	1.04%	3.90%	5.03%	4.27%	1.80%
12	2007	浙江	大豆	157.1	75.8	11.9	2.69%	-61.60%	-60.60%	4.14%	1.63%
13	2007	安徽	大豆	80.7	1407	113.6	-6.74%	-2.60%	-9.12%	14.48%	3.92%
14	2007	福建	大豆	150	78	11.7	4.80%	-39.32%	-36.41%	4.33%	1.84%
15	2007	江西	大豆	121.2	160	19.4	-0.41%	8.18%	7.78%	3.03%	1.02%
16	2007	山东	大豆	252.8	40.7	161	36.78%	-87.89%	159.26%	0.39%	3.88%
17	2007	河南	大豆	120.9	703.2	85	44.27%	-9.20%	30.97%	4.95%	1.62%
18	2007	湖北	大豆	148.1	172.2	25.5	-0.98%	-33.10%	-33.77%	2.88%	1.17%
19	2007	湖南	大豆	156.7	130.2	20.4	1.25%	-52.70%	-52.11%	1.92%	0.76%
20	2007	广东	大豆	146.8	92	13.5	-4.91%	-28.27%	-31.82%	2.47%	1.05%
21	2007	广西	大豆	105.5	134.6	14.2	6.97%	-56.33%	-53.29%	3.01%	1.02%
22	2007	海南	大豆	127	3.2	0.4	-8.21%	-59.75%	-63.64%	0.53%	0.23%
23	2007	重庆	大豆	121.6	109.4	13.3	50.44%	-24.42%	13.68%	3.32%	1.22%
24	2007	四川	大豆	146.1	314.8	46	11.53%	4.93%	17.05%	3.25%	1.52%
25	2007	贵州	大豆	81.9	182	14.9	-0.10%	-6.16%	-6.29%	4.30%	1.35%
26	2007	云南	大豆	147.1	121.6	17.9	68.51%	-21.37%	32.59%	2.03%	1.23%
27	2007	西藏	大豆	222.2	0.9	0.2	66.65%	-40.00%	0.00%	0.35%	0.21%
28	2007	陕西	大豆	91.4	270.3	24.7	3.81%	-43.74%	-41.61%	5.81%	2.31%
29	2007	甘肃	大豆	104.4	148.5	15.5	6.39%	11.24%	18.32%	3.68%	1.88%
30	2007	宁夏	大豆	51.3	11.7	0.6	-10.55%	-58.06%	-62.50%	0.91%	0.19%
31	2007	新疆	大豆	197.3	80.1	15.8	3.44%	-25.11%	-22.55%	3.87%	1.82%

图 6-60　表格展示效果图

（4）将图 6-59 所示的表中数据按华东、华中、华南、华北、西南、西北、东北进行划分，其中华东地区数据如图 6-61 所示。选中数据区域，选择“插入”→“图表”→“瀑布图”选项，选中“华东”数据点，选择“设置为汇总”复选框，整理美化后的最终效果如图 6-62 所示。

省份	总产量_万吨
上海	1.4
江苏	56.4
浙江	11.9
安徽	113.6
福建	11.7
江西	19.4
山东	161
华东	375.4

图 6-61　华东地区大豆总产量

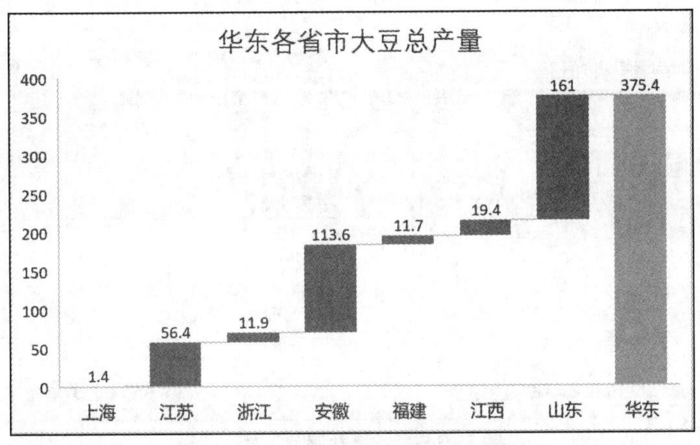

图 6-62　华东地区大豆总产量分布图

（5）将数据按华东、华北、华中、华南、西南、西北、东北进行划分，如图 6-63 所示。将光标定位于工作表的空白单元格内，选择“插入”→“图表”→“二维饼图”选项，插入一个空白饼图。在图表的空白区域右键单击鼠标，在弹出的快捷菜单中选择“选择数据”命令，在“选择数据源”对话框中分别添加类别名称和系列名称，将水平（分类）轴标签设置为名称区域，如图 6-64 所示。现在插入的两个饼图完全重合在一起。选择地区饼图，右键单击鼠标，在弹出的快捷菜单中选择“设置数据系列格式”命令，设置系列绘制在次坐标轴，设置饼图分离程度为 50%，移动 7 块分离的地区饼图，同时添加数据标签，即可形成图 6-65 所示的双层饼图。

N	O	P	Q
地区	总产量_万吨	省份	总产量_万吨
华东	375.4	上海	1.4
华北	179.6	江苏	56.4
华中	130.9	浙江	11.9
华南	28.1	安徽	113.6
西南	92.3	福建	11.7
西北	56.6	江西	19.4
东北	183.8	山东	161
		北京	1.5
		天津	1.1
		河北	36.4
		山西	26.6
		内蒙古	114
		河南	85
		湖北	25.5
		湖南	20.4
		广东	13.5
		广西	14.2
		海南	0.4
		重庆	13.3
		四川	46
		贵州	14.9
		云南	17.9
		西藏	0.2
		陕西	24.7
		甘肃	15.5
		宁夏	0.6
		新疆	15.8
		辽宁	32
		吉林	78.3
		黑龙江	73.5

图 6-63　各地区大豆总产量

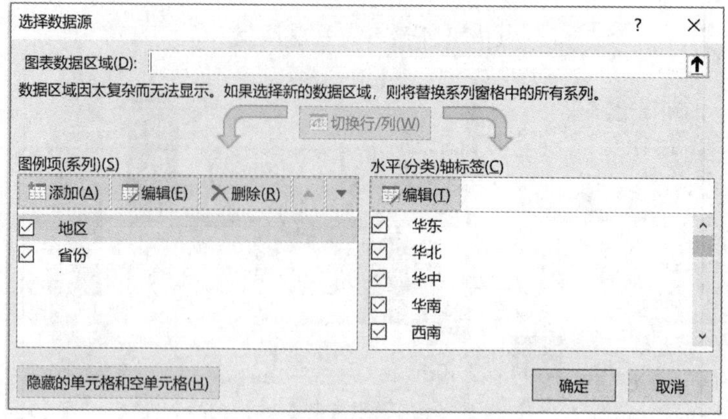

图 6-64 “选择数据源”对话框

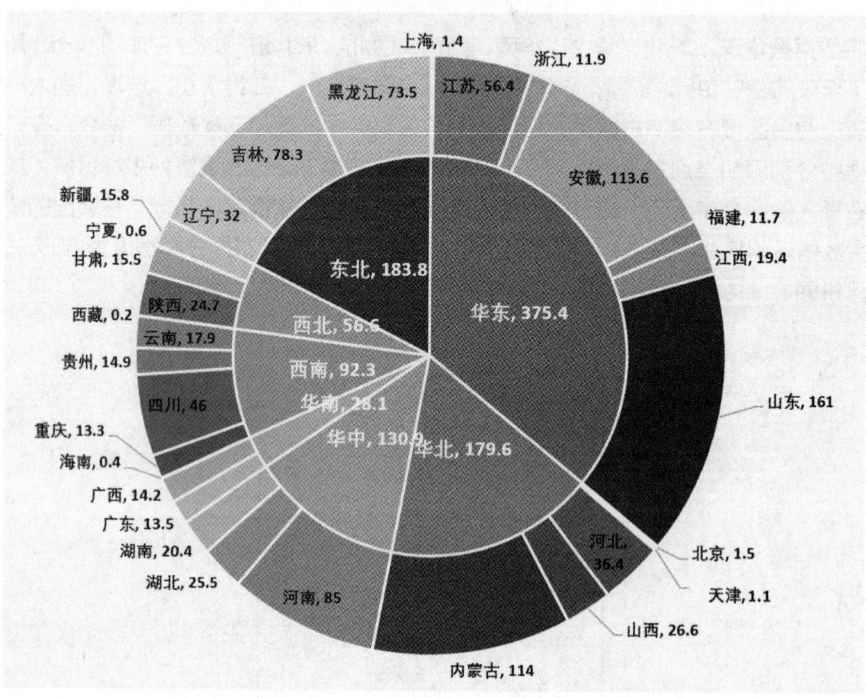

图 6-65 各地区各省市大豆作物总产量

6.4 本章小结

本章主要讲解了 Excel 中的数据可视化展现，包括表格和图表两种方式。在表格展示中，主要讲解了条件格式中的数据列突出显示、图标集、数据条和色阶等功能。在图表展示中，主要讲解了柱形图、折线图、饼图、旋风图、瀑布图、组合图及数据透视图等。

6.5 拓展实操训练

【训练目标】

综合运用图标集和图表可视化展示 Airbnb 平台上的房间类型。

【训练内容】

图 6-66 所示为 Airbnb 平台中的部分房间信息，请根据要求完成任务。

	A	B	C	D	E	F	G	H	I	J	K	L
1	id	酒店名称	房主ID	房主名称	所属区域	房间类型	价格	最少住宿天数	访问人数	最近一次访问日期	每月访问次数	一年中可以出租的天数
2	552839	"Ratu J Mutiara" - stay on a boat!!	2648013	Nigel & Lar	Southern	Entire home/apt	946	2	8	2016/6/29	0.22	357
3	11481294	near to central & Mtr to airport	43925602	Serena	Southern	Private room	1598	1	0			364
4	12369059	Gorgeous spacious apartment	54898718	Ha Lim	Southern	Entire home/apt	3102	1	0			2
5	12158788	aleghlah	35920256	Cheuk Hin	Southern	Private room	7003	1	0			365
6	1968632	A beautiful Sea and City view	1939067	Annapurna	Southern	Private room	597	1	4	2016/5/1	0.13	365
7	13701537	Unique industrial loft w/ patio in Ab	7206922	Shu	Southern	Entire home/apt	558	3	0			13
8	10996395	Large Room with full Sea View	53239697	Cathy	Southern	Private room	496	1	2	2016/5/18	0.34	288
9	889462	Panoramic sea view apartment	4719675	Eddy	Southern	Entire home/apt	9803	14	0			21
10	9202937	Repulse Bay with full sea view	33466253	Adrien	Southern	Entire home/apt	2885	3	2	2016/1/3	0.27	8
11	8077778	Luxe family apartment w water viev	3446573	Em	Southern	Entire home/apt	1939	2	3	2016/4/20	0.46	309
12	9486449	Cozy room with superb seaview	40459773	Ching Man	Southern	Private room	248	1	6	2016/4/2	0.76	339
13	12095214	Sail Boat	51033251	May	Southern	Entire home/apt	22003	1	0			365
14	7810714	Huge sea view flat with terrace	29956106	Francois	Southern	Entire home/apt	1900	3	9	2016/7/24	0.85	43
15	1229847	Charming StanleyBeachFlat w/rooft	6708889	Marcos	Southern	Entire home/apt	1101	1	17	2016/6/8	0.88	330
16	1229848	Cool Stanley Summer Discount/Mo	6708889	Marcos	Southern	Entire home/apt	1497	1	17	2016/4/13	0.54	338
17	553188	You're on a boat! ('What's Next?')	2648013	Nigel & Lar	Southern	Entire home/apt	1086	2	47	2016/7/18	1.02	350
18	892770	酒店套房式公寓	4110022	Infante	Southern	Entire home/apt	450	28	1	2013/2/16	0.02	60
19	12939731	Stand alone beautiful & unique 19!	48148660	Mandy	Southern	Entire home/apt	2497	1	2	2016/7/31	1.67	85
20	11049693	Seaside Views in Centre of Aberdee	12626070	Rebecca	Southern	Private room	799	1	1	2016/3/31	0.23	362
21	12809065	Sea-View Family Home	53352025	Sergio	Southern	Entire home/apt	2497	3	1	2016/7/19	1	44
22	3014180	Stanley Gem! Waterfront Apartmer	15361246	David	Southern	Entire home/apt	2497	3	13	2016/7/10	0.58	78
23	13837043	Southside tranquility, Stanley	16839085	Dan	Southern	Entire home/apt	3498	1	0			3
24	505160	Apartment located in Stanley, H.K.	1443229	Alice	Southern	Entire home/apt	582	5	15	2016/6/29	0.6	337

图 6-66　Airbnb 平台中的部分房间信息

（1）使用“三色旗”标注不同价格的房间，高于或等于 1000 元的房间标以红色小旗，低于或等于 200 元的房间标以绿色小旗，其余价格的房间标以黄色小旗。

（2）用柱形图展示各区域不同类型的房间数。

（3）用瀑布图展示 North 地区房间总数及各种类型房间数。

（4）用子母饼图展示各地区各类型房间数占比。

第 7 章 电商数据分析综合案例

07

学习目标

① 掌握 Excel 数据分析工具库的使用
② 能灵活运用排序、筛选进行数据处理
③ 能运用数据透视表分析数据
④ 能运用数据透视图分析数据并进行可视化展示

当用户在电商平台上有了购买行为后，就从潜在客户转变成价值客户。电商平台一般会将用户的浏览、交易等数据保存在数据库中。因此，对这些客户基于平台的行为数据进行分析显得尤为重要，通过分析可以估计每位客户的价值，以便实施精准化营销。

7.1 电商数据背景分析

大数据时代给电子商务的发展带来了新的机遇与挑战，大数据技术帮助电子商务行业发现了新的商业模式，尤其是用户行为预测分析和购买商品关联分析已经在电商领域得到了很好的应用，并已经帮助电商获得了巨大的利润。其中，用户行为预测分析是大数据电商应用领域最常用的技术手段，该技术通过研究用户在互联网上的行为数据（如用户在访问某个电商网站时的浏览、点击、购买、评价某种商品的行为）让企业更加详细、清楚地了解用户的行为习惯，从而为企业的经营提供支持。

本章案例以某电商类网站商品交易数据为基础，对包括“双十一”在内的近 6 个月的交易数据（脱敏数据）进行处理，同时对数据中的品牌商品，尤其是热门品牌商品的点击量、加入购物车量、购买量、关注量进行分析和预测，对购买客户的年龄、性别、区域特点进行分析和总结。

数据表的各字段名如表 7-1 所示。

表 7-1 电商数据各字段名汇总表

序号	字段名	字段解释	序号	字段名	字段解释
1	user_id	买家 ID	5	brand_id	品牌 ID
2	item_id	商品 ID	6	month	交易时间：月
3	cat_id	商品类别 ID	7	day	交易时间：日
4	merchant_id	卖家 ID	8	action	行为，取值范围为{0,1,2,3}，0 表示点击，1 表示加入购物车，2 表示购买，3 表示关注商品

续表

序号	字段名	字段解释	序号	字段名	字段解释
9	age_range	买家年龄分段： 1 表示年龄<18， 2 表示年龄在[18,24]之间， 3 表示年龄在[25,29]之间， 4 表示年龄在[30,34]之间， 5 表示年龄在[35,39]之间， 6 表示年龄在[40,49]之间， 7 和 8 表示年龄≥50， 0 和 NULL 则表示未知	12	ident_code	商品唯一标识码
10	gender	性别：0 表示女性，1 表示男性，2 和 NULL 表示未知	13	score	用户评分
11	province	收货地址：省份			

7.2 数据处理

【任务描述】

对电商数据进行处理，要求如下。

（1）根据日期建立时间列，设置时间列格式为日期格式，如 2015-01-01，设置列名为“Date”，并去除原来的 month 和 day 列。

（2）统计 2015 年 10 月 11 日～2015 年 11 月 11 日之间每天用户的不同行为的数据，列名为“不同行为”，时间为“索引”。

【操作步骤】

（1）根据 month 和 day 列数据，运用 DATE 函数生成 Date 列。

① 单击 action 列，选中该列，右键单击鼠标，在弹出的快捷菜单中选择“插入”命令，则在 day 列和 action 列之间插入一空列，如图 7-1 所示。

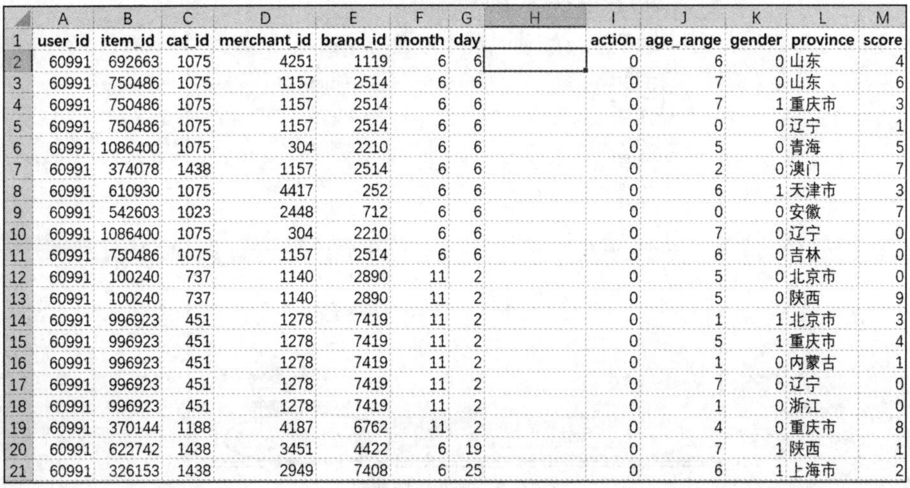

	A	B	C	D	E	F	G	H	I	J	K	L	M
1	user_id	item_id	cat_id	merchant_id	brand_id	month	day		action	age_range	gender	province	score
2	60991	692663	1075	4251	1119	6	6		0	6	0	山东	4
3	60991	750486	1075	1157	2514	6	6		0	7	0	山东	6
4	60991	750486	1075	1157	2514	6	6		0	7	1	重庆市	3
5	60991	750486	1075	1157	2514	6	6		0	0	0	辽宁	1
6	60991	1086400	1075	304	2210	6	6		0	5	0	青海	5
7	60991	374078	1438	1157	2514	6	6		0	2	0	澳门	7
8	60991	610930	1075	4417	252	6	6		0	6	1	天津市	3
9	60991	542603	1023	2448	712	6	6		0	0	0	安徽	7
10	60991	1086400	1075	304	2210	6	6		0	7	0	辽宁	0
11	60991	750486	1075	1157	2514	6	6		0	6	0	吉林	0
12	60991	100240	737	1140	2890	11	2		0	5	0	北京市	0
13	60991	100240	737	1140	2890	11	2		0	5	0	陕西	9
14	60991	996923	451	1278	7419	11	2		0	1	1	北京市	3
15	60991	996923	451	1278	7419	11	2		0	5	1	重庆市	4
16	60991	996923	451	1278	7419	11	2		0	1	0	内蒙古	1
17	60991	996923	451	1278	7419	11	2		0	7	0	辽宁	0
18	60991	996923	451	1278	7419	11	2		0	1	0	浙江	0
19	60991	370144	1188	4187	6762	11	2		0	4	0	重庆市	8
20	60991	622742	1438	3451	4422	6	19		0	7	1	陕西	1
21	60991	326153	1438	2949	7408	6	25		0	6	1	上海市	2

图 7-1　插入空列

② 将光标定位于 H2 单元格，单击编辑栏“公式”选项卡最左侧的“插入函数”按钮，弹出“插入函数”对话框，选择类别“日期与时间”→DATE 函数，单击“确定”按钮，弹出图 7-2 所示的“函数参数”对话框。

③ 将光标定位于 Year 右侧的输入框中，输入 2015；将光标定位于 Month 右侧的输入框中，选取 F2 单元格；将光标定位于 Day 右侧的输入框中，选取 G2 单元格，单击“确定”按钮，即可生成 Date 列数据。

④ 选中 Date 列，设置其格式为“日期”—“2012-03-14”。

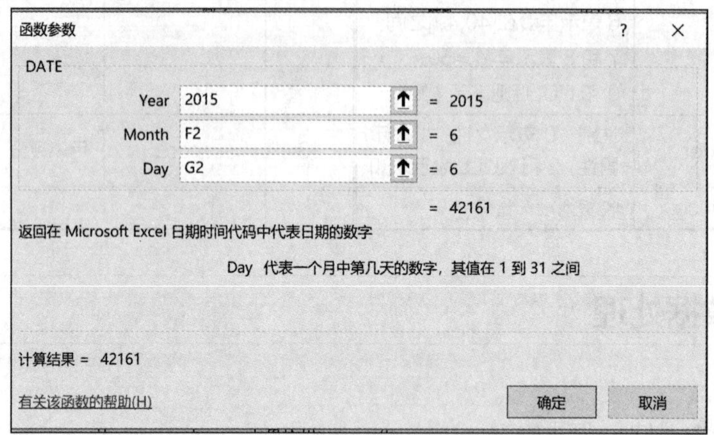

图 7-2　DATE 函数设置的“函数参数”对话框

（2）统计 2015 年 10 月 11 日～2015 年 11 月 11 日之间每天用户的不同行为的数据，列名为“不同行为”，时间为“索引”。

① 单击“数据”选项卡中的“筛选”按钮。

② 单击 Date 列右侧的下拉按钮，在弹出的快捷菜单中选择“日期筛选”→“自定义筛选”命令，如图 7-3 所示。

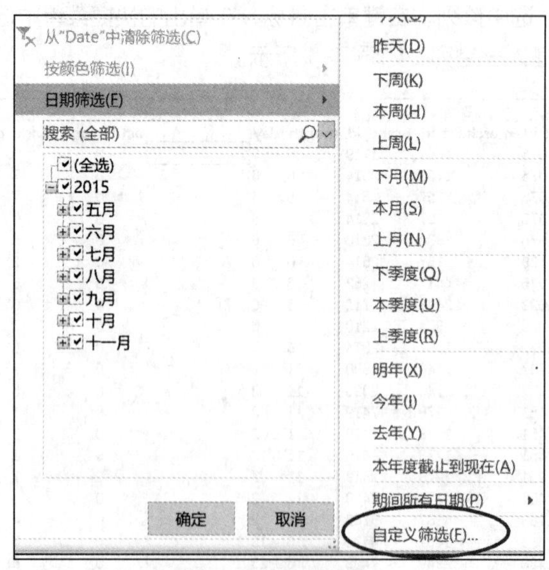

图 7-3　筛选快捷菜单

③ 在弹出的“自定义自动筛选方式”对话框中，选择显示行 Date 属性“在以下日期之后或与之相同”，设置为“2015-10-11”，选择“在以下日期之前或与之相同”，设置为“2015-11-11”，单击“确定”按钮，将筛选出来的数据复制至一个新的 Sheet 表中，并将其重命名为“10 月 11 月数据”。

④ 选中新表中的数据源，选择“插入”→“数据透视表”命令，弹出“创建数据透视表”对话框，如图 7-4 所示。选择需要分析的数据区域，以及数据透视表放置的位置，单击“确定”按钮。

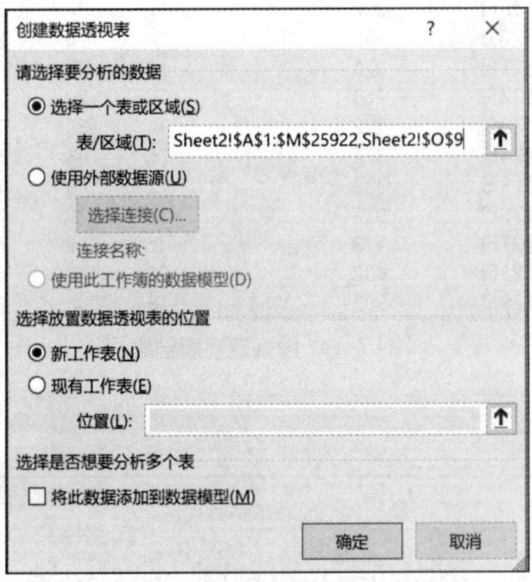

图 7-4 “创建数据透视表”对话框

⑤ 进入数据透视表的分析窗口，按日分析统计不同行为的数量，拖动“Date”字段至“行”区域，拖动“action”字段至“列”区域，再将“action”字段拖动至“值”区域，并设置其值字段汇总方式为“计数”，如图 7-5 所示。

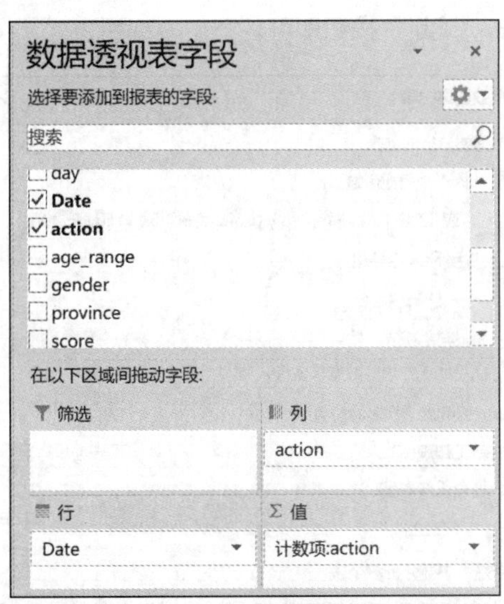

图 7-5 数据透视表字段设置

⑥ 修改分析显示结果中的列标签，将“0”修改为“点击”，将“1”修改为“加入购物车”，将“2”修改为“购买”，将“3”修改为“关注商品”，最终结果如图 7-6 所示。

计数项:action	列标签				
行标签	点击	加入购物车	购买	关注商品	总计
10月11日	201		14	18	233
10月12日	124		6	24	154
10月13日	105		5	12	122
10月14日	244	2	11	18	275
10月15日	164		11	8	183
10月16日	238	1	16	19	274
10月17日	221	1	12	24	258
10月18日	223		13	13	249
10月19日	202		17	9	228
10月20日	190		14	16	220
10月21日	371		19	28	418
10月22日	255		7	20	282
10月23日	172		6	30	208
10月24日	312		16	53	381
10月25日	339		22	49	410
10月26日	313	1	17	29	360
10月27日	173		8	27	208
10月28日	402		21	46	469
10月29日	381	1	18	38	438

图 7-6　数据透视表结果

7.3 数据分析

【任务描述】

针对某电商平台 2015 年几个月的用户行为数据，挖掘点击量与购买量之间的关系，并预测 10000 点击量时的购买量为多少。

【操作步骤】

（1）统计每日用户行为数据。

① 选中电商源数据，单击“插入”选项卡中的“数据透视表”按钮，弹出图 7-7 所示的“创建数据透视表”对话框，单击“确定”按钮即可。

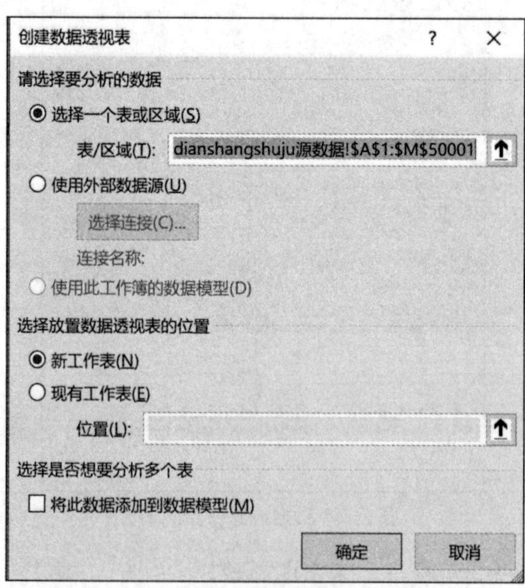

图 7-7 “创建数据透视表”对话框

② 进入“数据透视表字段”面板，按日分析统计不同行为的数量，拖动“Date”字段至“行”区域，拖动“action”字段至“列”区域，再将“action”字段拖动至“值”区域，并设置其值字段汇总方式为“计数”，如图 7-8 所示。

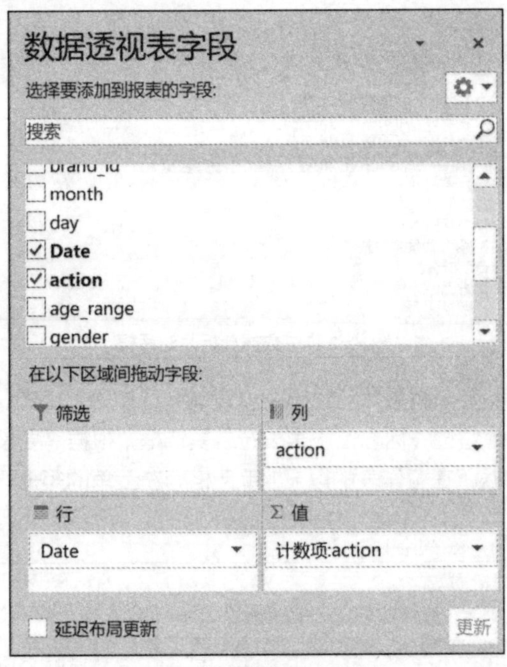

图 7-8　数据透视表字段设置

③ 修改分析显示结果中的列标签，将“0”修改为“点击”，将“1”修改为“加入购物车”，将“2”修改为“购买”，将“3”修改为“关注”，最终结果如图 7-9 所示。

④ 选取数据透视表结果中的“日期”“点击”“购买”列数据，复制至一个新的工作表中，将无数据的单元格用“0”替换，如图 7-10 所示。

A	B	C	D	E	F
日期	点击	加入购物车	购买	关注	总计
5月11日			7	11	18
5月12日			14	7	21
5月13日			19	9	28
5月14日			6	7	13
5月15日			10	10	20
5月16日			14	21	35
5月17日			14	6	20
5月18日			11	12	23
5月19日		1	13	15	29
5月20日	190		8	6	204
5月21日	68		1	5	74
5月22日	230		12	20	262
5月23日	135		3	9	147
5月24日	259		12	12	283
5月25日	137		6	11	154
5月26日	130		18	9	157
5月27日	146		22	10	178
5月28日	207		14	20	241
5月29日	186	1	10	14	211
5月30日	143		5	3	151

图 7-9　数据透视表结果

	A	B	C
1	日期	点击	购买
2	5月11日	0	7
3	5月12日	0	14
4	5月13日	0	19
5	5月14日	0	6
6	5月15日	0	10
7	5月16日	0	14
8	5月17日	0	14
9	5月18日	0	11
10	5月19日	0	13
11	5月20日	190	8
12	5月21日	68	1
13	5月22日	230	12
14	5月23日	135	3
15	5月24日	259	12
16	5月25日	137	6
17	5月26日	130	18
18	5月27日	146	22
19	5月28日	207	14
20	5月29日	186	10
21	5月30日	143	5

图 7-10　处理后的数据分析源数据

（2）分析“点击”和“购买”两个变量间的相关性。

① 选中数据分析源数据，单击“数据”选项卡中的“数据分析”按钮，弹出图 7-11 所示的“数据分析”对话框，选择其中的“相关系数”选项，单击“确定”按钮。

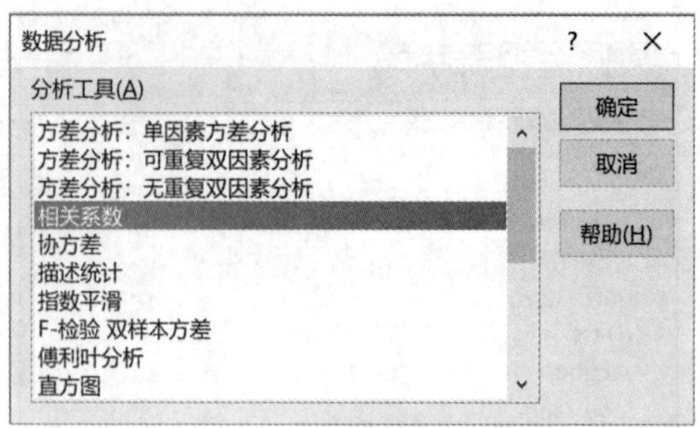

图 7-11 “数据分析”对话框

② 在图 7-12 所示的“相关系数”对话框中设置输入区域为“点击”和“购买”所在列数据区域，分组方式选择“逐列”，勾选“标志位于第一行”复选框，根据需要设置输出选项，此处设置输出区域为$F$1，则在源数据所在工作表的以 F1 单元格为左上角的矩形区域显示相关分析结果，单击“确定”按钮。

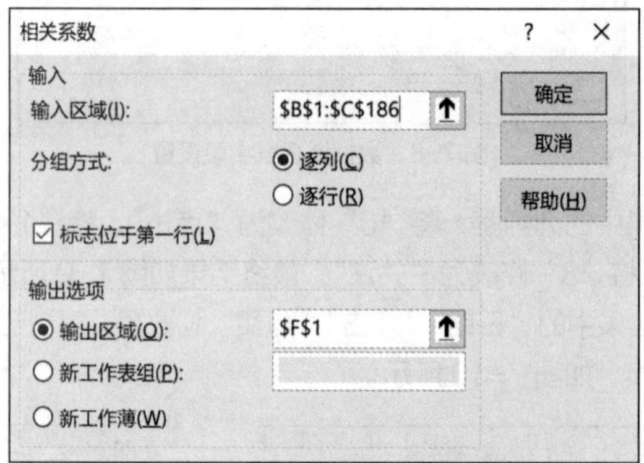

图 7-12 “相关系数”对话框

③ 相关系数分析结果如图 7-13 所示，“点击”和“购买”两个变量的相关系数是 0.918079，属高度正相关。

	点击	购买
点击	1	
购买	0.918079	1

图 7-13 相关系数分析结果

（3）建立“点击”和“购买”两个变量的回归分析模型。

① 单击“数据”选项卡中的“数据分析”按钮，在弹出的“数据分析”对话框中，选择“回归”选项，单击“确定”按钮。

② 在图 7-14 所示的“回归”对话框中对各类参数做如下设置。

a. Y 值输入区域：输入需要分析的因变量数据区域，此处选择“购买”列所在的数据区域。

b. X 值输入区域：输入需要分析的自变量数据区域，此处选择“点击”列所在的数据区域。
c. 标志：选择“标志”复选框。
d. 置信度：选择“置信度”复选框，设置为 95%。
e. 输出区域：此处选择 F6 单元格，回归分析结果显示在以 F6 单元格为左上角的区域。
f. 残差：选择“残差”和“标准残差”复选框。

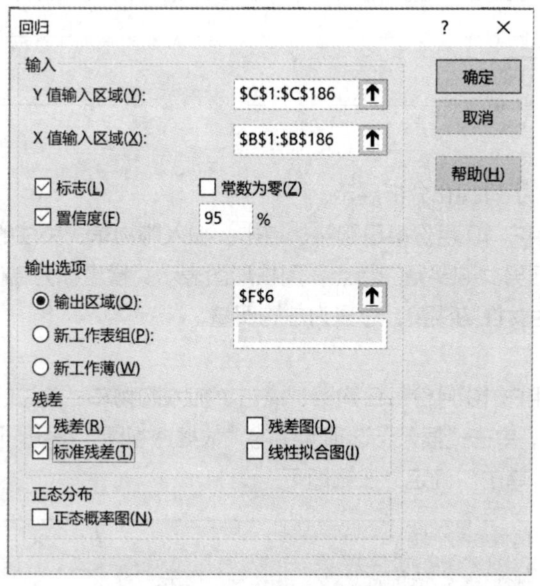

图 7-14 “回归”对话框

③ 图 7-15 所示的回归统计表中显示，Multiple R 约为 0.9181，说明“点击”和“购买”两个变量高度正相关；R Square 约为 0.8429，说明回归模型拟合效果较好。

回归统计	
Multiple R	0.918078858
R Square	0.842868789
Adjusted R Square	0.842010148
标准误差	30.67701638
观测值	185

图 7-15 回归统计表

④ 图 7-16 所示的方差分析表中显示，*F* 统计量值为 981.6318，说明“点击”和“购买”两个变量具有显著的线性关系；Significance F 值为 1.84001E-75，小于 0.01，说明检验结果具有极其显著的统计学意义。

方差分析					
	df	SS	MS	F	Significance F
回归分析	1	923793.4	923793.4	981.6318	1.84001E-75
残差	183	172217.5	941.0793		
总计	184	1096011			

图 7-16 方差分析表

⑤ 图 7-17 所示的回归系数表显示，回归模型的斜率约为 0.1160，截距约为-12.42，因此点击量和购买量的简单线性回归模型约为 Y=0.116X-12.42。

	Coefficients	标准误差	t Stat	P-value	Lower 95%	Upper 95%	下限 95.0%	上限 95.0%
Intercept	-12.41820633	2.420745	-5.12991	7.35E-07	-17.19436425	-7.64205	-17.1944	-7.64205
点击	0.11594513	0.003701	31.331	1.84E-75	0.1086437	0.123247	0.108644	0.123247

图 7-17　回归系数表

⑥ 根据上述简单线性回归模型预测点击量为 10000 时，购买量约为 1148。

7.4 数据展示

【任务描述】

根据电商数据进行如下可视化分析展示。

（1）用折线图画出用户 10 月份每日购买、点击、加入购物车、关注的变化趋势图。

（2）分析出各个地区男女购买量的特点，用柱形图表示，横坐标为省份，纵坐标的上半部分为男性购买量，下半部分为女性购买量，总量为总购买量。

【操作步骤】

（1）用折线图画出用户 10 月份每日购买、点击、加入购物车、关注的变化趋势图。

① 选中电商源数据，单击“插入”选项卡中的“数据透视图”按钮，弹出图 7-18 所示的“创建数据透视图”对话框，单击“确定”按钮即可。

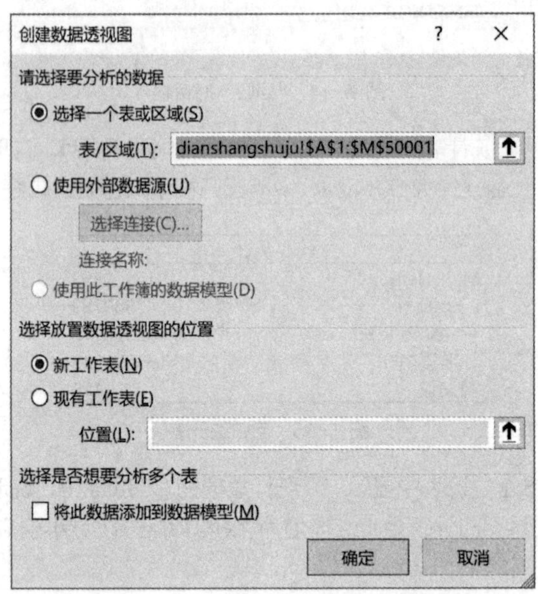

图 7-18　“创建数据透视图”对话框

② 需要展示每日用户行为的变化趋势，因此在“数据透视图字段”面板中，将“Date”字段拖动至“轴（类别）”区域，将系统默认增加的“月”字段拖动至“筛选”区域，将“action”字段拖动至“图例（系列）”区域，再将“action”字段拖动至“值”区域并将值字段汇总方式设置为“计数”，如图 7-19 所示。

③ 单击“数据透视工具”选项卡中的“更改图表类型”按钮，选择“带数据标记的折线图”，单击“确定”按钮。

图 7-19　数据透视图字段设置

④ 单击“月”字段右侧下拉按钮，选择“10 月”，单击“确定”按钮，如图 7-20 所示，折线图即可展示 10 月份用户的行为趋势，结果如图 7-21 所示。

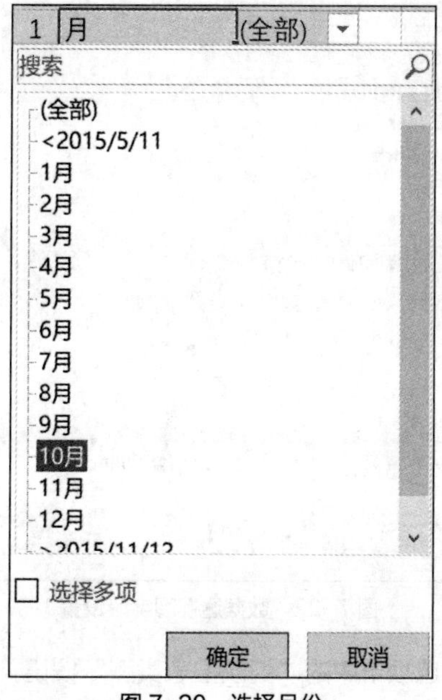

图 7-20　选择月份

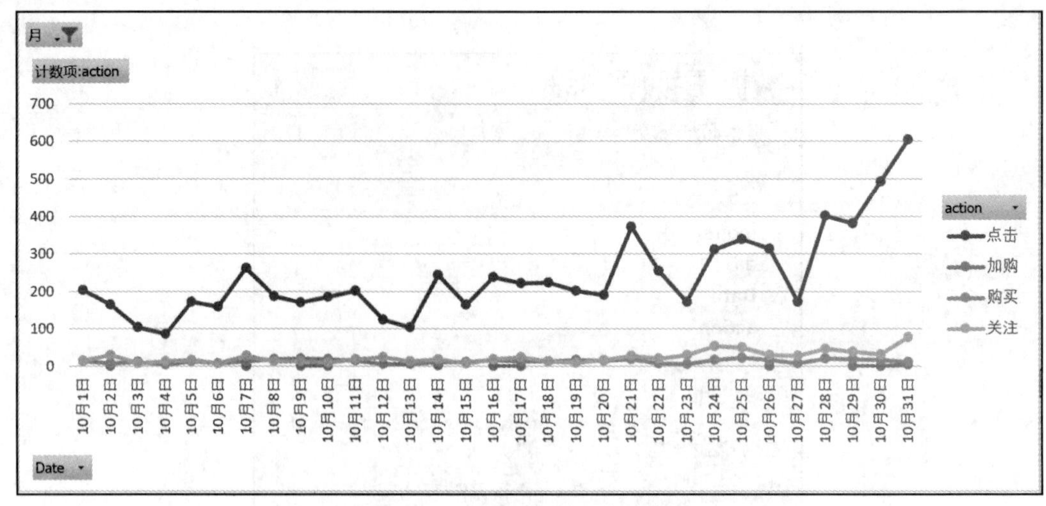

图 7-21　10 月份用户行为趋势图

（2）分析各个地区男女购买量的特点。

① 选中电商源数据，单击“插入”选项卡中的“数据透视图”按钮，弹出图 7-18 所示的“创建数据透视图”对话框，单击“确定”按钮即可。

② 需要展示各地区男女购买量，因此在“数据透视图字段”面板中，将“province”字段拖动至“轴（类别）”区域，将“gender”字段拖动至“图例（系列）”区域，再将“gender”字段拖动至“值”区域并将值字段汇总方式设置为“计数”，如图 7-22 所示。

图 7-22　数据透视图字段设置

③ 单击“数据透视工具”选项卡中的“更改图表类型”按钮，选择“堆积柱形图”，单击“确定”按钮，结果如图 7-23 所示。

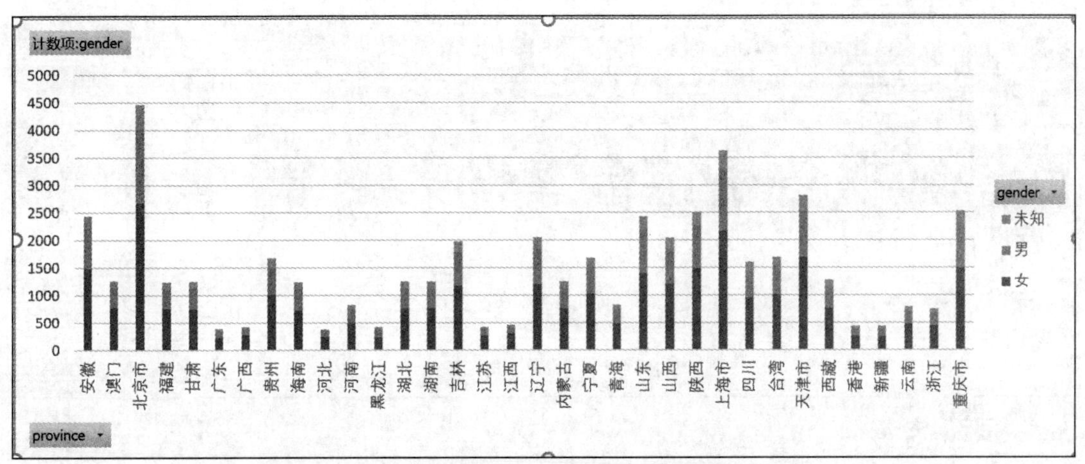

图 7-23　各地区男女购买量可视化展示图

7.5 本章小结

本章结合某电商平台 2015 年几个月的用户行为数据，综合运用 Excel 中的筛选和数据透视表等功能处理数据，运用数据透视图对处理过的数据进行可视化展示，最后运用 Excel 数据分析工具库完成相关分析和简单线性回归分析。

第 8 章 股票数据分析综合案例

学习目标

① 能够根据数据分析的六步曲进行完整的数据分析

② 掌握 Excel 中的函数使用、筛选、分类汇总、数据透视表等数据处理方法

③ 掌握 Excel 数据分析工具库中常用的数据分析方法

④ 掌握 Excel 中数据展示时各类图表的使用方法

每日的股票交易数据中暗藏着许多有用的信息，利用数据分析技术可以对数据进行清洗、处理、分析等，以找出数据之间的关系，建立关联模型，从而预测股票未来的走势。

8.1 股票数据背景分析

调查数据显示，中国大数据 IT 应用投资规模以五大行业最高，其中以互联网行业占比最高，占大数据 IT 应用投资规模的 28.9%，其次是电信领域（19.9%），第三为金融领域（17.5%），政府和医疗分别位列第四和第五。国际知名咨询公司麦肯锡的报告显示：在大数据应用综合价值潜力方面，信息技术、金融保险、政府及批发贸易四大行业潜力最高。具体到行业内每家公司的数据量，信息、金融保险、计算机及电子设备、公用事业 4 类的数据量最大。

本章围绕平安银行股票历史数据展开，包含证券交易所 A 股股票日线数据，时间区间为 2010 年 1 月 1 日至 2015 年 12 月 31 日，去除假期休市等时的数据。利用数据分析技术对数据进行清洗、分析、过滤，分析股票数据，通过对历史数据的处理，寻找出前后数据之间的关系，建立关联模型，然后通过历史数据和所建立的关联模型来预测时间序列的未来值。

数据表的各字段名如表 8-1 所示。

表 8-1　股票数据各字段名汇总表

序号	字段名	字段解释	序号	字段名	字段解释
1	stock_id	股票代码	7	low	最低价（元）
2	stock_name	股票名称简称	8	close	收盘价（元）
3	date	日期	9	volume	成交量（股）
4	his_price	前收盘价（元）	10	turnover	成交金额（元）
5	open	开盘价（元）	11	change_price	涨跌（元）
6	high	最高价（元）	12	change_rate	涨跌幅（%）

续表

序号	字段名	字段解释	序号	字段名	字段解释
13	average_price	均价（元）	20	totle_equity	总股本（股）
14	turnover_rate	换手率（%）	21	pe_ratio	市盈率
15	a_totle	A 股流通市值（元）	22	pb_ratio	市净率
16	b_totle	B 股流通市值（元）	23	market_rate	市销率
17	totle	总市值（元）	24	cash_rate	市现率
18	a_equity	A 股流通股本（股）	25	collection_date	采集时间
19	b_equity	B 股流通股本（股）			

8.2 数据清洗

【任务描述】

针对平安银行 2010 到 2015 年所有交易日的股票数据进行数据清洗，去掉所有的空值数据、无价值数据。

【操作步骤】

（1）仔细分析“平安银行”Excel 表，发现 b_totle 是空值，b_equity 是零值，collection_date 是采集时间，对本案例来说是无价值数据。因此，删除这 3 列数据。

（2）找出 Excel 表中的所有空值，分析发现，都是股票停盘日无交易量时的数据，可以通过筛选找出所有空值，并删除。

① 选择“数据”→“筛选”命令，进入自动筛选的状态。

② 单击“turnover”字段的下拉按钮，弹出筛选条件设置对话框，选择“N/A”复选框，如图 8-1 所示。

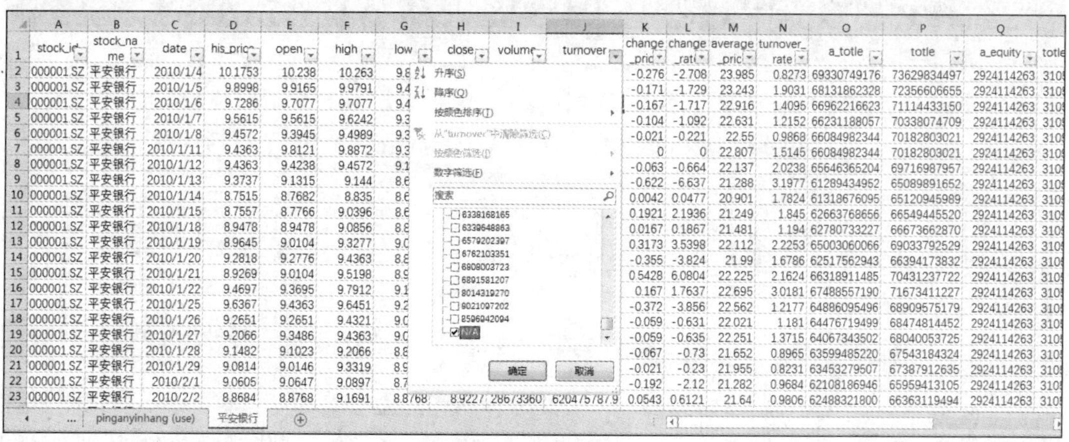

图 8-1　筛选数据表

③ 单击“确定”按钮，结果如图 8-2 所示。

④ 由结果可知，所有停盘日无交易量的数据记录全显示出来了，选择所有筛选出来的行，右键单击，弹出快捷菜单，选择“删除行”，删除所有带空值的记录，如图 8-3 所示。

⑤ 单击“筛选”按钮，取消筛选，回归原状态，还有 1387 条记录，结果如图 8-4 所示。

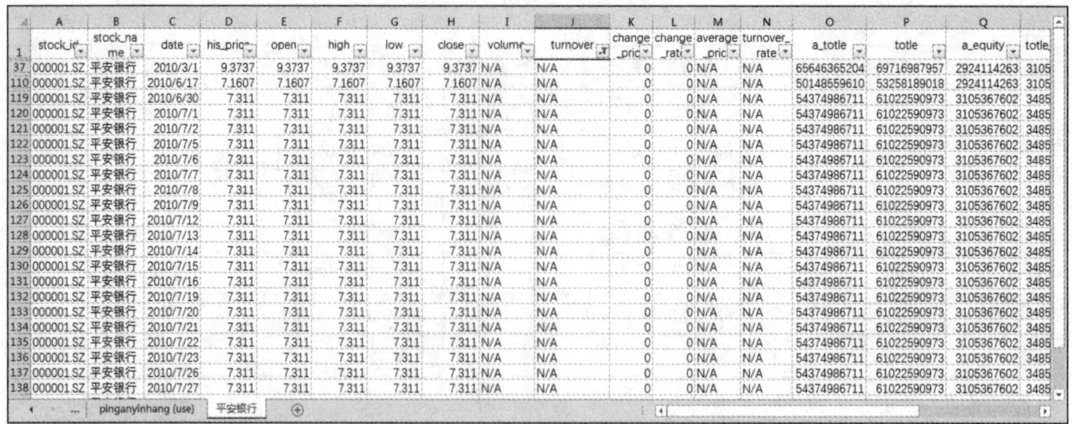

图 8-2　筛选结果

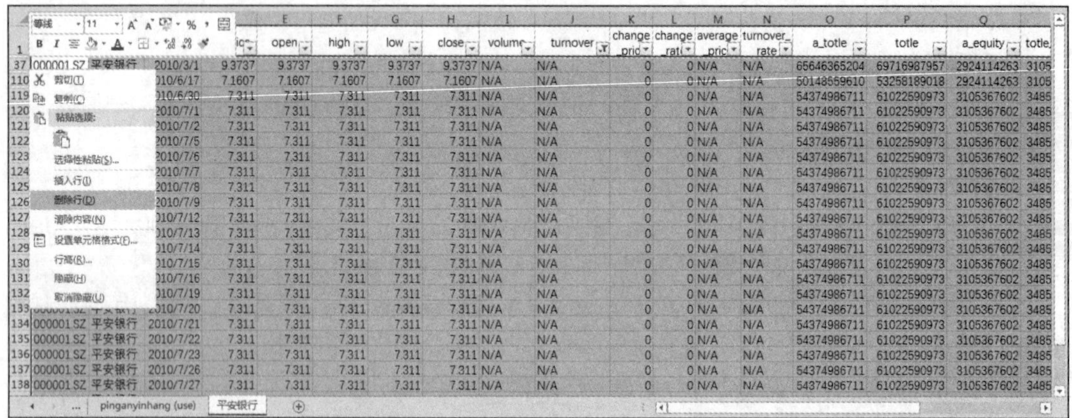

图 8-3　删除空值行

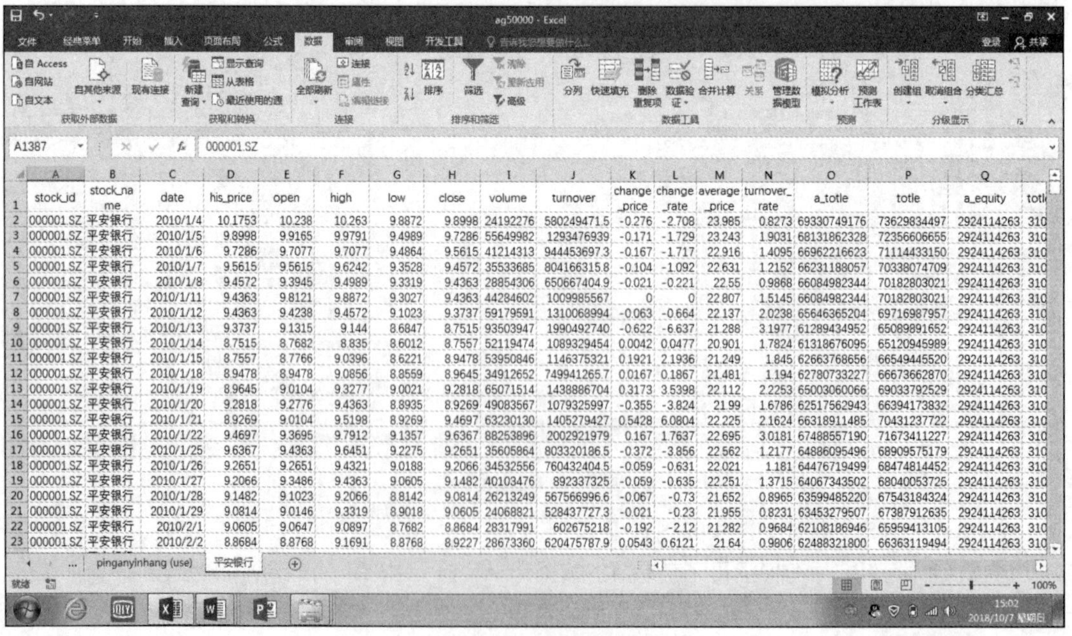

图 8-4　去空值后的数据表

8.3 数据处理

【任务描述】

对股票数据进行数据处理，根据要求计算出月度、年度数据报表，要求如下。

（1）根据股票数据，计算平安银行 2010 到 2015 年每个季度的成交量平均值及平均市盈率。

（2）计算平安银行股票每年股价的最低值和最高值，以及每年的交易天数。

（3）计算 2015 年平安银行的涨跌天数，即上涨天数与下跌天数。

【操作步骤】

（1）通过数据透视表可以方便地计算出每个季度的成交量平均值及平均市盈率。

① 单击“插入”→“数据透视表”按钮，弹出“创建数据透视表”对话框，如图 8-5 所示。选择需要分析的数据区域，以及数据透视表放置的位置，单击“确定”按钮。

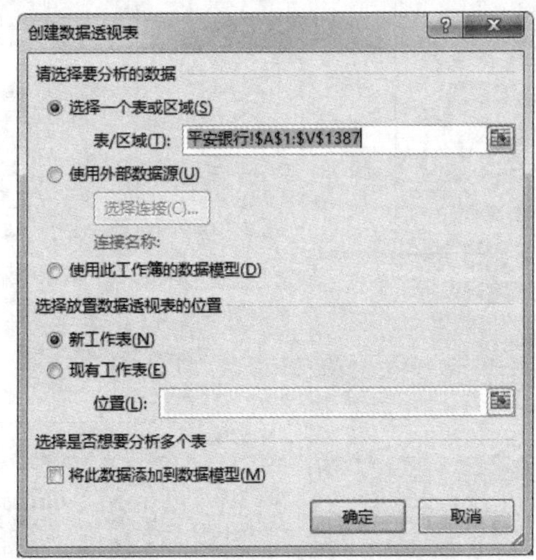

图 8-5 “创建数据透视表”对话框

② 进入数据透视表的分析窗口，需分析的是成交量平均值与平均市盈率，则拖动“volume”“pe_ratio”两个字段并放入“值”区域；要求按季度进行统计，则拖动“date”字段至“行”区域，“date”字段会在“行”区域自动添加“年”“季度”的分类，如图 8-6 所示。

③ 计算成交量平均值与平均市盈率，需修改“值”字段的属性设置，依次选择“值”字段中的“pe_ratio”及“volume”字段，分别右键单击，弹出快捷菜单，选择“值字段设置”命令，如图 8-7 所示，弹出“值字段设置”对话框，选择值字段汇总方式为“平均值”，如图 8-8 所示。

④ 每个季度的成交量平均值及平均市盈率的结果如图 8-9 所示。

（2）通过分类汇总可以计算出平安银行股票每年股价的最低值和最高值，以及每年股票的交易天数。

① 为更方便地计算出每年的汇总数据，添加年份的字段以便于进行分类。选择 D 列后右键单击，弹出快捷菜单，选择“插入”命令，添加一列，取字段名为 year，如图 8-10 所示。

②“year”字段值取“date”字段的年份，使用函数“=year(C2)”即可得到 D2 单元格的值，如图 8-11 所示，接下来直接拖动带公式单元格右下角的实心箭头至列尾即可。注意，D 列单元格的格式为“常规”，非“日期型”，结果如图 8-12 所示。

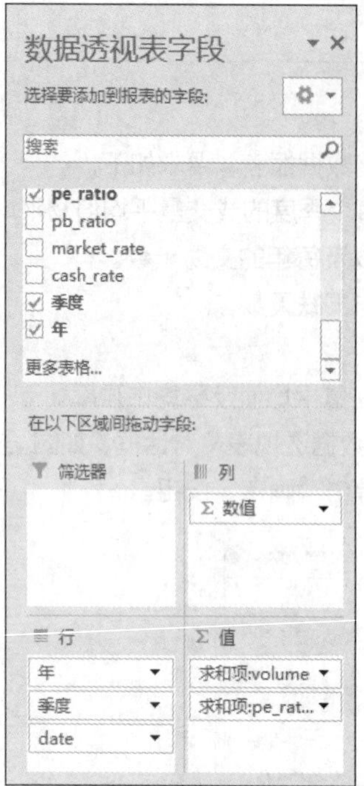

图 8-6 数据透视表字段设置

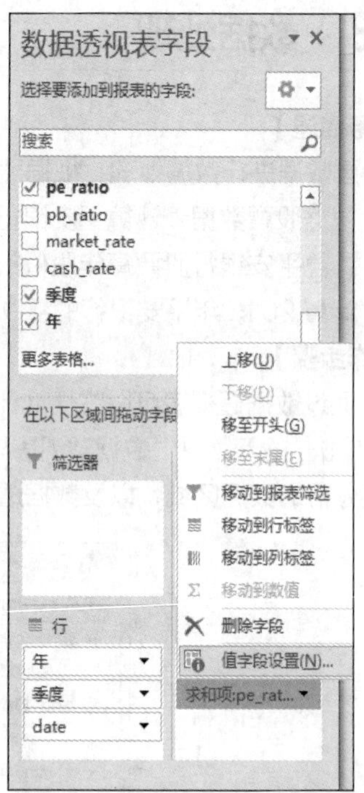

图 8-7 值字段设置快捷菜单

图 8-8 “值字段设置”对话框

	A	B	C
3	行标签	平均值项:volume	平均值项:pe_ratio
4	⊟2010年		
5	⊞第一季	34740738.96	13.8913614
6	⊞第二季	35055825.97	11.87267759
7	⊞第三季	41295387.29	11.86672941
8	⊞第四季	43269058.52	12.063
9	⊟2011年		
10	⊞第一季	28897649.9	8.806306897
11	⊞第二季	33193311	9.640358929
12	⊞第三季	19867889.32	12.8004127
13	⊞第四季	15735271.03	13.09577119
14	⊞2012年	18397325.48	7.485686695
15	⊞2013年	74747557.26	7.431687764
16	⊞2014年	87931304.7	7.710677049
17	⊞2015年	150082401.8	9.238227459
18	总计	67174361.14	9.146210245

图 8-9 数据透视表结果

图 8-10 插入列快捷菜单

图 8-11 年份计算函数

图 8-12 添加年份列结果

③ 以“年份”为分类字段进行分类汇总。单击“数据”→“分类汇总”按钮，弹出“分类汇总”对话框，不同汇总项的汇总方式不同，因此需要分多次分类汇总。选择股价最低值的汇总方式为“最小值”，汇总项为“low”，如图 8-13 所示，单击“确定”按钮即可；接下来汇总股价最高值，在原来分类汇总的基础上进行同样的操作，注意“替换当前分类汇总”的选项不要选择，设置如图 8-14 所示；同样，每年股票的交易天数也需要再次分类汇总，设置如图 8-15 所示。最小值的分类汇总结果如图 8-16 所示，最大值的分类汇总结果如图 8-17 所示，交易天数的分类汇总结果如图 8-18 所示。

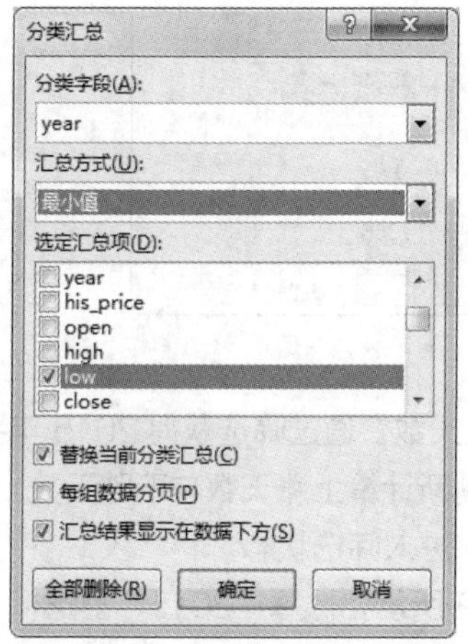

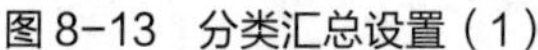
图 8-13 分类汇总设置（1）

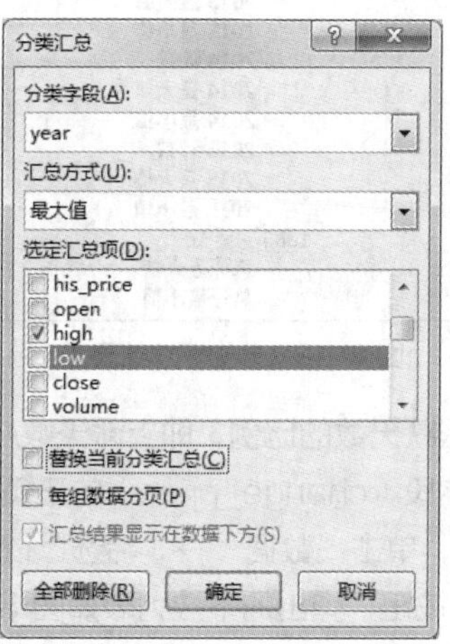

图 8-14 分类汇总设置（2）

图 8-15 分类汇总设置（3）

	A	B	C	D	E	F	G	H	I
1	stock_id	stock_name	date	year	his_price	open	high	low	close
194				2010 最小值				6.476	
431				2011 最小值				6.2046	
665				2012 最小值				5.2497	
903				2013 最小值				6.0903	
1148				2014 最小值				6.81	
1393				2015 最小值				9.3	
1394				总计最小值				5.2497	
1395									

图 8-16 分类汇总结果（1）

	A	B	C	D	E	F	G	H	I
1	stock_id	stock_name	date	year	his_price	open	high	low	close
194				2010 最大值			10.263		
195				2010 最小值				6.476	
432				2011 最大值			7.9332		
433				2011 最小值				6.2046	
667				2012 最大值			7.4238		
668				2012 最小值				5.2497	
906				2013 最大值			10.3942		
907				2013 最小值				6.0903	
1152				2014 最大值			13.3524		
1153				2014 最小值				6.81	
1398				2015 最大值			17.5		
1399				2015 最小值				9.3	
1400				总计最大值			17.5		
1401				总计最小值				5.2497	

图 8-17 分类汇总结果（2）

1	A stock_id	B stock_name	C date	D year	E his_price	F open	G high	H low	I close
194			192	2010 计数			192		
195				2010 最大值			10.263		
196				2010 最小值				6.476	
433			236	2011 计数			236		
434				2011 最大值			7.9332		
435				2011 最小值				6.2046	
669			233	2012 计数			233		
670				2012 最大值			7.4238		
671				2012 最小值				5.2497	
909			237	2013 计数			237		
910				2013 最大值			10.3942		
911				2013 最小值				6.0903	
1156			244	2014 计数			244		
1157				2014 最大值			13.3524		
1158				2014 最小值				6.81	
1403			244	2015 计数			244		
1404				2015 最大值			17.5		
1405				2015 最小值				9.3	
1406			1386	总计数			1386		
1407				总计最大值			17.5		
1408				总计最小值				5.2497	

图 8-18　分类汇总结果（3）

（3）计算 2015 年平安银行涨跌天数的比例，即上涨天数/下跌天数。通过筛选获得 2015 年平安银行股票数据，再通过对涨跌字段（change_price）的正负值判断计算上涨天数与下跌天数。

① 针对“平安银行”数据表，单击“数据”→“筛选”按钮，进入筛选状态。

② 单击“date”字段的下拉按钮，弹出的下拉列表如图 8-19 所示，选择“2015”复选框，单击“确定”按钮，即可筛选出 2015 年的数据。

图 8-19　筛选设置

③ 在数据表空白处的两个单元格上分别添加文字“上涨天数”“下跌天数”。通过函数 COUNTIF 分别计算上涨天数和下跌天数。

将光标移到 B247 单元格，单击 f_x 按钮，弹出“插入函数”对话框，如图 8-20 所示，在“搜索函数”文本框中输入“countif”，单击“转到”按钮，显示与 COUNTIF 相关的函数，如图 8-21

所示，选中“COUNTIF”，单击“确定”按钮，弹出 COUNTIF“函数参数”设置对话框，参数 Range 指的是非空单元格数目的区域，填写 change_price 所在的区域，参数 Criteria 组合框中填写计数的条件“">0"”，具体设置如图 8-22 所示。

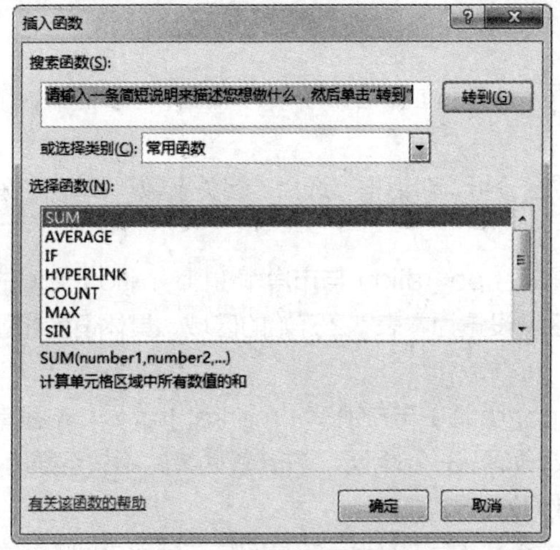

图 8-20　插入函数设置

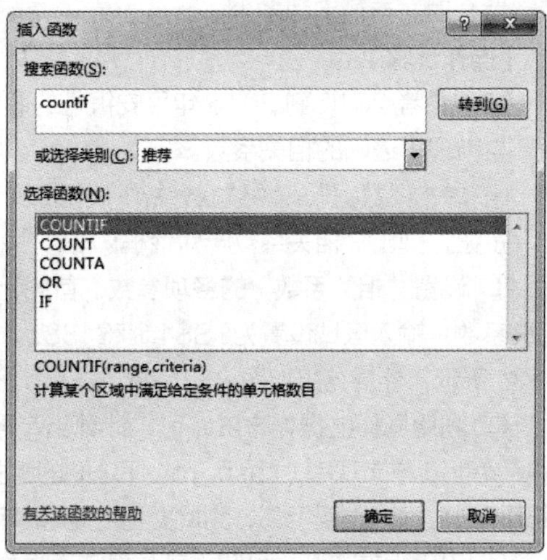

图 8-21　与 COUNTIF 相关的函数

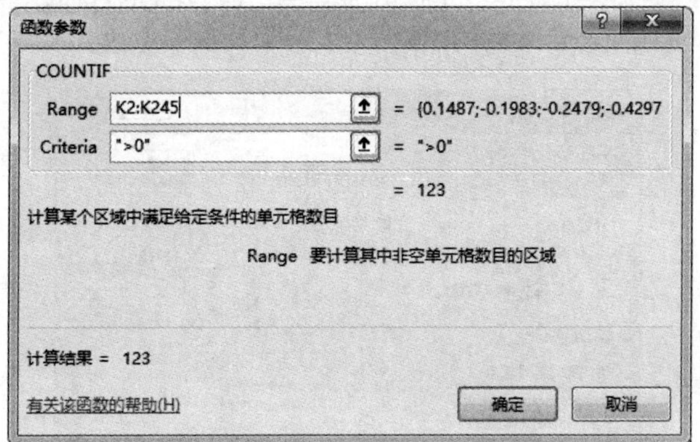

图 8-22　COUNTIF 函数参数设置

④ 单击“确定”按钮，即可得到上涨天数；通过同样的方法，运用 COUNTIF 函数，设置下跌天数的条件是“"<0"”，即可得到下跌天数，计算结果如图 8-23 所示。

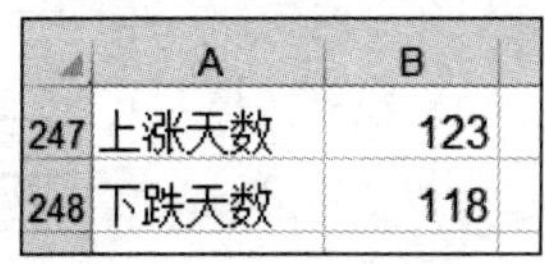

	A	B
247	上涨天数	123
248	下跌天数	118

图 8-23　计算结果

8.4 数据分析

【任务描述】

针对平安银行 2010 到 2015 年所有交易日的股票数据，挖掘各列数据间的关系，并进行预测分析。

（1）根据 2010 到 2015 年平安银行的股票数据，分析市盈率与市净率、市盈率与市销率、市盈率与市现率之间的相关性。

（2）利用回归分析分析市盈率、市净率、市销率之间的线性回归关系，并预测市净率为 10，市销率为 8 时，市盈率为多少。

【操作步骤】

（1）参考 2010 到 2015 年平安银行的股票数据，计算市盈率与市净率、市盈率与市销率、市盈率与市现率之间的相关系数。

① 单击“数据”→“数据分析”按钮，弹出“数据分析”对话框，选择“相关系数”，单击“确定”按钮，弹出“相关系数”对话框。

② 设置“相关系数”的各项参数。首先计算市盈率（pe_ratio）与市净率（pb_ratio）之间的相关系数。输入区域设置为$S$1:$T$1387，输出区域设置为本表 X2 开始的区域，具体设置如图 8-24 所示，计算结果如图 8-25 所示。

③ 利用同样的操作方法，可以计算出市盈率（pe_ratio）与市销率（market_rate）、市盈率（pe_ratio）与市现率（cash_rate）之间的相关系数，如图 8-26 所示。在计算两者的相关系数时，注意两列数据一定要相邻，为此要适时地调整两列数据的位置。

④ 由以上操作结果可知，市盈率与市净率的相关系数约为 0.93，市盈率与市销率之间的相关系数约为 0.946，说明市盈率与市净率之间、市盈率与市销率之间显著相关；市盈率与市现率之间的相关系数约为 0.3，说明两者间相关度很低。

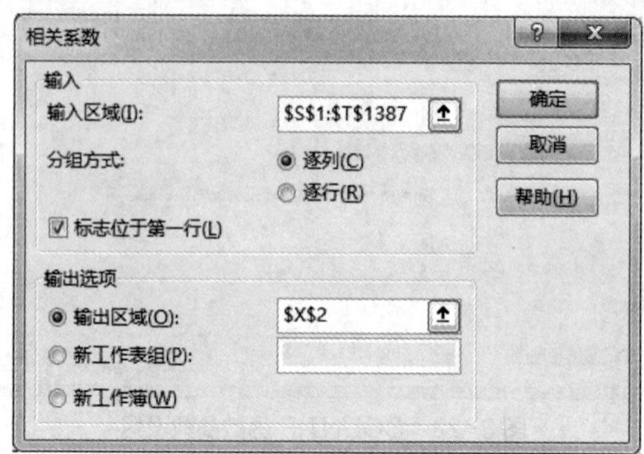

图 8-24 相关系数设置

	pb_ratio	pe_ratio
pb_ratio	1	
pe_ratio	0.930395	1

图 8-25 “相关系数”结果（1）

	pe_ratio	market_rate
pe_ratio	1	
market_rate	0.946313	1

	pe_ratio	cash_rate
pe_ratio	1	
cash_rate	0.302255	1

图 8-26 “相关系数”结果（2）

（2）利用回归分析分析市盈率、市净率、市销率之间的线性回归关系并进行预测。

根据上述分析，市盈率与市净率、市销率之间高度相关，而与市现率之间的相关度低，因此可求解市盈率与市净率、市销率的回归关系。

① 单击“数据”→“数据分析”按钮，弹出“数据分析”对话框，选择“回归”选项，单击“确

定”按钮，弹出“回归”对话框。

② 设置回归分析各项参数。Y 值输入区域是市盈率所在的区域，X 值输入区域是市净率、市销率两列数据所在的区域。置信度设置为 95%，输出区域选择 X15 开始的区域，具体设置如图 8-27 所示，回归分析的结果如图 8-28 所示。

③ 根据回归分析的计算结果，可知市盈率的回归方程为 $Y=2.5+1.18X_1+1.62X_2$。如果市净率为 10，市销率为 8，即 $X_1=10$，$X_2=8$，则 $Y=27.26$。

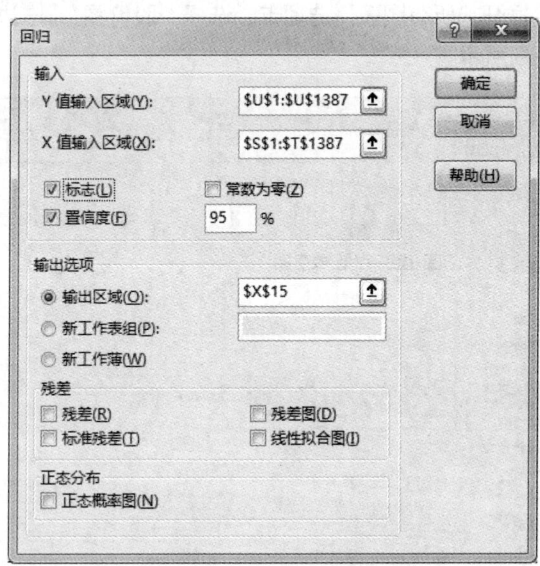

图 8-27　回归分析的参数设置

SUMMARY OUTPUT								
回归统计								
Multiple R	0.95697025							
R Square	0.91579206							
Adjusted R Square	0.91567028							
标准误差	0.66716523							
观测值	1386							
方差分析								
	df	SS	MS	F	ignificance F			
回归分析	2	6694.7263	3347.363	7520.315	0			
残差	1383	615.58637	0.445109					
总计	1385	7310.3126						
	Coefficients	标准误差	t Stat	P-value	Lower 95%	Upper 95%	下限 95.0%	上限 95.0%
Intercept	2.49957705	0.0825493	30.27979	6.2E-155	2.337642	2.661513	2.337642	2.661513
pb_ratio	1.18217106	0.0647689	18.25215	7.44E-67	1.055115	1.309227	1.055115	1.309227
market_rate	1.62192233	0.05651	28.70152	1.6E-142	1.511068	1.732777	1.511068	1.732777

图 8-28　回归分析的结果

8.5 数据展示

【任务描述】

根据平安银行 2010 到 2015 年所有交易日的股票数据，绘制股票趋势图。

（1）筛选出 2015 年 3 月份的数据，绘制“开盘-盘高-盘低-收盘”的股价图。

（2）利用组合图的形式绘制出平安银行 2015 年的股价变化趋势图和市盈率变化曲线图。

【操作步骤】

（1）筛选出 2015 年 3 月份的数据，绘制“开盘-盘高-盘低-收盘”的股价图。

① 筛选出 2015 年 3 月的平安银行数据，形成“2015-3 平安银行”数据表。

② 选中 date、open、high、low、close 这 4 列数据，单击“插入”→“图表”选项组，弹出“插入图表”对话框，打开“所有图表”选项卡，选择“股价图”，右边子图选择“开盘-盘高-盘低-收盘图”，如图 8-29 所示。

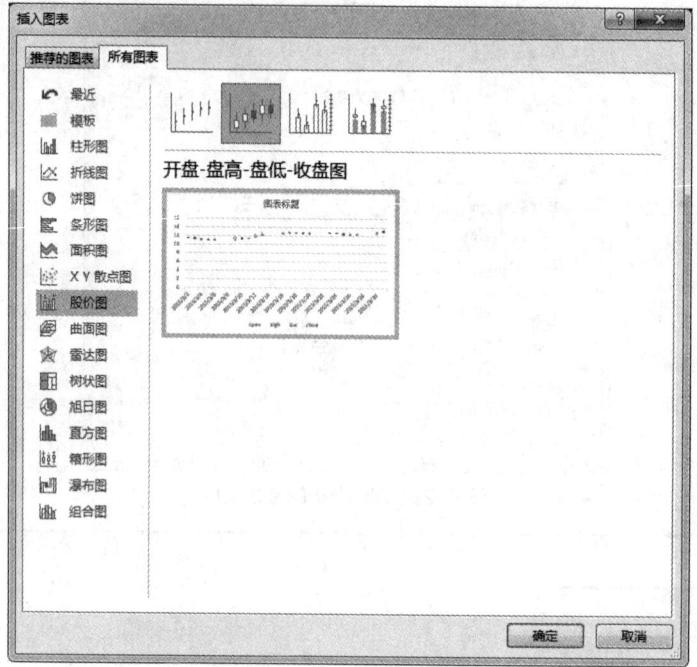

图 8-29 “插入图表”对话框

③ 单击“确定”按钮，形成图表，如图 8-30 所示。

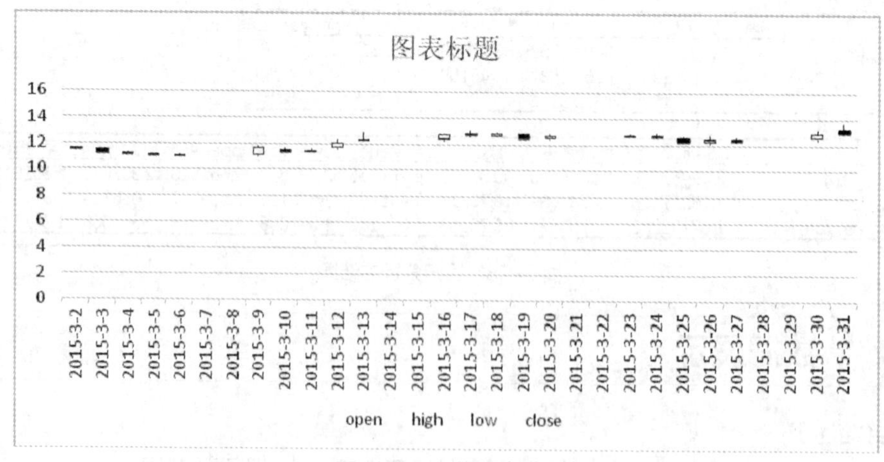

图 8-30 股价图（1）

④ 美化图表，使得图表更有表现力。设置图表标题，选中生成的图表，单击“设计”→“添加图表元素”按钮，可以设置图表标题、横坐标轴标题、纵坐标轴标题，如图 8-31 所示。

⑤ 仔细观察图表，发现股价集中在 10～14 元之间，可以调整纵坐标刻度，使最小值为 10、最大值为 14。选中图表的纵坐标刻度，在右侧的“设置坐标轴格式”面板中选择“坐标轴选项”选项，打开“坐标轴选项”设置界面，设置边界的最大值为 14，最小值为 10，如图 8-32 所示。形成的新图表如图 8-33 所示。

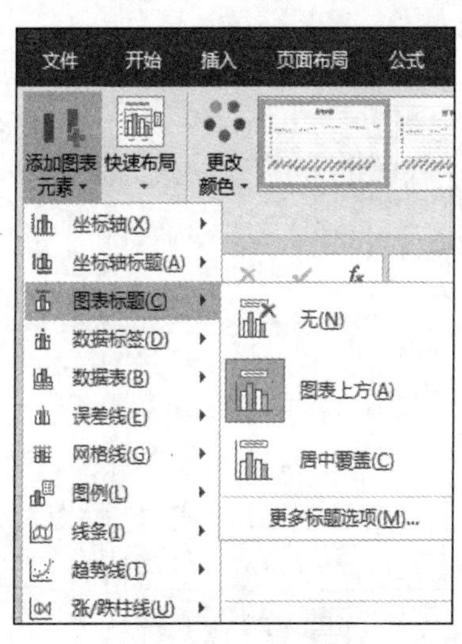

图 8-31　图表设置

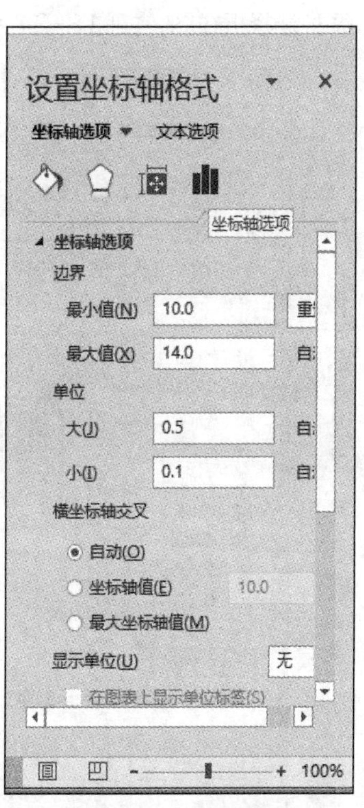

图 8-32　坐标轴设置

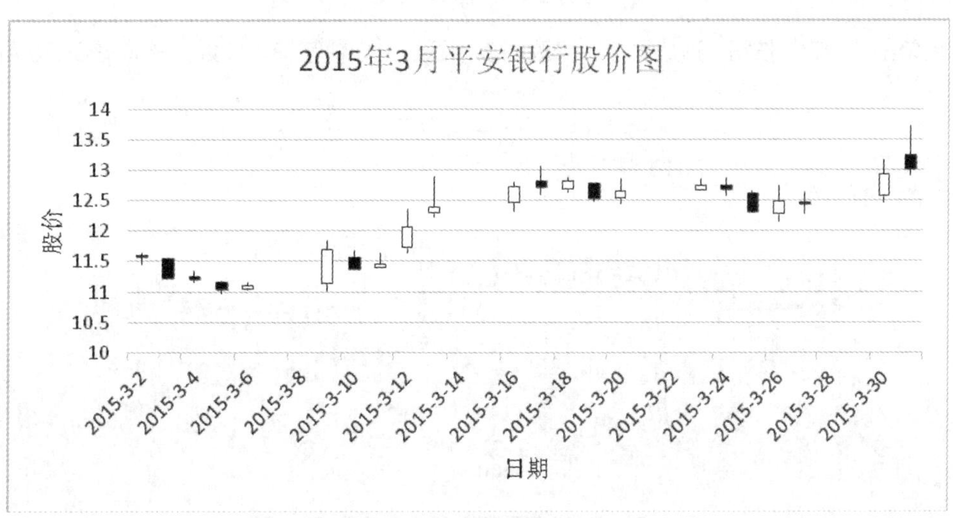

图 8-33　股价图（2）

（2）利用组合图的形式绘图，用簇状柱形图描述平安银行 2015 年的股价，用折线图描述市盈率变化。

① 筛选出 2015 年平安银行的数据，形成“2015 年平安银行”数据表。在此表中选中 date、close、pe_ratio 这 3 列，根据这 3 列数据创建图表。

② 单击“插入”→“图表”选项组，弹出“插入图表”对话框，打开“所有图表”选项卡，选择“组合图”选项，右边子图选择“簇状柱形图-折线图”，close 系列选择图表类型为簇状柱形图，pe_ratio 系列选择折线图，如图 8-34 所示。

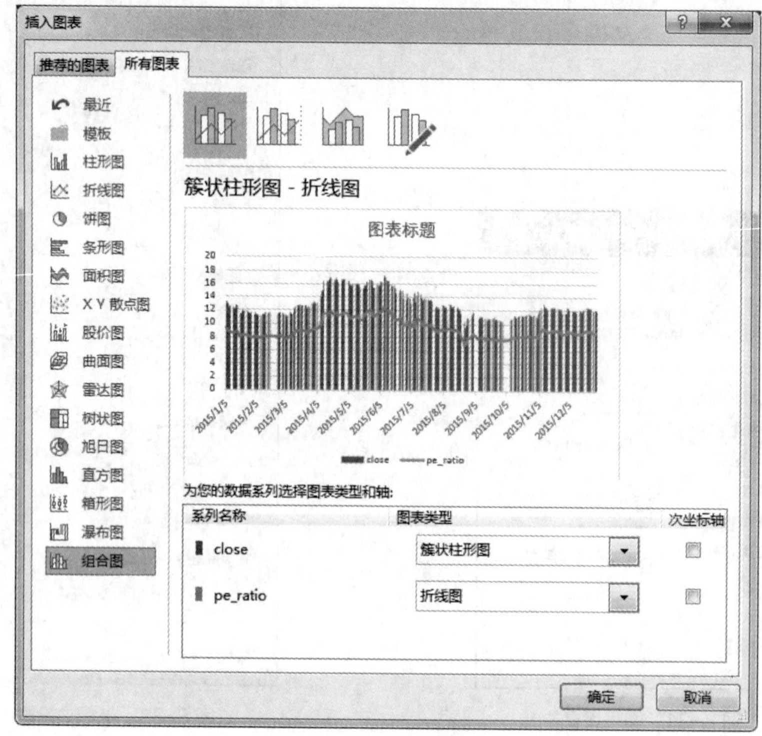

图 8-34　组合图设置

③ 单击“确定”按钮，形成图表，修改图表标题、坐标轴等基本参数，形成图 8-35 所示的图表。

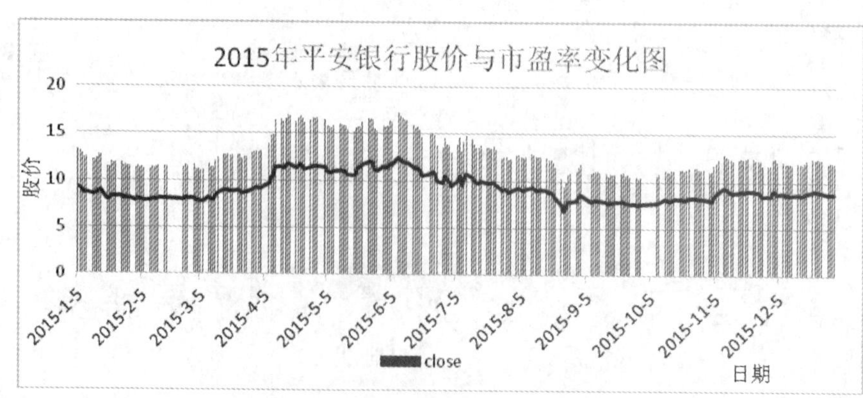

图 8-35　2015 年平安银行股价与市盈率变化图

8.6 本章小结

本章选取了证券交易所 A 股平安银行从 2010 年 1 月 1 日至 2015 年 12 月 31 日的股票日线数据作为分析对象，按照数据分析的流程进行了数据处理与分析，并绘制了可视化图表。

（1）运用了 Excel 中的去空值、数据区间设置等操作进行数据清洗。

（2）运用函数、筛选、分类汇总和数据透视表等操作方法进行数据处理。

（3）运用 Excel 数据分析工具库中的相关分析和线性回归分析等进行数据分析。

（4）运用折线图、柱形图、股价图等进行数据展示。